轨道交通装备制造业职业技能鉴定指导丛书

锻 造 工

中国北车股份有限公司 编写

中国铁道出版社

2015年·北 京

图书在版编目(CIP)数据

锻造工/中国北车股份有限公司编写.—北京:中国铁道出版社,2015.4

(轨道交通装备制造业职业技能鉴定指导丛书)

ISBN 978-7-113-20059-6

Ⅰ.①锻… Ⅱ.①中… Ⅲ.①锻造-职业技能-鉴定-自学参考资料 Ⅳ.①TG31

中国版本图书馆CIP数据核字(2015)第042888号

书　　名: 轨道交通装备制造业职业技能鉴定指导丛书
锻　造　工

作　　者: 中国北车股份有限公司

策　　划: 江新锡　钱士明　徐　艳

责任编辑: 冯海燕　　**编辑部电话:** 010-51873371

封面设计: 郑春鹏

责任校对: 王　杰

责任印制: 郭向伟

出版发行: 中国铁道出版社(100054,北京市西城区右安门西街8号)

网　　址: http://www.tdpress.com

印　　刷: 北京新魏印刷厂

版　　次: 2015年4月第1版　2015年4月第1次印刷

开　　本: 787 mm×1 092 mm　1/16　印张:15.5　字数:389千

书　　号: ISBN 978-7-113-20059-6

定　　价: 50.00元

序

在党中央、国务院的正确决策和大力支持下，中国高铁事业迅猛发展。中国已成为全球高铁技术最全、集成能力最强、运营里程最长、运行速度最高的国家。高铁已成为中国外交的新名片，成为中国高端装备"走出国门"的排头兵。

中国北车作为高铁事业的积极参与者和主要推动者，在大力推动产品、技术创新的同时，始终站在人才队伍建设的重要战略高度，把高技能人才作为创新资源的重要组成部分，不断加大培养力度。广大技术工人立足本职岗位，用自己的聪明才智，为中国高铁事业的创新、发展做出了重要贡献，被李克强同志亲切地赞誉为"中国第一代高铁工人"。如今在这支近5万人的队伍中，持证率已超过96%，高技能人才占比已超过60%，3人荣获"中华技能大奖"，24人荣获国务院"政府特殊津贴"，44人荣获"全国技术能手"称号。

高技能人才队伍的发展，得益于国家的政策环境，得益于企业的发展，也得益于扎实的基础工作。自2002年起，中国北车作为国家首批职业技能鉴定试点企业，积极开展工作，编制鉴定教材，在构建企业技能人才评价体系、推动企业高技能人才队伍建设方面取得明显成效。为适应国家职业技能鉴定工作的不断深入，以及中国高端装备制造技术的快速发展，我们又组织修订、开发了覆盖所有职业(工种)的新教材。

在这次教材修订、开发中，编者们基于对多年鉴定工作规律的认识，提出了"核心技能要素"等概念，创造性地开发了《职业技能鉴定技能操作考核框架》。该《框架》作为技能人才评价的新标尺，填补了以往鉴定实操考试中缺乏命题水平评估标准的空白，很好地统一了不同鉴定机构的鉴定标准，大大提高了职业技能鉴定的公信力，具有广泛的适用性。

相信《轨道交通装备制造业职业技能鉴定指导丛书》的出版发行，对于促进我国职业技能鉴定工作的发展，对于推动高技能人才队伍的建设，对于振兴中国高端装备制造业，必将发挥积极的作用。

中国北车股份有限公司总裁：

2015.2.7

前　言

鉴定教材是职业技能鉴定工作的重要基础。2002 年，经原劳动保障部批准，中国北车成为国家职业技能鉴定首批试点中央企业，开始全面开展职业技能鉴定工作。2003 年，根据《国家职业标准》要求，并结合自身实际，组织开发了《职业技能鉴定指导丛书》，共涉及车工等 52 个职业(工种)的初、中、高 3 个等级。多年来，这些教材为不断提升技能人才素质、适应企业转型升级、实施“三步走”发展战略的需要发挥了重要作用。

随着企业的快速发展和国家职业技能鉴定工作的不断深入，特别是以高速动车组为代表的世界一流产品制造技术的快步发展，现有的职业技能鉴定教材在内容、标准等诸多方面，已明显不适应企业构建新型技能人才评价体系的要求。为此，公司决定修订、开发《轨道交通装备制造业职业技能鉴定指导丛书》(以下简称《丛书》)。

本《丛书》的修订、开发，始终围绕促进实现中国北车“三步走”发展战略、打造世界一流企业的目标，努力遵循“执行国家标准与体现企业实际需要相结合、继承和发展相结合、坚持质量第一、坚持岗位个性服从于职业共性”四项工作原则，以提高中国北车技术工人队伍整体素质为目的，以主要和关键技术职业为重点，依据《国家职业标准》对知识、技能的各项要求，力求通过自主开发、借鉴吸收、创新发展，进一步推动企业职业技能鉴定教材建设，确保职业技能鉴定工作更好地满足企业发展对高技能人才队伍建设工作的迫切需要。

本《丛书》修订、开发中，认真总结和梳理了过去 12 年企业鉴定工作的经验以及对鉴定工作规律的认识，本着“紧密结合企业工作实际，完整贯彻落实《国家职业标准》，切实提高职业技能鉴定工作质量”的基本理念，在技能操作考核方面提出了“核心技能要素”和“完整落实《国家职业标准》”两个概念，并探索、开发出了中国北车《职业技能鉴定技能操作考核框架》；对于暂无《国家职业标准》、又无相关行业职业标准的 40 个职业，按照国家有关《技术规程》开发了《中国北车职业标准》。经 2014 年技师、高级技师技能鉴定实作考试中 27 个职业的试用表明：该《框架》既完整反映了《国家职业标准》对理论和技能两方面的要求，又适应了企业生产和技术工人队伍建设的需要，突破了以往技能鉴定实作考核中试卷的难度与完整性评估的“瓶颈”，统一了不同产品、不同技术含量企业的鉴定标准，提高了鉴定考核的技术含量，保证了职业技能鉴定的公平性，提高了职业技能鉴定工作质量和管理水平，将成为职业技能鉴定工作、进而成为生产操作者技能素质评价的新标尺。

本《丛书》共涉及98个职业(工种)，覆盖了中国北车开展职业技能鉴定的所有职业(工种)。《丛书》中每一职业(工种)又分为初、中、高3个技能等级，并按职业技能鉴定理论、技能考试的内容和形式编写。其中：理论知识部分包括知识要求练习题与答案；技能操作部分包括《技能考核框架》和《样题与分析》。本《丛书》按职业(工种)分册，并计划第一批出版74个职业(工种)。

本《丛书》在修订、开发中，仍侧重于相关理论知识和技能要求的应知应会，若要更全面、系统地掌握《国家职业标准》规定的理论与技能要求，还可参考其他相关教材。

本《丛书》在修订、开发中得到了所属企业各级领导、技术专家、技能专家和培训、鉴定工作人员的大力支持；人力资源和社会保障部职业能力建设司和职业技能鉴定中心、中国铁道出版社等有关部门也给予了热情关怀和帮助，我们在此一并表示衷心感谢。

本《丛书》之《锻造工》由济南轨道交通装备有限责任公司《锻造工》项目组编写。主编曹青华，副主编周艳丽；主审王广利，副主审孙卫国。

由于时间及水平所限，本《丛书》难免有错、漏之处，敬请读者批评指正。

中国北车职业技能鉴定教材修订、开发编审委员会

二〇一四年十二月二十二日

目　录

锻造工(职业道德)习题

一、填 空 题

1. 职业道德是人们在长期的职业活动中的(　　)的总和。

2. 职业道德与国家的法律、法规不同,它是以意识形态存在于职业活动的不成条文的行为原则,它是由人们的(　　)职业义务感和社会舆论的影响来保证的。

3. 职业守则是企业在长期的工作实践中形成的一种共同遵守的行为准则,是(　　)的组成部分。

4. 企业职业纪律的核心是(　　)。

5. 爱岗就是热爱自己的(　　),热爱本职工作,亦称热爱本职。

6. 敬业就是对自己的职业有一种敬畏感,用一种严肃的态度对待自己的工作和责任,(　　)。

7. 敬业本质上是一种文化精神,是(　　)的集中体现。

8. 爱岗敬业是全社会大力提倡的职业道德行为准则,是国家对人们职业行为(　　),是每一个从业人员应遵守的共同职业道德。

9. 诚信既是一种道德品质,也是一种(　　)。

10. (　　)是职业道德最基本、最起码、最普通的要求。

11. 爱岗是敬业的(　　),不爱岗的人,很难做到敬业;敬业是爱岗情感的进一步升华,不敬业的人,很难说是真正的爱岗。

12. (　　)信念是职业道德认识和职业道德情感的统一。

13. 锻造工工作者要做到敬业,首先要树立正确的(　　),认识到无论哪种职业,都是社会分工的不同,并无高低贵贱之分。

14. 加强职业道德是市场经济道德(　　)的内在要求。

15. 社会主义职业道德是以(　　)为指导的。

16. (　　)是社会主义道德的集中体现,是贯穿社会主义社会一切道德规范的灵魂。

17. 职业道德的最基本要求是(　　),为社会主义建设服务。

18. 积极参加(　　)是职业道德修养的根本途径。

19. (　　)是社会主义职业道德的重要规范,是职业道德的基础和基本精神。

20. 诚实守信就是忠诚老实,(　　),是中华民族为人处事的一种美德。

21. 一个团队是否有亲和力和战斗力,关键取决于领头人,特别是基层管理者(尤其是班组长),拥有一部分权力,应该成为团队(　　)的核心。

22. 在职业活动中,主张个人利益高于他人利益、集体利益和国家利益的思想属于(　　)。

23. 我国安全生产的方针是安全第一(　　),综合治理。

24. 我国劳动保护法规的指导思想是保护劳动者在生产劳动中的(　　)。

25. 公司员工要牢固树立“安全第一,(　　)”的理念,爱岗敬业,恪尽职守,保守公司秘密。

26. 劳动合同分为固定期限劳动合同、(　　)劳动合同和以完成一定工作任务的劳动合同。

27. 劳动保护法规是国家强制力保护的在(　　)中约束人们行为,以达到保护劳动者安全健康的一种行为规范。

28. 劳动合同即将届满时,公司与员工应提前以(　　)就是否续订劳动合同达成协议,并由相关部门办理有关手续。

29. 道德的主要功能是(　　)和调节功能。

二、单项选择题

1. 坚持办事公道,必须做到(　　)。

(A)坚持真理　(B)自我牺牲　(C)舍己为人　(D)拾金不昧

2. 强化锻造工职业责任是(　　)职业道德规范的具体要求。

(A)团结协作　(B)诚实守信　(C)勤劳节俭　(D)爱岗敬业

3. 党的十六大报告指出,认真贯彻公民道德建设实施纲要,弘扬爱国主义精神,以为人民服务为核心,以集体主义为原则,以(　　)为重点。

(A)无私奉献　(B)爱岗敬业　(C)诚实守信　(D)遵纪守法

4. 办事公道是指职业人员在进行职业活动时要做到(　　)。

(A)原则至上,不徇私情,举贤任能,不避亲疏

(B)奉献社会,襟怀坦荡,待人热情,勤俭持家

(C)支持真理,公私分明,公平公正,光明磊落

(D)牺牲自我,助人为乐,邻里和睦,正大光明

5. 关于勤劳节俭的说法,你认为正确的是(　　)。

(A)阻碍消费,因而会阻碍市场经济的发展

(B)市场经济需要勤劳,但不需要节俭

(C)节俭是促进经济发展的动力

(D)节俭有利于节省资源,但与提高生产力无关

6. 以下关于诚实守信的认识和判断中,正确的选项是(　　)。

(A)诚实守信与经济发展相矛盾

(B)诚实守信是市场经济应有的法则

(C)是否诚实守信要视具体对象而定

(D)诚实守信应以追求利益最大化为准则

7. 要做到遵纪守法,对每个职工来说,必须做到(　　)。

(A)有法可依　(B)反对“管”、“卡”、“压”

(C)反对自由主义　(D)努力学法、知法、守法、用法

8. 下列关于创新的论述,正确的是(　　)。

(A)创新与继承根本对立　　(B)创新就是独立自主
(C)创新是民族进步的灵魂　　(D)创新不需要引进国外新技术

9. 下列关于爱岗敬业的说法中,正确的是(　　)。
(A)市场经济鼓励人才流动,再提倡爱岗敬业已不合时宜
(B)即便在市场经济时代,也要提倡"干一行、爱一行、专一行"
(C)要做到爱岗敬业就应一辈子在岗位上无私奉献
(D)在现实中,我们不得不承认,"爱岗敬业"的观念阻碍了人们的择业自由

10. 下列哪一项没有违反诚实守信的要求(　　)。
(A)保守企业秘密　　(B)派人打进竞争对手内部,增强竞争优势
(C)根据服务对象来决定是否遵守承诺　　(D)有利于企业利益的行为

11. 职业道德活动中,符合"仪表端庄"具体要求的是(　　)。
(A)着装华贵　　(B)鞋袜搭配合理　　(C)饰品俏丽　　(D)发型突出个性

12. 职业道德的原则与企业为保障其发展所制定的规章制度的关系是(　　)。
(A)遵守职业道德与遵守规章制度相矛盾
(B)遵守职业道德主要靠强制性
(C)职业道德与企业的规章制度之间相辅相成、相得益彰
(D)遵守规章制度主要靠人们的自觉性

13. 下列说法中,不符合锻造从业人员开拓创新要求的是(　　)。
(A)坚定的信心和顽强的意志　　(B)先天生理因素
(C)思维训练　　(D)标新立异

14. 锻造从业人员关于人与人的工作关系,你认可下面哪一种观点?(　　)
(A)主要是竞争　　(B)有合作,也有竞争
(C)竞争与合作同样重要　　(D)合作多于竞争

15. 职业道德教育的前提和依据是(　　)。
(A)职业道德认识　　(B)职业道德情感　　(C)职业道德意志　　(D)职业道德信念

16. 以下不属于职业道德教育的方法有(　　)。
(A)理论灌输的方法　　(B)他人教育的方法
(C)典型示范的方法　　(D)舆论扬抑的方法

17. 锻造工诚实守信的具体要求是(　　)。
(A)忠诚所需的企业　(B)维护企业信誉　　(C)保守企业秘密　　(D)以上都是

18. 工作中人际关系都是以执行各项工作任务为载体,因此,应坚持以(　　)来处理人际关系。
(A)工作方法为核心　　(B)领导的嗜好为核心
(C)工作计划的执行为核心　　(D)工作目标的需要为核心

19. 下面关于以德治国与依法治国的关系的说法中正确是(　　)。
(A)依法治国比以德治国更为重要
(B)以德治国比依法治国更为重要
(C)德治是目的,法治是手段
(D)以德治国与依法治国是相辅相成,相互促进

20.(　　)是社会主义职业道德的显著标志。

(A)讲究个人利益　(B)重视集体利益　(C)反对拜金主义　(D)为人民服务

21. 职业道德的一般的规范的要求是(　　)。

(A)爱岗敬业　(B)诚实守信　(C)办事公道　(D)以上都是

22.《公民道德建设实施纲要》提出,要充分发挥社会主义市场经济机制的积极作用,人们必须增强(　　)。

(A)个人意识、协作意识、效率意识、物质利益观念、改革开放意识

(B)个人意识、竞争意识、公平意识、民主法制意识、开拓创新精神

(C)自立意识、竞争意识、效率意识、民主法制意识、开拓创新精神

(D)自立意识、协作意识、公平意识、物质利益观念、改革开放意识

23. 现实生活中,一些人不断地从一家公司"跳槽"到另一家公司。虽然这种现象在一定意义上有利于人才的流动,但它同时也说明这些从业人员缺乏(　　)。

(A)工作技能　(B)强烈的职业责任感

(C)光明磊落的态度　(D)坚持真理的品质

24. 某商场有一顾客在买东西时,态度非常蛮横,语言也不文明,并提出了许多不合理的要求,你认为营业员应该如何处理?(　　)

(A)坚持耐心细致地给顾客作解释,并最大限度地满足顾客要求

(B)立即向领导汇报

(C)对顾客进行适当的批评教育

(D)不再理睬顾客

25. 集体主义的原则首先要求(　　),这是一个大前提。

(A)个人利益服从国家利益　(B)集体利益包含个人利益

(C)集体利益服从国家利益　(D)个人利益服从集体利益

26. 职业情感包括(　　)和道德责任感。

(A)职业道德规范　(B)职业道德信念　(C)道德风尚　(D)道德习惯

27. 职业道德最突出的外在表现具有(　　)。

(A)实践性和现实性　(B)现实性和修养性

(C)实践性和修养性　(D)道德性和修养性

28. 诚实和守信两者意思是相通的,是相互联系在一起的。诚实和守信的关系是(　　)。

(A)守信是诚实的基础,诚实是守信的具体表现

(B)诚实是守信的基础,守信是诚实的具体表现

(C)诚实侧重于对自己应承担、履行的责任和义务的忠实,毫不保留地实践自己的诺言

(D)守信侧重于对客观事实的反映是真实的,对自己内心的思想、情感的表达是真实的

29. 关于职业道德正确的说法是(　　)。

(A)职业道德有助于增强企业凝聚力,但无助于企业技术进步

(B)职业道德有助于提高企业生产率,但无助于降低生产成本

(C)职业道德有利于提高员工职业技能,增强企业的竞争力

(D)职业道德只有助于提高产品质量,但无助于提高企业信誉和形象

三、多项选择题

1. 创新对企事业和个人发展的作用表现在以下(　　)方面。

(A)对个人发展无关紧要　　(B)是企事业持续、健康发展的巨大动力

(C)是企事业竞争取胜的重要手段　　(D)是个人事业获得成功的关键因素

2. 下面关于"文明礼貌"的说法正确的是(　　)。

(A)是职业道德的重要规范

(B)是商业、服务业职工必须遵循的道德规范与其他职业没有关系

(C)是企业形象的重要内容

(D)只在自己的工作岗位上讲,其他场合不用讲

3. 职工个体形象和企业整体形象的关系是(　　)。

(A)企业的整体形象是由职工的个体形象组成的

(B)个体形象是整体形象的一部分

(C)职工个体形象与企业整体形象没有关系

(D)没有个体形象就没有整体形象

(E)整体形象要靠个体形象来维护

4. 锻造工作业就像一个庞大的机器,每个员工都是这个机器上的部件,每项工作都需要同事提供支持。要保持这台机器的正常运转,就必须提倡团队精神和大局意识,主要包括以下(　　)的内容。

(A)相互尊重,团结友爱　　(B)相互独立,各行其是

(C)相互关心,发扬风格　　(D)钻研业务,提高技能

(E)互相支持,密切配合

5. 在企业生产经营活动中,员工之间团结互助的要求包括(　　)。

(A)讲究合作,避免竞争　　(B)平等交流,平等对话

(C)既合作,又竞争,竞争与合作相统一　　(D)互相学习,共同提高

6. 职业纪律具有的特点是(　　)。

(A)明确的规定性　　(B)一定的强制性

(C)一定的弹性　　(D)一定的自我约束性

7. 关于勤劳节俭的正确说法是(　　)。

(A)消费可以拉动需求,促进经济发展,因此提倡节俭是不合时宜的

(B)勤劳节俭是物质匮乏时代的产物,不符合现代企业精神

(C)勤劳可以提高效率,节俭可以降低成本

(D)勤劳节俭有利于可持续发展

8. 社会主义职业道德的精髓是(　　)。

(A)爱岗敬业　　(B)无私奉献　　(C)团结协作　　(D)遵章守纪

(E)精益求精　　(F)勇于创新

9. 加入世界贸易组织后,为建立健康有序的市场竞争环境,职业道德的内容也不断丰富,增加了不少内容,例如(　　)。

(A)保守商业秘密

(B)保护知识产权

(C)为了个人利益可以不惜出卖本企业利益

(D)避免不正当竞争

10. 人们对职业道德的评价和衡量,主要通过(　　)方式来做出。

(A)个人信念　(B)素质　(C)社会舆论　(D)传统习惯

11. 锻造产业工人的职业道德的基本内容是(　　)。

(A)树立共产主义远大理想,树立共产主义的世界观和人生观

(B)热爱祖国、热爱社会主义、热爱共产党、热爱集体事业、热爱本职工作

(C)努力学习科学文化知识,不断提高技术和业务水平,积极做好本职工作

(D)充分发挥主动性、积极性和创造性,热爱劳动、各尽所能,发扬共产主义劳动态度

(E)遵守劳动纪律,维护生产秩序,服从生产指挥,爱护生产设备,坚持文明生产,关心集体,关心同志,尊师爱徒,团结互爱

(F)积极参加企业民主管理,讲求工作实效,提高产品质量,降低生产成本

(G)顾全大局,勇挑重担,个人利益服从集体利益,局部利益服从整体利益

12. 职业纪律是企业从业人员在职业活动中必须共同遵守的行为准则,包括(　　)。

(A)劳动纪律　(B)财经纪律　(C)外事纪律　(D)组织纪律

(E)保密纪律　(F)群众纪律

13. 爱岗敬业的具体要求是(　　)。

(A)树立职业理想　(B)强化职业责任　(C)提高职业技能　(D)抓住择业机遇

14. 坚持办事公道,必须做到(　　)。

(A)坚持真理　(B)自我牺牲　(C)舍己为人　(D)光明磊落

15. 锻造工的工作岗位是一个工作量繁重、工作环境差、工作责任性强和安全风险性大的职业。职业道德意志和职业习惯的逐步培养包括以下(　　)内容。

(A)平时认真协助锻造指挥量尺寸,对师傅的锻造意图心领神会,积极配合

(B)干完活立即收好工具并妥善保管,认真清除设备周围的氧化皮,做到"班班清"

(C)多向能者学习,团结周围的同志

(D)经常想到安全第一,质量第一

(E)认真执行制度、规范、工艺,不人云亦云随风走

16. 关于诚实守信的说法,下面正确的是(　　)。

(A)诚实守信是市场经济法则

(B)诚实守信是企业的无形资产

(C)诚实守信是为人之本

(D)奉行诚实守信的原则在市场经济中必定难以立足

17. 下列关于职业道德与职业技能关系的说法,正确的是(　　)。

(A)职业道德对职业技能具有统领作用

(B)职业道德对职业技能有重要的辅助作用

(C)职业道德对职业技能的发挥具有支撑作用

(D)职业道德对职业技能的提高具有促进作用

18. 无论你从事的工作有多么特殊,它总是离不开一定的(　　)的约束。

(A)岗位责任　(B)家庭美德　(C)规章制度　(D)职业道德

19. 职业道德主要通过(　　)的关系,增强企业的凝聚力。

(A)协调企业职工间　(B)调节领导与职工

(C)协调职工与企业　(D)调节企业与市场

20. 职业道德教育的原则有(　　)、持续教育原则等。

(A)正面引导原则　(B)说服疏导原则

(C)因材施教原则　(D)注重实践原则

21. 市场经济是:(　　)。

(A)高度发达的商品经济　(B)信用经济

(C)是计划经济的重要组成部分　(D)法制经济

22. 在日常商业交往中,举止得体的具体要求包括(　　)。

(A)感情热烈　(B)表情从容　(C)行为适度　(D)表情肃穆

23. 关于"办事公道"的说法,不正确的是(　　)。

(A)办事公道就是要按照一个标准办事,各打五十大板

(B)办事公道不可能有明确的标准,只能因人而异

(C)一般工作人员接待顾客时不以貌取人,也属办事公道

(D)任何人在处理涉及他朋友的问题时,都不可能真正做到办事公道

24. 在下列选项中,不符合"平等尊重"要求的是(　　)。

(A)根据员工工龄分配工作　(B)根据服务对象的性别给予不同的服务

(C)师徒之间要平等尊重　(D)取消员工之间的一切差别

25. 在职业活动中,要做到公正公平就必须(　　)。

(A)按原则办事　(B)不循私情

(C)坚持按劳分配　(D)不惧权势,不计个人得失

26. 关于爱岗敬业的说法中,正确的是(　　)。

(A)爱岗敬业是现代企业精神

(B)现代社会提倡人才流动,爱岗敬业正逐步丧失它的价值

(C)爱岗敬业要树立终生学习观念

(D)发扬螺丝钉精神是爱岗敬业的重要表现

27. 以下(　　)情况属不诚实劳动。

(A)出工不出力　(B)炒股票

(C)制造假冒伪劣产品　(D)盗版

28. 维护企业信誉必须做到(　　)。

(A)树立产品质量意识　(B)重视服务质量,树立服务意识

(C)保守企业一切秘密　(D)妥善处理顾客对企业的投诉

29. 职业道德的价值在于(　　)。

(A)有利于企业提高产品和服务的质量

(B)可以降低成本．提高劳动生产率和经济效益

(C)有利于协调职工之间及职工与领导之间的关系

(D)有利于企业树立良好形象,创造著名品牌

30. 以下说法正确的是(　　)。

(A)办事公道是对厂长、经理职业道德要求,与普通工人关系不大

(B)诚实守信是每一个劳动者都应具有的品质

(C)诚实守信可以带来经济效益

(D)在激烈的市场竞争中,信守承诺者往往失败

31. 老陈是企业的老职工,始终坚持节俭办事的原则。有些年轻人看不惯他这样做,认为他的做法与市场经济原则不符。在你看来,节俭的重要价值在于(　　)。

(A)节俭是安邦定国的法宝　(B)节俭是诚实守信的基础

(C)节俭是持家之本　(D)节俭是维持人类生存的必需

32. 文明职工的基本要求是(　　)。

(A)模范遵守国家法律和各项纪律

(B)努力学习科学技术知识,在业务上精益求精

(C)顾客是上帝,对顾客应唯命是从

(D)对态度蛮横的顾客要以其人之道还治其人之身

33. 下列说法中,符合"语言规范"具体要求是(　　)。

(A)多说俏皮话　(B)用尊称,不用忌语

(C)语速要快节省客人时间　(D)不乱幽默,以免客人误解

34. 企业文化的功能有(　　)。

(A)激励功能　(B)自律功能　(C)导向功能　(D)整合功能

35. 下列说法中,正确的有(　　)。

(A)岗位责任规定岗位的工作范围和工作性质

(B)操作规则是职业活动具体而详细的次序和动作要求

(C)规章制度是职业活动中最基本的要求

(D)职业规范是员工在工作中必须遵守和履行的职业行为要求

36. 办事公道对企业活动的意义是(　　)。

(A)企业赢得市场、生存和发展的重要条件

(B)抵制不正之风的客观要求

(C)企业勤俭节约的重要内容

(D)企业能够正常运转的基本保证

37. 要做到平等尊重,需要处理好(　　)之间的关系。

(A)上下级　(B)同事

(C)师徒　(D)从业人员与服务对象

38. 锻造工文明生产的具体要求包括(　　)。

(A)语言文雅、行为端正、精神振奋、技术熟练

(B)相互学习、取长补短、互相支持、共同提高

(C)岗位明确、纪律严明、严格、现场安全

(D)优质、低耗、高效

39. 敬业意识是指(　　)。

(A)理性上的认识　(B)情感上的热爱　(C)意志上的投入

(D)行到动上坚持　　　　　　　　　　(E)时间上奉献

40. 加强职业道德建设要正确对待处理好(　　)三个关系。

(A)自主自律能力和职业道德精神的关系

(B)改革开放与加强职业道德建设的关系

(C)职业道德教育同思想政治工作的关系

(D)社会职业道德与具体职业道德的关系

41. 社会主义职业道德建设的现实意义有(　　)。

(A)职业道德建设是提高全民族素质的基础性工程

(B)职业道德建设是廉政建设的根本措施

(C)职业道德建设是社会主义市场经济伦理建设的内在要求

(D)职业道德建设是构建和谐社会的必要保障

42. 职业信念主要体现在以下(　　)方面。

(A)职业信念的核心是对国家、对企业负责

(B)职业信念的基础是职业利益同企业利益的一致性

(C)职业信念决定积极、诚实的劳动态度

(D)职业信念来自员工对自己职业的偏见

43. 职业守则是企业文化内涵的组成部分,主要包括(　　)。

(A)遵纪守法、加强自律　　　　　　　　(B)爱岗敬业、诚实守信

(C)团结协作、顾全大局　　　　　　　　(D)钻研业务、提高技能

44. 锻造工团结互助的基本要求是(　　)。

(A)平等尊重　　　　(B)顾全大局　　　　(C)互相学习

(D)加强协作　　　　(E)爱岗敬业

45. 职业道德品质包括(　)。

(A)职业理想　　　　　　　　　　　　(B)对财富的孜孜追求

(C)社会责任感　　　　　　　　　　　(D)意志力

46. 在职业活动中,讲诚信的意义在于(　)。

(A)它是彼此之间获得信任的基础

(B)它是经济持续、稳定、有效运行的重要规范

(C)它有助于降低市场交易的成本

(D)它是市场经济的客观要求

四、判 断 题

1. 科技道德规范是调节人们所从事的科技活动与自然界、科技工作者与社会以及科技工作者之间相互关系的行为规范,是在科学活动中从思想到行为应当遵循的道德规范和准则的总和,是与在科学活动中从思想到行为应当遵循的。(　　)

2. 在社会分工越来细的今天,服务群众体现在职业道德上,最重要的是把行业对象服务好。(　　)

3. 当单位利益与社会公众利益发生冲突时,从业人员应首先考虑单位利益,然后再考虑社会公众利益。(　　)

4. 企业员工要认真学习国家的有关法律、法规，对重要规章、条例达到熟知，做到知法、懂法，不断提高自己的法律意识。(　　)

5. 安全规程具有法律效应，对严重违章而造成损失者给以批评教育、行政处分或诉诸法律处理。(　　)

6. 职业道德具有鲜明的专业性和对象的特定性。(　　)

7. 爱岗敬业是社会主义职业道德的基础和核心，是职业道德所倡导的首要规范。爱岗和敬业是相辅相成的，爱岗是前提，敬业是升华。(　　)

8. 劳动保护法规是国家劳动部门在生产领域中约束人们的行为，以达到保护劳动者安全健康的一种行为规范。(　　)

9. 诚实守信是社会主义职业道德的主要内容和基本原则。诚实是守信的标准，守信是诚实的品质。(　　)

10. 有人说“科技是脚，道德是鞋”，意指道德总是阻碍着科技进步，而科技总会冲破道德障碍而不断进步，从而也推动道德进步。(　　)

11. 明礼是公民最基本的道德意识和义务底线。(　　)

12. 劳动者患病或者非因工负伤，医疗期满后，不能从事原工作或者不能从事由用人单位另行安排工作的，用人单位可以解除劳动合同。(　　)

13.《劳动法》规定的劳动者义务有：完成劳动任务，提高劳动技能，执行劳动安全卫生规程，遵守劳动纪律和职业道德。(　　)

14. 职业道德的原则与企业为保障其发展所制定的一系列规章制度的精神实质是不一致的。(　　)

15. 敬业就是热爱自己的本职工作，为做好工作尽心尽力。(　　)

16. 职业道德修养的过程，实质上就是不断地克服错误的道德观念、道德情感和道德行为，逐步树立社会主义的职业道德观念，培养社会主义的职业道德品质和提高职业道德境界的过程。(　　)

17. 社会主义职业道德是以最终谋求整个国家的经济利益为目标的。(　　)

18. 提高职业道德技能是树立职业信念的思想基础。(　　)

19. 社会主义职业道德原则是共产主义。(　　)

20. 道德信念是指人们在履行道德义务的过程中所表现出来的自觉地克服一切困难和障碍，做出抉择的力量和坚持精神。(　　)

锻造工(职业道德)答案

一、填 空 题

1. 行为准则和规范　2. 职业责任感　3. 企业文化内涵
4. 遵纪守法,加强自律　5. 工作岗位　6. 忠于职守,尽职尽责
7. 职业道德　8. 社会公德　9. 公共义务
10. 爱岗敬业　11. 前提　12. 职业道德
13. 职业观　14. 文化建设　15. 马克思主义
16. 为人民服务　17. 奉献社会　18. 职业实践
19. 爱岗敬业　20. 信守承诺　21. 团结友爱、齐心协力
22. 极端个人主义　23. 预防为主　24. 安全及健康
25. 质量至上　26. 无固定期限　27. 生产领域
28. 书面形式　29. 认识功能

二、单项选择题

1. A　2. D　3. C　4. C　5. C　6. B　7. D　8. C　9. B
10. A　11. B　12. C　13. B　14. B　15. A　16. B　17. D　18. D
19. D　20. D　21. D　22. C　23. B　24. A　25. D　26. B　27. C
28. B　29. C

三、多项选择题

1. BCD　2. ACD　3. ABDE　4. ACDE　5. BCD　6. AB
7. CD　8. ABCDEF　9. ABD　10. ACD　11. ABCDEFG　12. ABCDEF
13. ABC　14. AD　15. ABCDE　16. ABC　17. ACD　18. ACD
19. ABC　20. ABCD　21. ABD　22. BC　23. ABD　24. ABD
25. ABD　26. ACD　27. ACD　28. ABD　29. ABCD　30. BC
31. ACD　32. AB　33. BD　34. ABCD　35. ABCD　36. ABD
37. ABCD　38. ABCD　38. ABCDE　40. BCD　41. ABC　42. ABC
43. ABCD　44. ABCD　45. ACD　46. ABCD

四、判 断 题

1. √　2. √　3. ×　4. √　5. ×　6. √　7. √　8. ×　9. ×
10. ×　11. √　12. √　13. √　14. ×　15. ×　16. √　17. ×　18. ×
19. ×　20. √

锻造工(初级工)习题

一、填 空 题

1. 比例是指图样中机件要素的线性尺寸与(　　)相应要素的线性尺寸之比。

2. 锻件图是在零件图的基础上考虑了加工余量、(　　)、工艺余块等之后而绘制的图样。

3. 锻件图分为(　　)和冷锻件图两种,通常我们所说的锻件图是指冷锻件图。

4. 锻件的公称尺寸是在零件的(　　)上,加上粗加工和精加工余量以后得到的尺寸。

5. 在锻件图上,锻件公称尺寸及公差注在尺寸线的上方,而把表示机械加工后的零件公称尺寸注在尺寸线(　　)内。

6. 钢锭外部结构由冒口、锭身、(　　)三部分组成。

7. 用于锻造的原材料主要有钢锭和(　　)两种。

8. 锻造生产常用的下料方法有(　　)、锯切、气割、热剁、冷折、车断和砂轮切割 7 种。

9. 工程上常说的三视图是指(　　)、俯视图、左视图。

10. 钢可根据化学成分、(　　)、用途和按其他分类方法分为四种分类法。

11. 钢根据其不同用途可分为结构钢、工具钢、(　　)三类。

12. 钢按质量分类是根据(　　)的多少进行分类,可分为普通钢、优质钢和高级优质钢。

13. 结构钢分为碳素结构钢和合金结构钢,以及含碳量较高的(　　)、弹簧钢。

14. 钢按冶炼方法可分为(　　)、转炉钢、电炉钢。

15. 钢按浇注前脱氧程度可分为(　　)、半镇静钢。

16. 钢按金相组织分为奥氏体钢、马氏体钢和(　　)。

17. 工具钢用来制造各种工具,包括碳素工具钢、合金工具钢和(　　)。

18. 工具钢按具体用途可分为量具钢、刃具钢、(　　)。

19. 锻件锻后的冷却方法主要有空冷、(　　)、炉冷三种。

20. 锻件常用的热处理方法有退火、正火、(　　)、淬火、表面淬火及化学热处理等。

21. 碳钢的退火温度根据含碳量确定,共析钢退火温度高于 Ac_3(　　)。

22. 碳钢的退火温度根据含碳量确定,过共析钢退火温度高于 Ac_1(　　)。

23. 含碳量为 0.25%～0.60%的合金结构钢锻件,为了获得较好的综合力学性能,一般进行(　　)处理。

24. 轴承钢锻件热处理需采用(　　),或者先进行正火处理,后进行球化处理。

25. 锻件冷却时,主要受到锻后残余应力、(　　)、组织应力三种应力的综合作用。

26. 锻件冷却的意义在于,正确地冷却可有效防止锻件的翘曲变形、(　　)内外裂纹的产生乃至造成废品。

27. 金属材料的塑性一般用延伸率和(　　)来表示。

28. 强度是指金属材料在外力作用下抵抗(　　)和破坏的能力。

29. 气压传动时,因为空气的可压缩性,所以当外在变化时,对工作速度( )。

30. 齿轮传动可分为闭式传动、开式传动和( )传动。

31. 滚动轴承的失效形式主要有疲劳破坏和( )。

32. 带传动由主动轮、( )和张紧在两轮上的环形带组成。

33. 大多数齿轮传动不仅用来传递运动,而且还要传递( )。

34. 在工程设备中,若需要传动比精确时,可采用( )。

35. 蒸汽-空气自由锻锤主要由锤身、气缸、( )、配气机构、操纵机构和砧座组成。

36. 典型的水压机系统一般由水泵站、( )、各种阀门管路系统、水压机本体部分和活动平台部分组成。

37. 蒸汽-空气模锻锤由基础和砧座部分、机架部分、落下部分、工作缸部分、配气机构和( )六部分组成。

38. 双盘摩擦压力机的构造主要由机架部分、传动系统、( )、操作系统和顶料装置等五部分组成。

39. 摩擦压力机的种类,按照摩擦传动机构可分为( )、单盘式、双盘式和多盘式四种类型。

40. 摩擦压力机用途广泛,可用于模锻、( )、冲压、挤压、精压、切边和校正等。

41. 热模锻压机由床体部分、工作机构、传动系统、操纵系统、( )、过载安全机构和工艺机构等部分组成。

42. 热模锻压机是一种先进的锻压设备,可以进行镦粗、挤压、精压、压形、( )、终锻、校正等多种模锻工步及锻造。

43. 热模锻压机的工作机构主要包括( )、连杆和滑块。

44. 平锻机按夹紧凹模分开的方向不同,可分为( )、水平分模两种。

45. 垂直分模平锻机的工作系统是由两组机构组成的。第一组由曲轴连杆和主滑块构成;第二组由紧固在曲轴另一端的凸轮机构、侧滑块、( )杠杆系统和夹紧滑块构成。

46. 平锻机可实现单次行程、自动连续行程、( )三个动作行程。

47. 平锻机在单次行程中包括送料阶段、( )、镦锻阶段、退料阶段四个工作阶段。

48. 在颚式水平分模平锻机的下机身装有( )机构与上机身夹紧机构相连,用以调节夹紧凹模的夹紧程度。

49. 空气锤的吨位大小是以它的( )来表示的。

50. 空气锤的结构简单,主要由机架、( )、压缩缸、压缩活塞、工作缸、落下部分、砧座部分、配气机构等组成。

51. 方形截面坯料在镦粗时,由于四个角的阻力( ),所以镦到最后略呈圆形。

52. 锻造操纵机是由行走机构、钳杆前升降机构、钳杆后升降机构、( )和旋转机构等部分组成。

53. 蒸汽-空气自由锻锤按机架结构不同分为单柱式、双柱式和( )三种。

54. 自由锻锤砧座重量为落下部分重量的( )倍左右。足够的重量可以支承打击,保证打击时不致产生弹跳,打击时也不易下沉。

55. 用于锻造加热的燃料可分为( )、液体燃料、气体燃料三种。

56. 金属锻造前加热的目的主要是为了提高金属的( ),降低变形抗力,以利于金属的变形和获得良好的锻后组织。

57. 无论是燃料燃烧所放出的热能，还是电热能都是通过(　　)、热传递、热对流三种方式使金属坯料不断地获得能量，提高温度，从而达到加热的目的。

58. Q275 钢的锻造温度范围是：始锻温度，1 250℃；终锻温度，(　　)℃。

59. 金属在加热时常产生的缺陷有过热、过烧、氧化、脱碳、(　　)等五种。

60. 火焰炉加热是利用燃料燃烧所产生的(　　)直接加热金属的方法。

61. 电加热是把(　　)通过某种加热装置转换为热能来加热金属的方法。

62. 火焰炉根据所用燃料的不同分为燃煤炉、(　　)、燃油炉三种。

63. 坯料加热规范的内容，主要包括坯料装炉时的炉温、升温速度、(　　)、各均温阶段时间和整个加热过程的总时间五个参数。

64. 锻件冷却意义在于，正确地冷却可有效防止锻件的翘曲变形、(　　)和内外裂纹的产生乃至造成废品 。

65. 锻工车间热工测量包括锻造加热测量、(　　)冷热锻件几何形状和尺寸测量三个方面。

66. 坯料加热温度测量方法有(　　)、仪表法两种。

67. 锻造时，使坯料产生变形的外力主要有作用力、反作用力、(　　)三种力。

68. 金属在塑性变形时主要产生和形成基本应力、附和应力、(　　)三种应力作用。

69. 金属在塑性变形时，要遵循体积不变定律、剪应力定律、最小阻力定律和(　　)等四项基本定律。

70. 影响金属塑性变形的主要因素有金属化学成分、组织结构和(　　)。

71. 所谓(　　)定律，是指金属在变形前的体积和变形后的体积相等。

72. 最小阻力定律反映了金属塑性变形两个本质特征，其一是变形实质，其二是(　　)。

73. 在一般情况下，直齿圆柱齿轮的齿数不宜少于(　　)个齿。

74. 短小坯料应从(　　)拔长，拔长中不断向前推进。

75. 坯料变形不均匀时会产生翘曲。产生不均匀变形的原因主要是(　　)和坯料翻转不均匀。

76. 在终锻温度以下锻造时，会产生加工硬化，使坯料表面的(　　)，如继续锻造，将会产生裂纹，甚至导致锻件报废。

77. 燃料中的(　　)含量越多，燃料质量就越好，灰分、水分的含量特别是硫的含量越少越好。

78. 加热过程中不仅发生组织变化，并且伴随着(　　)晶粒的长大，致使钢的强度和硬度要降低，塑性提高。

79. 单位燃料所发出的热量叫做(　　)。

80. 在带传动中，若小带轮的包角越大，则能传递的功率就(　　)。

81. 水压机锻造可以(　　)而获得高质量的锻件。

82. 正确的操作是延长胎模寿命的重要因素，及时(　　)是延长胎模寿命的一项重要措施。

83. 增压器的低压能源可用蒸汽-压缩空气，也可用(　　)。

84. 在端部需压台拔长时，其切肩长度应符合规定，圆形截面端部拔长时切肩长应(　　)。

85. 锻模和锤杆工作前必须预热到(　　)左右,这样使锻模和锤杆处在高强度下工作,可减少或避免其断裂。

86. 胎模锻和模锻一样也有模锻斜度、冲孔连皮和(　　)等,只不过数值不同。

87. 锻造过程中,锻件各部分的变形温度、变形速度和变形程度是不相同的,因此在金属内部便产生了相互作用的(　　)。

88. 钢锭锭身在正常冷却过程中由外向内形成表面细晶粒层、(　　)和中心粗大等轴晶粒区,底部形成有大量杂质沉淀的细晶粒区。

89. 钢锭由于浇注温度过高和冷却速度太快而使形成整个截面都为柱状晶粒,这种结晶组织称为(　　)。

90. 燃料燃烧时放出的热量把燃烧所生成的炉气加热,所能达到的温度叫做(　　)。

91. 单向冲孔用于锻件高度与冲孔孔径之比小于(　　)时,即用于锻件厚度很薄的坯料冲孔,冲孔稍加平整即可。

92. 水压机传动形式有(　　)、水泵蓄势器传动和水泵增压器传动三种形式。

93. 造成机件热变形的主要因素是机件表面层存在(　　)。

94. 比色高温计属于(　　)测温仪,与介质不接触,利用辐射原理测温。

95. 加热规范的核心是加热各区段的(　　)、升温速度和加热时间。

96. 热模锻压力机(　　)较差,不适宜拔长和滚挤等制坯操作。

97. 当不同钢号、不同规格的钢料同炉加热时,其装炉温度、加热速度、加热温度均采用(　　)。

98. 矩形截面端部拔长切肩长应(　　)。

99. 锁扣的作用是防止模锻过程中产生(　　)。

100. 冷却之所以能影响锻件质量,其主要原因就在于锻件冷却时受到(　　)的综合作用。

101. 锻造加热炉的种类很多,按照所用的热源不同,锻造加热炉可分为(　　)和电加热炉(电炉)两大类。

102. 锻造圆轴拔长时应首先把坯料锻成方形截面,当方形截面(　　)时,倒棱成八角形,再倒棱成十六边形,最后摔圆。

103. 简化自由锻件的形状,对不同设备有不同的规定。对 500～1 000 kg 锻锤来说,当台阶高度小于 8 mm,台阶长度小于(　　)者可不锻出。

104. 在自由锻设备上用自由锻造方法,把坯料预锻成接近锻件的形状和尺寸,然后在胎模中终锻成型,这种锻造方法叫做(　　)。

105. 键分为普通平键、(　　)和钩头楔键三种。

106. ϕ18H7 的含义是:ϕ18 为基本尺寸,H 为(　　),7 指公差等级为 IT7。

107. 按截面形状,传动带分为平带、V 带、(　　)。

108. 零件在轴上的轴向固定,常采用轴肩(套筒)、螺母或(　　)等形式。

109. 曲柄摇杆机构的主要特征有(　　)和死点位置。

110. 使坯料沿其轴线全长增大截面尺寸的方法叫做(　　)。

111. 凹心常发生在锻件较大截面的端部,故又称为端面凹心,是因为(　　)发生在表面金属,而中心部分金属变形很小或未变形所致。

112. 局部镦粗法具有很大的经济价值，因为省工、省料、(　　)，所以很多机械零件采用这种生产方法。

113. 为防止镦粗时产生弯曲，镦粗坯料的长径比应控制在 2～2.5 之间，最大不超过(　)，坯料端部平整。

114. 冲孔产生的缺陷有孔口卷边、阶梯形孔壁、孔形歪斜、偏心、(　)。

115. 镦粗可以作为(　　)前的预备工序，也可以作为提高锻造比的预备工序。

116. 钢锭倒棱的目的是消除锥形和(　　)。

117. 上、下锻模是借助于燕尾、(　　)、固定键块和键槽固定在锤头和模座上的。

118. 空心锻造方案是按锻件各部分尺寸关系来确定的，空心锻件的锻造主要有下料、镦粗、冲孔、马杠扩孔和(　　)等工序。

119. 胎模的使用与维护方面与模锻基本相同。但胎模可用水冷，对于某些碳钢胎模具可直接用冷水冷却，对于 5CrMnMo 模具钢胎模具则需用温度在 40～60℃的热水冷却，还可用(　　)或雾化食盐水冷却。

120. 铁砧是支持被锻造的坯料和固定(　　)用的。

121. 盐水冷却模具既经济又简单，既能起冷却作用，又能(　　)。

122. 镦粗分为(　　)和完全镦粗两部分构成的。

123. 水压机本体是由固定系统和(　　)两部分构成的。

124. 冲孔根据所用的冲子不同而分为(　　)和空心冲子冲孔。

125. 剁料方法主要有(　　)、单面切割、双面切割、三面切割、四面切割。

126. 镦粗的坯料长径比大于(　　)时，会产生弯曲，镦粗坯料端面不与轴线垂直，打击不正及加热不均时会产生歪斜。

127. 锻造时金属材料的损耗包括火耗 、切头、冲脱以及钢锭冒口和(　　)。

128. 钢锭切头切除量应根据锻件技术条件要求、钢锭质量和(　　)来确定。

129. 锻造塑性较差的金属时，必须把润滑剂均匀地涂抹在坯料和模膛内，以利于(　　)和充满模膛。

130. 锻件坯料重量应包括锻件重量、冲脱重量和(　　)重量。

131. 钢锭的切头是以钢锭的百分数来表示，切除量应按锻件技术条件要求、钢锭质量和材料(　)来确定。

132. 芯棒扩孔主要用于(　　)的锻造。

133. 锻模损坏形式主要有锻模破裂、(　　)、磨损和模槽变形等四种类型。

134. 锻模预热方法有：(　　)预热、电热炉和红外线加热法预热及预热器具预热等。

135. 盐水冷却是比较(　　)的冷却，在大批量生产时可以有效地冷却模具。

136. 提高模具使用寿命的途径和措施，应从提高模具设计质量、(　　)、提高热处理质量、加强使用维护保养等四个方面入手。

137. 自由锻造的基本工序包括镦粗、拔长、(　　)、弯曲、切割、错移、扭转和锻接等八种。

138. 胎模的种类有摔模、扣模、弯曲模、垫模、合模、(　　)和冲切模等。

139. 用钳子夹料锻造时，钳子应握在身体的侧面，严禁将钳子对准(　　)及腹部不得把手指放在两钳之间。

140. 镦粗是使坯料的高度减小而(　　)的锻造工序。

141. 过烧是由于加热时炉温过高或坯料在高温区停留过长而引起的。过烧缺陷的外观呈桔皮状、晶粒特别粗大,( ),一经锻打立即碎裂。

142. 锤锻模按模块组合结构可分为整体式锻模和( )锻模两大类。

143. 锻模镶块的类型有圆形镶块、长方形镶块和( )三种类型。

144. 制坯模膛包括:镦粗和压扁平台、卡压模槽、滚挤模槽、弯曲模槽、( )和成型模槽六种。

145. 切边模的种类主要有简易切边模、连续模、( )三种类型。

146. 模锻模膛包括预锻模膛和( )两种。

147. 锻模检验角的作用,一是作为锻模加工划线的基准面;二是安装锻模时作为检验上、下模( )的基准面。

148. 滚挤模槽是用来减小毛坯局部断面面积,以增大另一部分的断面积,从而起到聚料和( )的作用。

149. 滚挤模槽除把坯料滚光以外,还具有去除( )的作用。

150. 一个方形截面坯料镦粗到最后时,会近似呈圆形,这主要是遵循了( )的结果。

151. 在锻模终锻模槽周围设置飞边槽的主要目的就是为了( )。

152. 在自由锻锤上拔长坯料时,只要( )或垂直于坯料送进方向上加赶铁,就可以加速坯料伸长。

153. 金属在塑性变形时存在有弹性变形的定律是指( )。

154. 金属在外力作用下塑性变形时,与工、模具之间产生的摩擦力方向总是与金属流动方向( )的。

155. 把钢加热到830~880℃范围内,其颜色为( )。

156. 锻工用钢板尺主要是用作( )。

157. 热电偶适用于钢的加热炉温测量,同样适用于( )加热炉温测量。

158. 碳素工具钢和低合金钢的中、小型模具,预热温度一般为( )。

159. 模锻按锻模结构分为开式模锻和闭式模锻两种,开式模锻锻模上设置有( )。

160. 用于模具的各种润滑剂应具有( )功效。

161. 轴类(或非圆形)锻件上某一段的直径(或尺寸)大于相邻两段的直径(或尺寸)的部分,叫做( )。

162. 坯料镦粗时,其高度与直径之比一般不超过( )。

163. 拔长时坯料每次送进量应不小于( ),否则会产生折叠。

164. 把减小空心坯料壁厚而增加其内、外径的锻造工序称为( )。

165. 在寒冷冬季,使用锻锤时,应提前把锤头、上下砧及锤头与锤杆的连接处预热到( )左右。

166. 大直径的坯料拔长至小直径时,应先以( )断面拔长,到一定程度后再倒棱滚圆。

167. 用来减小毛坯断面积,而增加其长度的形槽,称为( )。

168. 锤锻模由上、下两半模块组成,模块借助( )紧固在锤头和下模座的燕尾槽中,使之不能上下、左右、前后移动。

169. 一般规定上模紧固斜铁露出锤头部分的长度应小于( ),以保证操作者的安全。

170. 水压机的工作原理是根据( )液体静压定律而实现的。

171. 在模锻生产中，因故停锤后，应继续对锤头和锻模预热，务必使其温度始终保持在(　　)。

172. 钳工用于攻螺纹孔的主要工具叫(　　)。

173. 当导线的材料和长度一定时，导线越细，(　　)就越大。

174. 把 2 个阻值不同的电阻串联在电路中，则流过这两个电阻的(　　)是完全相同。

175. 连接螺纹的牙型一般为(　　)。

176. 键连接主要用来连接轴与轴上零件而传递运动和(　　)。

177. 在标准直齿圆柱齿轮的几何尺寸计算中，模数与齿数的乘积等于(　　)。

178. 冲头扩孔(过孔)，坯料壁厚减薄，内、外径扩大，高度略有减小。因此，扩孔前坯料高度 H_0，一般应为锻件高度 H 的(　　)倍。

179. 锤上拔长翻转坯料时，左手主要是控制夹钳高度，使之保持与下砧面成(　　)位置。

180. 芯轴拔长，为避免两端产生裂纹和便于退出芯轴，拔长时应先拔(　　)。

181. 水压机锻造的变形速度较慢，有利于金属的(　　)来消除加工硬化，提高金属塑性，降低变形抗力。

182. 轴类模锻件的(　　)应首选径向锻造机模锻设备。

183. 锻造剁料时第一锤应(　　)。

184. 扭转时，扭转部分应加热至(　　)最好的温度范围，并保温均匀后再进行扭转。

185. 模锻是利用模具使毛坯(　　)而获得锻件的锻造方法。

二、单项选择题

1. 标有尺寸公差又画有零件轮廓线的锻件图称为(　　)。

(A)冷锻件图　(B)热锻件图　(C)模具图　(D)零件图

2. 在零件尺寸加上粗加工和精加工余量后的尺寸，叫做锻件(　　)。

(A)最大尺寸　(B)最小尺寸　(C)平均尺寸　(D)基本尺寸

3. 锻件图有冷、热之分，通常冷锻件图是生产检验时的主要依据，热锻件图是(　　)的依据。

(A)坯料尺寸确定　(B)模具设计制造　(C)机械加工　(D)热处理

4. 需设计热锻件图的锻件一般都是(　　)。

(A)模锻件、胎模件，特别是合模成型件　(B)自由锻件

(C)黑皮锻件　(D)机加工件

5. 胎模锻件图的制定同模锻一样。亦分冷锻件图和热锻件图两种，热锻件图是(　　)的依据。

(A)制造模具　(B)制定加热规范　(C)机械加工　(D)生产检验

6. 分析已知视图(图 1)，正确的第三视图应是(　　)。

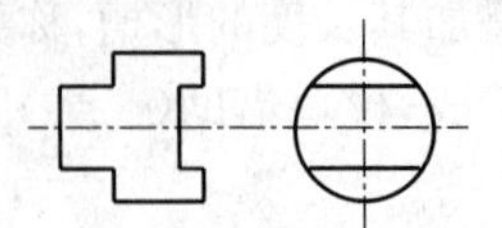

图 1

(A) 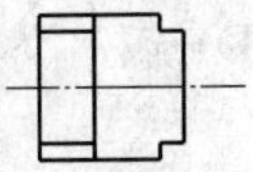 (B) 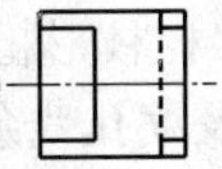 (C) 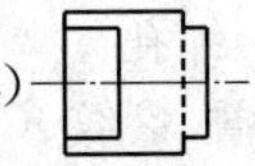 (D)

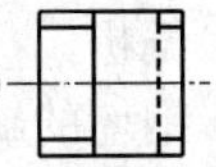

7. 缩孔和疏松多集中在钢锭(　　)附近,在锻造时必须彻底切除。

(A)底部　(B)冒口　(C)锭身中部　(D)2/3 处

8. 每种下料方法都有其显著特点,锯切下料显著特点是(　　)。

(A)尺寸精度高　(B)生产效率高　(C)端面质量差　(D)无金属损耗

9. 下列的几种下料方法中,(　　)几乎没有金属损耗。

(A)锯切　(B)热剁　(C)剪切　(D)气割

10. 钢水在钢锭模内凝固时,有些未逸出的气体残留在钢锭中或表层下,于是形成空洞,将其称为(　　)。

(A)气泡　(B)缩孔　(C)疏松　(D)白点

11. 金属在外力作用时所表现出来的性能称为(　　)性能。

(A)物理　(B)化学　(C)力学　(D)金属

12. 金属材料抵抗冲击载荷作用而不破坏的能力称为(　　)。

(A)塑性　(B)弹性　(C)冲击韧性　(D)疲劳强度

13. 碳的质量分数大于 2.11%的铁碳合金称为(　　)。

(A)工业纯铁　(B)碳素钢　(C)生铁　(D)合金

14. 用于制造各种刃具、量具和模具的钢称为(　　)。

(A)碳素钢　(B)工具钢　(C)合金钢　(D)结构钢

15. 合金结构钢牌号表示方法,是用平均碳的质量分数(　　)的两位数加合金元素符号以及含合金元素平均质量分数的百分数表示。

(A)十分之几　(B)百分之几　(C)万分之几　(D)千分之几

16. 铜(Cu)和锌(Zn)的合金称为(　　)。

(A)黄铜　(B)白铜　(C)青铜　(D)紫铜

17. 合金结构钢 35CrMo 表示平均碳的质量分数为(　　)左右,Cr 和 Mo 质量分数均小于 1.5%。

(A)5%　(B)3.5%　(C)0.35%　(D)0.035%

18. GCr15SiMn 是(　　)钢。

(A)普通碳素钢　(B)优质碳素钢　(C)滚动轴承钢　(D)碳素结构钢

19. T8 表示平均碳的质量分数为(　　)左右的碳素工具钢。

(A)8%　(B)0.8%　(C)0.08%　(D)0.008%

20. 合金元素总含量在(　　)以下的合金钢为低合金钢。

(A)0.5%　(B)5%　(C)5.5%　(D)50%

21. 钢锭组织的缺陷是钢液在锭模(　　)中形成的。

(A)浇注过程　(B)冷却过程　(C)脱模过程　(D)成型过程

22. 钢的成分中除铁外,主要含有碳和一定数量的 Si、Mn、S、P 等元素,这种钢叫做(　　)。

(A)碳素钢　(B)合金钢　(C)高合金钢　(D)合金结构钢

23. 当钢液在钢锭模中凝固时,体积的收缩会形成(　　)。

(A)偏析 (B)缩孔 (C)树枝形粗状结晶 (D)疏松

24. 钢坯的缺陷主要有折叠、裂纹、( )、白点及缩孔残余等。

(A)偏析 (B)穿晶 (C)非金属夹杂物 (D)气泡

25. 含碳量低于( )的碳钢为低碳钢。

(A)0.04%~0.5% (B)2.5%~6.7% (C)0.25% (D)0.025%

26. 含碳量在( )的碳钢为高碳钢。

(A)0.6%以上 (B)0.8%以上 (C)1.0%以上 (D)1.5%以上

27. 高合金钢,指合金元素总含量在( )以上的合金钢叫高合金钢。

(A)5% (B)5%~8% (C)10% (D)15%

28. 含碳量为( )的碳钢为中碳钢。

(A)0.25%~0.8% (B)0.002%~0.04%

(C)0.25%~0.6% (D)0.6%以上

29. 含碳量低于2.14%的铁碳合金叫做( )。

(A)工业纯铁 (B)生铁 (C)钢 (D)铸铁

30. 将锻件埋入干砂中进行冷却时,放入温度不得低于( )。

(A)500℃ (B)800℃ (C)1 000℃ (D)1 200℃

31. 正火是将钢件加热到 AC_3 或 AC_m 以上( )保温,然后在空气中冷却的热处理工艺。

(A)10~20℃ (B)30~50℃ (C)60~90℃ (D)100~120℃

32. 锻件在下列冷却方法中,冷却速度最慢的是( )。

(A)堆冷 (B)灰砂冷 (C)炉冷 (D)坑冷

33. 采用空冷工艺的锻件,一定要注意不要把红热锻件放在( ),以防各类缺陷产生。

(A)空气不流动的地方 (B)有穿堂风的地方

(C)十分干燥的地面上 (D)石板上

34. 构件和零件均是机构的组成部分,那么构件和零件的关系是( )。

(A)构件是零件的组成部分,组成零件的构件是机器中运动的最小单元

(B)零件是构件的组成部分,组成构件的零件之间无相对运动

(C)零件是构件的组成部分,组成构件的零件是机器中运动的最小单元

(D)构件是零件的组成部分,组成零件的构件之间无相对运动

35. 液压传动是采用液压元件,通过对于( )的控制,来传递能量和运动的。

(A)气体介质 (B)流体介质 (C)油液介质 (D)固体介质

36. 电气传动是采用电力设备和( ),通过调整电参数来实现能量的传递。

(A)机械零件 (B)液压元件 (C)气压元件 (D)电器元件

37. 带传动时,依靠带与带轮之间的( ),来传递运动和动力的。

(A)摩擦力 (B)正压力

(C)作用力与反作用力 (D)拉力

38. 带传动中,需限制小带轮的包角 α_1,通常小带轮的包角 α_1( )。

(A)等于120° (B)小于120°

(C)大于等于120° (D)小于等于120°

39. 链传动常用于传动功率较大,两轴距离较远,且( )的情况下。

(A)平均传动比保持不变 (B)瞬时传动比保持不变

(C)平均传动比可变化　(D)瞬时传动比可变

40. 链传动是依靠链条与链轮之间的(　　)来达到传递运动和动力的目的。

(A)摩擦力　(B)啮合力　(C)压力　(D)拉力

41. 链传动在一般情况下,功率可达数百千瓦,传动比可达到 6,传动速度可达(　　),最大可达 40 m/s。

(A)12～15 m/s　(B)10～12 m/s　(C)15～20 m/s　(D)25 m/s 以上

42. 齿轮传动是两齿轮的啮合传动,因为无中间挠性件,所以齿轮传动(　　)两轴之间的传动。

(A)适应近距离　(B)适应远距离　(C)适应远、近距离　(D)适应中等距离

43. 在机械传动中,若要保证准确的传动比,且具有较大的传动功率,可采用(　　)。

(A)带传动　(B)链传动　(C)齿轮传动　(D)液压传动

44. 齿数、模数是决定齿轮轮齿大小的重要参数,由设计要求给定,那么模数与轮齿的关系是(　　)。

(A)模数越大,轮齿越小　(B)模数越大,轮齿越大

(C)模数越小,轮齿越大　(D)模数越小,轮齿越多

45. 标准直齿圆柱齿轮的压力角是指(　　)上的压力角。

(A)齿顶圆　(B)齿根圆　(C)分度圆　(D)渐近线

46. 标准直齿圆柱齿轮的齿顶高系数等于(　　)。

(A)1　(B)0.25　(C)0.5　(D)0.75

47. 要把直线运动变为回转运动,或把回转运动变为直线运动,可采用(　　)传动。

(A)圆柱齿轮传动　(B)齿轮齿条传动　(C)锥齿轮传动　(D)蜗轮蜗杆传动

48. 在液压传动中,控制液压系统的液体流动方向的液压阀是(　　)。

(A)溢流阀　(B)节流阀　(C)换向阀　(D)减压阀

49. 在液压传动中,控制和调节液压系统流量的液压阀是(　　)。

(A)换向阀　(B)节流阀　(C)溢流阀　(D)减压阀

50. 净化气压传动介质的元件是(　　)。

(A)过滤器　(B)分水滤气器　(C)油雾器　(D)净化器

51. 稳定气压的元件是(　　)。

(A)节流阀　(B)换向阀　(C)减压阀　(D)溢流阀

52. 空气锤是一种由(　　)直接驱动的锻造设备。

(A)压缩空气　(B)发电机　(C)电动机　(D)液压机

53. 蒸汽-空气自由锻锤在工作时汽(气)源工作压力一般要求达到(　　)。

(A)0.3～0.5 MPa　(B)0.1～0.2 MPa　(C)0.7～0.9 MPa　(D)1.0 MPa 以上

54. 对容易出现冷却裂纹的马氏体类钢,如 2Cr13、3Cr13 等,模锻后放在 200℃左右的砂坑、热灰或(　　)中缓冷可避免出现冷却裂纹。

(A)热水　(B)热处理炉　(C)保温坑　(D)空气

55. 模锻锤与切边压床在规格上应匹配得当,3 t 模锻锤配属的切边压床一般为(　　)压床。

(A)3 150 kN　(B)1 600 kN　(C)5 000 kN　(D)7 000 kN

56. 摩擦压力机上的摩擦盘,在设备构造上属于(　　)。

(A)传动系统构件　(B)工作系统构件　(C)操纵系统构件　(D)润滑系统构件

57. 摩擦压力机飞轮与左右摩擦盘保持一定间隙,若使飞轮与旋转的摩擦盘接触,必须通过操纵系统移动(　　)才能实现。

(A)飞轮　(B)可以在主轴上滑动的摩擦盘

(C)紧固在摩擦盘上的主轴　(D)滑块

58. 热模锻压力机,实际上就是一种使坯料在热态下模具成型而使用的(　　)。

(A)螺旋压力机　(B)曲柄压力机　(C)高能锻压机　(D)摩擦压力机

59. 热模锻压力机开动前,应认真检查空气压力,当压力小于(　　)时,不得开动设备。

(A)0.2 MPa　(B)0.7 MPa　(C)0.4 MPa　(D)0.6 MPa

60. 垂直分模平锻机和水平分模平锻机工作机构的构成是(　　)。

(A)相同的,都是由主滑块与夹紧滑块两组动作机构组成

(B)不同的,垂直分模平锻机是二组,而水平分模的是一组

(C)不同的,垂直分模的是一组,而水平分模的是二组

(D)相同的,都是由主滑块与夹紧滑块一组动作机构组成

61. 工艺上利用平锻机可进行(　　)等各类工序和模锻成型。

(A)顶镦　(B)拔长　(C)扭转　(D)锻接

62. 模锻件如凹陷、麻坑、碰伤、重皮、折叠等缺陷多是因(　　)产生的缺陷。

(A)加热时　(B)下料时　(C)锻后冷却　(D)模锻操作不当

63. 水压机在锻造中要防止偏锻,当心引起本体摇晃,这会使(　　)倾斜,恶化立柱、工作缸柱塞的受力情况。

(A)活动横梁　(B)回程拉杆　(C)工作柱塞　(D)立柱

64. 对 500～1 000 kg 锻锤,当台阶高度小于 8 mm 且台阶长度小于(　　)时可不锻出。

(A)250 mm　(B)100 mm　(C)150 mm　(D)300 mm

65. 水压机锻造变形的速度较慢,有利于(　　),因此锻造高合金钢的效果较好,可提高塑性,降低变形的抗力。

(A)塑性变形　(B)金属再结晶　(C)提高生产效率　(D)模膛的充满

66. 摩擦压力机工作时打击性质近似锻锤,而其工作特性又近似于压力机。因此摩擦压力机构造简单,是由(　　)、滑块、传动装置、操作系统等四部分组成。

(A)床身　(B)机架　(C)曲柄连杆机构　(D)飞轮

67. 水压机用 V 形砧的 V 形槽夹角在(　　)之间。

(A)80°～100°　(B)100°～110°　(C)120°～130°　(D)130°～140°

68. 空气锤在连续工作时,锤头悬空的时间不要超过(　　),以免锤杆发热和浪费能量。

(A)1 min　(B)2 min　(C)3 min　(D)4 min

69. 水压力锻造,只允许用(　　)修整冷锻件。

(A)高压　(B)中压　(C)低压　(D)高、中、低压都可以

70. 模锻锤的锤杆在使用中容易在与锤头连接锥度以上 100 mm 左右处断裂,其损坏原因主要是(　　)。

(A)拉应力　(B)疲劳破坏　(C)切应力　(D)内应力

71. 热模锻压力机发生“闷车”故障,通常是在滑块向下行程的(　　)处。

(A)下止点　(B)下止点前几度　(C)下止点后几度　(D)位置不固定

72. 平锻机夹紧机构的保险装置通常采用的是(　　)方式。

(A)保险块　(B)弹簧　(C)气压式　(D)液压式

73. 一般常见液压机的工作压力为(　　)。

(A)10～20 MPa　(B)20～32 MPa　(C)32～45 MPa　(D)45 MPa 以上

74. 锻后冷却过快,锻件内产生较大的热应力和组织应力引起锻件形成的裂纹称为(　　)。

(A)冷却裂纹　(B)热裂纹　(C)中心裂纹　(D)端面裂纹

75. 锻件在清理过程中产生的缺陷有(　　)、腐蚀裂纹、局部过热裂纹等。

(A)重皮　(B)过腐蚀　(C)毛刺　(D)碰伤

76. 锻件锻后冷却产生翘曲,是由于锻造的残余应力和冷却不均匀引起的应力相互作用而导致的锻件变形。锻件的翘曲主要发生在大型锻件、细肋框架式锻件和薄壁锻件上。采用锻后(　　)可以防止翘曲变形产生。

(A)水冷　(B)灰冷　(C)退火　(D)淬火

77. 始锻温度主要受(　　)温度的限制。

(A)过烧　(B)过热　(C)终锻　(D)氧化

78. 热钢锭是指装炉时钢锭表面温度大于(　　)的钢锭。

(A)250℃　(B)350℃　(C)550℃　(D)650℃

79. 接触电加热装置特别适合于(　　)的加热。

(A)钢锭　(B)大型坯料　(C)棒料　(D)板料

80. 炉体、烟道、烟囱砌好后要进行烘烤,但应首先烘烤(　　)。

(A)炉体　(B)炉膛　(C)烟道　(D)烟囱

81. 烘炉在(　　)以上才允许用上排烧嘴烘烤。

(A)450℃　(B)650℃　(C)850℃　(D)950℃

82. 重油炉点火时,若点火未着或中途熄火,应立即关闭(　　)并加大风量吹净炉内残气后再重新点火。

(A)油门　(B)气门　(C)蒸汽阀门　(D)喷嘴

83. 加热产生的缺陷有过热、过烧、萘状断口、粗晶、裂纹、心部开裂、(　　)、铜脆等。

(A)淬裂　(B)重皮　(C)气割裂纹　(D)脱碳

84. 过热是造成合金结构钢低倍粗晶的原因。过热是在(　　)以下或加热保温时间过长或者由于没有考虑到变形热效应的影响而引起的。

(A)熔化温度　(B)过烧温度　(C)锻造温度　(D)热处理温度

85. 高碳钢、高锰钢和高合金钢,一般情况下应在 200～300℃范围装炉,小型坯料允许在(　　)下装炉,然后再缓慢加热到始锻温度。

(A)450～650℃　(B)700～850℃　(C)900～1050℃　(D)1100℃以上

86. Cr12MoV 的锻造温度范围很窄,始、终锻一般为(　　)。

(A)1 200～1 050℃　(B)1 150～950℃　(C)1 100～850℃　(D)1 050～900℃

87. 下列应力中,(　　)属于金属塑性变形时所产生的附加应力。

(A)组织应力　(B)拉应力　(C)压应力　(D)温度应力

88. 一个方形截面坯料镦粗到最后时，会近似呈圆形，这主要是遵循了(　　)的结果。

(A)剪应力定律　(B)体积不变定律　(C)最小阻力定律　(D)塑性变形定律

89. 金属在塑性变形时存在有弹性变形的定律，说的是(　　)。

(A)金属在塑性变形之后又产生了弹性变形

(B)塑性变形伴随弹性变形同时发生

(C)塑性变形后又恢复了原状

(D)塑性变形不一定伴随弹性变形同时发生

90. 方形截面坯料在镦粗时，由于四个角的阻力是(　　)，所以镦到最后略呈圆形。

(A)零　(B)最小的　(C)最大的　(D)中等

91. 金属在外力作用下塑性变形时，与工、模具之间产生的摩擦力方向总是与金属流动方向(　　)的。

(A)相反　(B)垂直　(C)相同　(D)成一定角度

92. 锻锤吨位不足、坯料加热温度不够、在操作过程中放料不正、锻模预热不够、制坯和预锻模膛设计不合理、操作不正确、氧化皮清除不及时使滚挤模膛内堆积氧化皮过多等原因造成的锻件缺陷称为(　　)。

(A)欠压　(B)折叠　(C)麻坑　(D)缺肉

93. 坯料沿全长产生变形的镦粗叫(　　)。

(A)完全镦粗　(B)端面镦粗　(C)中间镦粗　(D)垫环镦粗

94. 为使坯料在拔长过程中各部分的温度和变形均匀，拔长时应使坯料一边送进一边(　　)。

(A)定时翻转　(B)不停的翻转　(C)多次冷却　(D)经常检验

95. 锻锤拔长操作是右手在前，左手在后握住钳柄与下砧面(　　)。

(A)持平　(B)倾斜　(C)垂直　(D)交叉

96. 对长坯料采用从(　　)开始拔长。

(A)前端　(B)根部　(C)中间　(D)前端和根部均可

97. 平砧拔长过程中，应注意每次压下后坯料截面的宽高比应小于(　　)，否则翻转 90°再拔时易产生弯曲和折叠。

(A)1～1.5　(B)2～2.5　(C)3～3.5　(D)4

98. 完全镦粗是将坯料(　　)加热后进行镦粗。

(A)局部　(B)整体　(C)端部　(D)根部

99. 中间镦粗是将加热坯料置于两漏盘之间，使坯料中间产生镦粗变形，开始锤击应(　　)。

(A)连打　(B)重击　(C)轻击　(D)单击

100. 在锻锤上拔长，正确的掌钳姿势是将夹钳置于身体的(　　)。

(A)前方　(B)上方　(C)一侧　(D)腹部

101. 在锻锤上拔长时，掌钳者站立在锻锤(　　)位置。

(A)正面　(B)左侧　(C)右侧　(D)后侧

102. 夹持大坯料是，应在夹钳尾部套上钳箍，并用左手(　　)钳箍。

(A)握住　(B)远离　(C)顶住　(D)捏住

103. 拔长钢锭时，应从(　　)开始拔长。

(A)前端　(B)中间　(C)后端　(D)两头

104. 拔长时，坯料每次进给量 l 不得(　　)单边压下量 $\Delta h/2$，否则会产生折叠缺陷。

(A)小于　(B)等于　(C)大于　(D)大于等于

105. 锻件过腐蚀特征是在酸洗后锻件表面出现麻坑或麻点，甚至呈疏松多孔状的表面，称为过腐蚀。过腐蚀是锻件在(　　)过程中产生的缺陷。

(A)冷却　(B)热处理　(C)加热　(D)清理

106. 空心冲头冲孔的特点是坯料变形(　　)，但心料损失大。

(A)较大　(B)较小　(C)不变　(D)大

107. 冲头扩孔，为防扩孔时坯料被胀裂，每次扩孔量不宜过大，一般应控制在(　　)。

(A)5～8 mm　(B)15～30 mm　(C)80～100 mm　(D)120 mm 以上

108. 大圆环锻件扩孔时，其直径应考虑到锻件的冷缩现象，一般钢材冷缩率为(　　)。

(A)0.2%～0.3%　(B)1.0%～1.7%　(C)3.0%～3.5%　(D)4%～4.5%

109. 芯轴拔长薄壁筒件和特殊钢种筒件，最好选用(　　)拔长。

(A)上、下平砧　(B)上平、下 V 形砧

(C)上、下 V 形砧　(D)上 V、下平砧

110. 芯轴拔长，为防坯料内孔扩大和拔长速度过慢，应采用(　　)快锻。

(A)重击　(B)适当重击　(C)轻击　(D)适当轻击

111. 锻造剁切时，若需加方垫，其加方垫数量不得超过(　　)。

(A)2 块　(B)3 块　(C)4 块　(D)5 块

112. 锻造剁切时，一定要将坯料放在砧子(　　)。

(A)边缘　(B)1/5 砧宽处　(C)中间　(D)1/4 砧宽处

113. 锻件需多处弯曲时，一般弯曲顺序是首先弯曲锻件(　　)。

(A)中部　(B)端部　(C)与直线相连部分　(D)弧度较大的部分

114. 弯曲时，坯料外侧产生拉缩，内侧产生皱折，使坯料截面积(　　)。

(A)增大　(B)不变　(C)缩小　(D)可变大也可变小

115. 扭转后锻件必须(　　)冷却，最好进行退火处理。

(A)急剧　(B)快速　(C)缓慢　(D)用水迅速

116. 锻件厚度超差又称欠压，是由于(　　)、终锻温度低、设备吨位小和蒸汽压力不足等造成的。

(A)坯料小　(B)坯料过大　(C)毛坯尺寸不符　(D)压扁高度超差

117. 胎模锻造，胎模的工作温度不宜超过(　　)，否则会使模膛局部回火软化而塌陷、龟裂。

(A)400℃　(B)600℃　(C)800℃　(D)1 000℃

118. 胎模锻造，若锻件飞边发黑或有刚性冲击时，要(　　)锻造。

(A)重击　(B)连打　(C)停止　(D)轻击

119. 造成锻件错移的主要原因有设备精度不高、模具精度不够、模具无锁扣、(　　)及键和斜楔松动等。

(A)模具安装、调整不合理　(B)打击力太大
(C)制坯时坯料折叠　(D)切边模间隙不均匀

120. 锻件内部横向裂纹产生的原因可能是冷锭加热速度过快形成的加热裂纹,也可能是拔长低塑性材料时相对送进量(　　)造成的。

(A)过大　(B)过小　(C)过快　(D)过慢

121. 镦粗是使坯料高度减小而横截面积(　　)的锻造工序。

(A)减小　(B)不变　(C)增大　(D)变薄

122. 锤锻掌钳者,在做好操钳翻动的准备动作时,眼睛注视(　　)。

(A)上砧和锤头　(B)钳口和工件　(C)下砧和砧垫　(D)上砧和工件

123. 用脚踏操纵空气锤时,操作者在安放工具或测量尺寸时,脚应(　　)开关。

(A)重踏　(B)轻踏　(C)离开　(D)重踏或轻踏

124. 过烧是由于加热时炉温过高或坯料在高温区停留过长而引起的。过烧缺陷的外观呈桔皮状、晶粒特别大、(　　),一经锻打立即碎裂。

(A)氧化严重　(B)无氧化　(C)细裂纹　(D)重皮

125. 锻工用的夹钳和其他夹持工具,应采用(　　)钢制造。

(A)低碳钢　(B)中碳钢　(C)高碳钢　(D)合金钢

126. 锻造用冲头的顶部(　　)。

(A)必须淬火　(B)不准淬火　(C)部分淬火　(D)淬硬

127. 锻造用撬棍应用(　　)钢制造。

(A)合金钢　(B)高碳钢　(C)低碳钢　(D)结构钢

128. 单模膛模锻是同一锻模上只设置一个模膛,毛坯直接可以成型。而多模膛模锻是(　　)上设置多个模膛,毛坯需经过若干工序成型的。

(A)几个锻模　(B)同一锻模　(C)不同设备　(D)同一设备

129. 模锻工艺过程由四种基本工序组成;下料、模锻、完成、(　　)。

(A)锻后冷却　(B)热处理　(C)检验　(D)理化

130. 加热产生的缺陷有过热、过烧、萘状断口、粗晶、裂纹、心部开裂、(　　)、铜脆等。

(A)淬裂　(B)重皮　(C)气割裂纹　(D)脱碳

131. 模锻件上凡是(　　)的部位,都应留有机械加工余量,余量的大小取决于机械加工的要求和模锻工艺所能达到的锻件公差的大小。

(A)黑皮　(B)机械加工　(C)注有公差　(D)零件尺寸

132. 锻件内、外壁上的斜度,分别称为内、外起模斜度。一般情况下内起模斜度应(　　)外起模斜度。

(A)大于　(B)等于　(C)小于　(D)近似

133. 由于金属在模膛里流动和模具强度等方面的需要,锻件上凡是面与面相交的地方,必须作成(　　)。

(A)倒角　(B)圆角　(C)钝角　(D)直角

134. 圆角半径的数值与锻件的形状、尺寸有关,深而窄的模膛充填较为困难,所以圆角半径应取(　　)值。

(A)较大　(B)较小　(C)最大　(D)正常

135. 在模锻中不能锻出通孔而只能锻成不通孔,不通孔内所留的一层金属称为(　　)。

(A)冲孔连皮　(B)飞边　(C)余量　(D)冲脱

136. 上、下模具环绕锻件周围的分界线称为分模线。分模线形状分(　　)分模线和对称弯曲分模线为一种,另一种为不对称弯曲分模线。

(A)扭曲　(B)平直　(C)交错　(D)平行

137. 在下料、加热、锻造、冷却、清理工序中出现的锻件缺陷属于(　　)产生的缺陷。

(A)原材料生产过程　(B)锻件生产过程

(C)热处理生产过程　(D)冶炼生产过程

138. 拔长工步的主要作用是使坯料的部分横截面积减小而(　　)增加。

(A)宽度　(B)厚度　(C)直径　(D)长度

139. 镦粗工步是在镦粗台上经镦粗变形使坯料(　　)变大从而接近锻件形状的变形过程。

(A)厚度　(B)长度　(C)横截面　(D)侧面

140. 模锻件外部缺陷有尺寸和形状不符合要求、表面裂纹、折叠、(　　)、麻坑、过烧桔皮状表面等。

(A)缩孔　(B)错差　(C)脱碳　(D)带状组织

141. 毛坯在模膛中变形后得到与锻件极其相似的外形,以保证终锻时更好成型的变形过程称为(　　)工步。

(A)成型　(B)滚挤　(C)终锻　(D)预锻

142. 锤锻模的燕尾和斜楔配合使模块紧固在锤头或模座上,防止锻模脱出和(　　)移动。而键块和键槽配合是防止锻模前后移动。

(A)左右　(B)上下　(C)中心　(D)扭曲

143. 由于模锻操作不当引起的缺陷主要有错移、缺肉、残留毛刺、压坏、厚度超差、(　　)、流线分布不当、切边裂纹等。

(A)硬度过高　(B)过烧　(C)折叠　(D)翘曲

144. 锤锻模的外形和结构由燕尾、键槽、锁扣、钳口、起重孔、(　　)等组成。

(A)顶出器　(B)检验角　(C)压板　(D)导柱

145. 锤锻模中的钳口在操作时作为放置钳子或放置部分坯料用,以便锻件容易从模膛中取出,在检验(　　)时钳口还可作为浇型用的浇口。

(A)锻件　(B)模具外形　(C)模槽　(D)零件

146. 检验角是由锻模侧面上(　　)加工表面构成的 90°角,构成检验角的表面即为检验面。

(A)4 个　(B)2 个　(C)6 个　(D)全部

147. 检验角是模具制造时模槽划线加工的基准面,在(　　)时,它是检验上、下模有无错移的基准面。

(A)安装和调整锻模　(B)模锻　(C)机械加工　(D)浇型检验

148. 锁扣的作用是防止在锻击时上、下模产生错差。锻模锁扣有两种基本类型:(　　)锁扣和一般锁扣。

(A)形状　(B)导柱　(C)纵向　(D)角

149. 模锻件性能方面缺陷有室温的( )、韧性、塑性、疲劳性能、高温的塑性、持久强度等,只有进行性能试验后才能知道合格与否。

(A)强度 (B)淬透性 (C)应力 (D)压力

150. 模锻件缺陷的分类一般按缺陷的( )和按产生缺陷的工序或过程分类。

(A)缺陷大小 (B)产生机理 (C)理化结果 (D)表现形式

151. 锤上模锻时,圆饼类锻件一般采用镦粗制坯工步,而长轴类锻件一般采用拔长和( )工步。

(A)弯曲 (B)滚挤 (C)卡压 (D)压扁

152. 终锻模膛是模锻件最后成形用的模膛,它是根据( )设计和制造的,在开式模锻时,终锻模膛沿分模面设置有飞边槽。

(A)冷锻件图 (B)热锻件图 (C)预锻毛坯图 (D)零件图

153. 在锤上模锻叉形锻件时,往往采用弯曲成型或( )来达到叉部成型的目的。

(A)预锻劈开 (B)卡压 (C)拔长 (D)冲孔

154. 滚挤模膛的作用是使坯料某几处断面增大而另几处断面减小。在操作时要求将坯料不断的翻转锤击,坯料( )送进。

(A)需 (B)不需 (C)逐渐 (D)边打边

155. 预锻模膛和终锻模膛设计的不同之处为预锻模膛不设置飞边槽,圆角比终锻模膛( ),叉形锻件预锻模膛需设置劈料台。

(A)大 (B)小 (C)相等 (D)大得多

156. 飞边槽桥部的作用是( ),有助于金属充满模膛。

(A)储存多余金属 (B)防止错移

(C)增加金属流出模膛阻力 (D)起缓冲作用

157. 模具的错移主要有三种,即( )、横向错移和上、下模扭错。

(A)纵向 (B)侧向 (C)上下 (D)高度

158. 因故停锤后应继续对锤杆和锻模预热,重新工作时应检查锤杆和锻模温度须在( )之间。

(A)150～250℃ (B)250～350℃ (C)50～100℃ (D)500℃以上

159. 常见的锻模冷却剂是压缩空气、( )或锯末中拌以少量盐水。

(A)玻璃润滑剂 (B)盐水的饱和溶液 (C)石墨润滑剂 (D)机械油

160. 正常工作条件下锻模的损坏形式有裂纹、( )、变形、堆塌、焊合等。

(A)磨损 (B)疲劳断裂 (C)凹坑 (D)碎裂

161. 锻造塑性( )的金属时,必须把润滑剂均匀涂抹在坯料上和模壁上,以利于金属的流动和充满模膛。

(A)较好 (B)较差 (C)很好 (D)一般

162. 上、下锻模是借助与燕尾、( )、固定键块和键槽紧固在锤头和模座上的。

(A)斜楔 (B)导销 (C)压板 (D)镶套

163. 热模锻压力机工艺适用于单模膛模锻,以及配合( )的多模膛模锻。此外,还可以进行热挤压和多向模锻等。

(A)制坯工序 (B)单模膛 (C)滚压 (D)顶锻

164. 校正的方法通常分四种,即在(　　)内进行的热校正、在专门校正模内进行校正、在油压机V形铁上校正和在专门设备上冷校正。

(A)终锻模　(B)校正模　(C)预锻模　(D)胎模

165. 热模锻压力机与锤上模锻相比,由于一次行程变形量大,毛坯(　　)变形大,易于向水平方向流动,因而模膛深处不易充满。

(A)下部　(B)外部　(C)高度　(D)中部

166. 由于热模锻压力机的滑块行程是固定的,因此难以在其上进行(　　)和滚压。

(A)镦粗　(B)压扁　(C)拔长　(D)弯曲

167. 热校正是在(　　)后进行的,主要校正模锻、切边、冲孔后锻件产生的变形。

(A)切边和冲孔　(B)模锻　(C)制坯　(D)热处理

168. 热模锻压力机的模块是借助于楔、(　　)、键固定于上、下模板内的。

(A)压板、螺钉　(B)热压　(C)定位销　(D)镶嵌

169. 热模锻压力机模架内的垫板是为保持上、下模板的(　　)而设置的,垫板直接和锻模接触,承受变形时全部压力,是定期更换的零件。

(A)长期使用　(B)临时使用　(C)安全　(D)平行

170. 在热模锻压力机上为了保证上、下模的对中,在模板上设置有(　　)。

(A)锁扣　(B)导柱和导套　(C)顶出杆　(D)键块

171. 热模锻压力机的上模板是固定在压力机的滑块上,而下模板则固定在压力机的(　　)上。

(A)模块　(B)工作台　(C)底座　(D)垫板

172. 热模锻压力机上安装于模板上的镶块又称模块,在镶块上开有模膛。镶块可以是整体式,也可以采用组合式。组合式镶块模有模座和开有模膛的(　　)组成。

(A)模板　(B)垫板　(C)镶块模　(D)整体模

173. 热模锻压力机的镶块是固定在(　　)的,镶块是经常更换的部件。

(A)模架的垫板内　(B)工作台上　(C)上、下模架内　(D)滑块上

174. 为了避免锻件产生错移,(　　)和摩擦螺旋压力机常采用导柱和导套等导向装置。

(A)锤上模锻　(B)高速锤　(C)平锻机　(D)热模锻压力机

175. 切边和冲孔通常在(　　)上进行。

(A)切边压力机　(B)锤　(C)水压机　(D)平锻机

176. 切边时,凸凹模之间应有适当的间隙δ,它通常靠(　　)轮廓尺寸来保证,设备吨位不同,δ值大小也不一样。

(A)减小凸模　(B)扩大凹模

(C)凸凹模同时改变尺寸　(D)调整尺寸

177. 切边和冲孔时,凸、凹模所起的剪切作用是不同的。在冲孔时,起剪切作用的是(　　)。

(A)凸模　(B)凹模　(C)凸、凹模　(D)专用冲子

178. 锻件在(　　)左右切除飞边称为热切边,锻件在150℃温度以下切除飞边称为冷切边。

(A)750℃　(B)550℃　(C)350℃　(D)600℃

179. 切边模和冲孔模的结构形式有单一模、(　　)、复合模三种。

(A)套模　(B)合模　(C)连续模　(D)胎模

180. 碳的质量分数(　　)的高碳钢、高合金钢、镁合金钢、镁合金、钛合金和高温合金，一般采用热切边。

(A)大于0.6%　(B)大于0.20%　(C)小于0.6%　(D)0.45%左右

181. 在压力机一次行程内同时进行一件切边和一件冲孔的模具称为(　　)。

(A)复合模　(B)连续模　(C)组合模　(D)单一模

182. 锻件残余毛刺超差时应检查(　　)、检查凹模刃口磨损情况以及模具设计中间隙是否正常，切边件摆放是否正确。

(A)切边凸、凹模间隙　(B)锻件肥大　(C)设备精度　(D)设备台板

三、多项选择题

1. (　　)是自由锻工艺规程的基本内容。

(A)绘制锻件图　(B)确定毛坯质量和尺寸

(C)决定变形工艺　(D)选择设备

2. 空气锤在压紧状态时，可对工件进行(　　)操作。

(A)弯曲　(B)镦粗　(C)拔长　(D)扭转

3. 空气锤(　　)会造成锤头提升高度不够。

(A)补气机构失灵　(B)存在严重漏气现象

(C)工作活塞上的顶堵盖松动　(D)锤杆上的摩擦力增大

4. 空气锤(　　)会造成工作缸严重发热。

(A)活塞环与气缸的间隙大小　(B)气缸内润滑不良

(C)工作活塞上的顶堵盖松动　(D)锤头长时间悬空

5. 使用自由锻锤应避免(　　)。

(A)空击　(B)偏心打击

(C)锻打冷铁　(D)重击厚度较薄的坯料

6. (　　)会引起蒸汽-空气自由锻锤锤头卡死。

(A)偏心锻造　(B)活塞环断裂或脱出卡在气缸里

(C)活塞环开口卡住气道　(D)活塞直径过大，卡在缸套内

7. 蒸汽-空气自由锻锤进气阀开启后锤头升不起来，可能是由(　　)造成的。

(A)排气阀门未开启或被堵塞　(B)进气压力不足

(C)锤头与导轨的间隙过小　(D)活塞直径过大，卡在缸套内

8. 锻造操作机应具有钳口的张合、钳杆旋转(　　)等基本动作。

(A)钳杆平行升降　(B)钳杆倾斜　(C)冲切　(D)大车行走

9. 锻造操作机常见的故障有(　　)。

(A)液压泵噪声大

(B)夹紧、升起动作无力或不能长时间保持

(C)旋转台旋转，大车、小车移动迟缓无力

(D)各动作有冲击振动现象

10. 自由锻常用工具有(　　)。
(A)砧子　(B)冲头　(C)样冲　(D)钳子
11. 套筒内孔(套钢锭小端用)的形状有(　　)。
(A)圆形　(B)菱形　(C)方形　(D)八角形
12. 常用的锻造测量工具有(　　)。
(A)钢直尺　(B)钢卷尺　(C)卡钳　(D)90°角尺
13. 大锤常用的打击方法有(　　)。
(A)抱打　(B)轮打　(C)横打　(D)滚打
14. 常用的锻模冷却,润滑剂有(　　)。
(A)盐水　(B)水基石墨润滑剂
(C)油基石墨润滑剂　(D)二硫化钼混合润滑剂
15. 常用的硬度试验方法有(　　)。
(A)布氏硬度试验　(B)洛氏硬度试验　(C)维氏硬度试验　(D)冲击韧性试验
16. 钢中加入的元素,凡是能形成碳化物的,如(　　)都可抑制奥氏体晶粒的长大。
(A)钛　(B)磷　(C)钒　(D)钨
17. 确定加热规范的主要内容有(　　)。
(A)加热温度　(B)加热速度　(C)加热时间　(D)加热设备
18. 影响坯料加热时间的因素有(　　)。
(A)钢种　(B)加热速度　(C)坯料截面尺寸　(D)加热设备
19. 在确定锻造温度范围时要经常用到(　　)。
(A)相图　(B)塑性图　(C)再结晶立体图　(D)抗力图
20. 金属在加热过程中可能会产生的缺陷有(　　)。
(A)脱碳　(B)过热　(C)过烧　(D)氧化
21. 弯曲的方法很多,其中有(　　)。
(A)平砧弯曲　(B)胎膜弯曲　(C)平板上弯曲　(D)支架上弯曲
22. 锻模错移的形式包括(　　)。
(A)纵向错移　(B)横向错移　(C)上下模扭错　(D)上下模垂直错移
23. 模锻预热方法可采用(　　)。
(A)气体燃料喷烤　(B)中频加热　(C)热铁烘烤　(D)电阻炉加热
24. 检查锻模预热温度可以采用(　　)的方法。
(A)测温笔检测
(B)表面温度计检测
(C)体温计
(D)手指插入锻模其中孔内,凭感觉到烫手即可
25. 金属在锻造过程中受(　　)的影响,在锻件内就会遗留较大的变形残余应力。
(A)变形温度　(B)变形强度　(C)变形程度　(D)变形速度
26. 主要的表面清理设备有(　　)。
(A)清理滚筒　(B)振动光饰机　(C)切边压力机　(D)抛丸机
27. 游标卡尺属于较精密的锻件量具,(　　)是游标卡尺的常用规格。
(A)150 mm　(B)200 mm　(C)250 mm　(D)300 mm

28. 可以凭肉眼细心观察锻件表面有无( )缺陷。

(A)折缝裂纹 (B)压伤 (C)斑点 (D)表面过烧

29. 锻后残余应力的产生,是( )都不同,造成锻件内部的应变和温度分布很不均匀,因而使金属内部产生相互作用的内应力。

(A)变形的能量 (B)变形温度 (C)变形速度 (D)变形程度

30. 下面材质的锻件中,最大散热尺寸在 300 mm 以内时,均可采用空冷(堆冷)的有( )。

(A)45 钢 (B)Q345 钢 (C)T12 钢 (D)45Mn2 钢

31. 下列属于体心立方晶格金属有( )。

(A)钼 (B)钾 (C)钒 (D)钨

32. 常用的淬火冷却介质有( )。

(A)水 (B)油 (C)盐水 (D)碱水

33. 一般常用( )钢制作热锻模。

(A)5CrMnMo (B)5CrNiMo (C)Cr12 (D)Cr12MoV

34. 牌号( )是锻造常用的优质碳素钢。

(A)40Cr (B)35 (C)45Mn (D)45

35. 下列合金中属于变形铝合金的是( )。

(A)防锈铝合金(LF) (B)锻铝合金(LD)

(C)硬铝合金(LY) (D)超硬铝合金(LC)

36. 推杆式加热炉加热毛坯形状规则,可与( )配套生产。

(A)模锻锤 (B)蒸汽-空气自由锻锤

(C)环件轧机 (D)空气锤

37. 自由锻造的基本工序有( )。

(A)拔长 (B)镦粗 (C)冲孔 (D)滚挤

38. 常用的划线工具有( )。

(A)划针 (B)游标高度卡尺 (C)划规 (D)划线盘

39. 凡遇有人触电,必须用最快的方法( )。

(A)关闭电源 (B)对触电者进行人工呼吸

(C)使触电者安全的脱离电源 (D)对触电者进行胸外挤压

40. 安全用电可以选择( )充做保护用具。

(A)绝缘手套 (B)橡胶 (C)铝棒 (D)干燥木质桌凳

41. 在炎热的夏天,锻造工( )是防暑降温措施之一。

(A)多喝茶水 (B)正确使用风扇 (C)饮用清凉饮料 (D)喝适量啤酒

42. 锻件质量检验的基本内容包括( )。

(A)化学成分检查 (B)外观尺寸检查 (C)磁力探伤 (D)荧光检验

43. 钢的分类方法通常是按钢的( )等其他方法进行分类。

(A)化学成分 (B)用途 (C)质量好坏 (D)冶炼方法

44. 常用锻件清理的方法有( )。

(A)酸洗 (B)喷砂(丸) (C)抛丸 (D)风铲

45. 锻件冷却的方法有喷雾冷却、风冷、空冷、坑冷、箱冷、(　　)。
(A)灰(砂)冷　(B)炉冷　(C)控制冷却　(D)等温扩氢退火
46. 碳素钢按含碳量的多少分为(　　)。
(A)低碳钢　(B)中碳钢　(C)合金钢　(D)高碳钢
47. 合金钢按合金元素总含量多少分为(　　)。
(A)生铁　(B)低合金钢　(C)中合金钢　(D)高合金钢
48. 钢按用途分类,可分为(　　)。
(A)结构钢　(B)工具钢　(C)优质钢　(D)特殊性能钢
49. 钢按质量好坏,即按钢中有害元素(S)、磷(P)等含量的多少可分为(　　)。
(A)合金钢　(B)普通钢　(C)优质钢　(D)高级优质钢
50. 钢按冶炼方法不同可分为(　　)。
(A)平炉钢　(B)转炉钢　(C)电炉钢　(D)不锈钢
51. 钢按金相组织不同可分为(　　)。
(A)奥氏体钢　(B)铁素体钢　(C)马氏体钢　(D)珠光体钢
52. 钢按脱氧程度和浇注制度不同分为(　　)。
(A)沸腾钢　(B)镇静钢　(C)转炉钢　(D)半镇静钢
53. 普通碳素结构钢的牌号由(　　)按顺序组成。
(A)屈服点的字母　(B)屈服点数值　(C)质量等级符合　(D)脱氧方法符号
54. 金属的物理性能是指金属在固态下所表现出来的一系列物理现象,是金属的固有属性。其中金属的(　　)和热膨胀性等对锻造工艺有很大的影响。
(A)密度　(B)熔点　(C)导电性　(D)导热性
55. 金属受到不同载荷的作用而发生几何形状和尺寸变化称为变形,变形一般可分为(　　)。
(A)持续变形　(B)弹性变形　(C)外力变形　(D)塑性变形
56. 力学性能的基本指标主要包括强度、塑性、硬度和(　　)等。
(A)应力　(B)冲击韧度　(C)屈服点　(D)疲劳强度
57. 锻件热处理最常见的方法有(　　)。
(A)退火　(B)正火　(C)淬火　(D)调质
58. 机器从其组成部分、运动关系和用途看,有以下(　　)共同的特征。
(A)组成机器的各构件不具有相对运行
(B)机器是由许多构件组合而成的
(C)组成机器的各构件之间具有确定的相对运动
(D)能完成有用的机械功或转换机械能
59. 各种类型的机器按照能量传递形式不同,传动形式主要分为(　　)。
(A)机械传动　(B)气压传动　(C)液压传动　(D)电气传动
60. 机械传动中常用的主要传动形式有(　　)。
(A)带传动　(B)链传动　(C)齿轮传动　(D)螺旋传动
61. 带传动按胶带的截面形状不同分为(　　)。
(A)平带传动　(B)V带传动　(C)同步齿形带传动　(D)圆带传动

62. 带传动的特点是(　　)。
(A)工作平稳,噪声小
(B)传动比准确,传动效率高
(C)过载时胶带在带轮上打滑,起安全保护作用
(D)适应两轴中心距较大的场合
63. 链传动的特点是(　　)。
(A)能保证准确的平均传动比
(B)链传动工作时瞬时传动比是变化的,工作时有噪声、不够平稳
(C)传动效率低
(D)安装精度要求高,制造费用较高
64. 齿轮传动的特点是(　　)。
(A)能保证瞬时传动比恒定　(B)工作平稳性高
(C)传递运动准确可靠　(D)适合远距离两轴间的传动
65. 在螺旋传动中,螺纹的种类根据螺纹牙型的不同可分为(　　)。
(A)三角形螺纹　(B)矩形螺纹　(C)梯形螺纹　(D)锯齿形螺纹
66. 液压传动系统由(　　)各个部分组成。
(A)动力部分　(B)执行部分　(C)控制部分　(D)辅助部分
67. 空气锤由机架、传动部分、(　　)等主要部分组成。
(A)锤身　(B)底座　(C)操纵部分　(D)工作部分
68. 自由锻锤的维护保养制度分为三级保养制度,也就是(　　)。
(A)日常维护保养　(B)一级维护保养　(C)二级维护保养　(D)三级维护保养
69. 锻造加热的基本方法可分为(　　)。
(A)火焰加热　(B)电加热　(C)气割割炬加热　(D)烘烤
70. 火焰加热利用的燃料有煤、焦炭、重油、(　　)等。
(A)木炭　(B)煤气　(C)天然气　(D)柴油
71. 火焰加热炉根据燃料的不同又分为(　　)。
(A)煤炉　(B)油炉　(C)气炉　(D)电炉
72. 电加热炉是将电能转化为热能加热金属材料的加热设备。按电能转化成热能的方式不同,又分为(　　)等。
(A)电阻炉　(B)渗碳炉　(C)感应炉　(D)接触加热装置
73. 锻造加热温度的测定包括对(　　)的测定。
(A)炉门温度　(B)炉温　(C)料温　(D)烟道温度
74. 锻件冷却过程产生的主要缺陷有(　　)。
(A)钢材变脆　(B)冷却裂纹　(C)产生白点　(D)表面硬度高
75. 水压机按传动形式分类,可分为(　　)。
(A)水泵直接传动水压机　(B)蓄压器传动水压机
(C)水泵-蓄压器传动水压机　(D)增压器传动水压机
76. 锻造操作机按传动型式分类,可分为(　　)。
(A)液压传动操作机　(B)机械传动操作机

(C)混合传动操作机　　(D)电力传动操作机

77. 锻造操作机按钳身运动形式分类,可分为(　　)。

(A)平衡式　　(B)直移式　　(C)摆动式　　(D)回转式

78. 设备维护保养中的"三好"是指(　　)。

(A)管好　　(B)擦好　　(C)用好　　(D)修好

79. 设备维护保养中的"四会"是指(　　)。

(A)会分析　　(B)会使用　　(C)会保养

(D)会检查　　(E)会排除故障

80. 自由锻件的锻件图是在零件图的基础上考虑了(　　)等之后绘制的图。

(A)零件的质量　　(B)加工余量　　(C)锻造公差　　(D)工艺余块

81. 自由锻的基本工序有镦粗、拔长、冲孔、扩孔、芯轴拔长、弯曲、(　　)等。

(A)扭转　　(B)错移　　(C)滑移　　(D)切割

82. 镦粗的目的是将高径(宽)比大的坯料锻成高径(宽)比小的饼、块、凸台锻件及(　　)。

(A)用于冲孔前平整端面和增大横截面满足工艺要求

(B)增大坯料横截面,提高后续拔长工序的锻造比

(C)提高锻件的横向力学性能

(D)减少力学性能的异向性

83. 镦粗的基本方法分为完全镦粗和局部镦粗,其中局部镦粗又分为(　　)。

(A)平砧局部镦粗　　(B)漏盘局部镦粗　　(C)端部局部镦粗　　(D)中间局部镦粗

84. 镦粗的主要缺陷有(　　)。

(A)扭转　　(B)弯曲　　(C)镦歪　　(D)错移

85. 在镦粗过程中坯料产生弯曲的主要原因有(　　)。

(A)坯料高径比过大(超过 2.5～3)　　(B)端面不平整

(C)端面不垂直轴心线　　(D)操作不当

86. 在镦粗过程中坯料产生歪斜的主要原因有(　　)。

(A)砧子不平　　(B)加热温度不均匀

(C)坯料端面不平整　　(D)操作不当

87. 上下平砧拔长翻转坯料的方法有(　　)。

(A)左右反复翻转 90°拔长

(B)沿螺旋线翻转 90°拔长

(C)沿坯料全长拔长一遍后产生弯曲时,应先翻转 180°校直,再翻转 90°依次拔长

(D)沿坯料全长拔长一遍后产生弯曲时不需校直,直接翻转 90°依次拔长

88. 锻锤拔长时要选择合适的夹钳,夹钳要符合坯料或锻件的形状和尺寸,以下不允许的夹料情况是(　　)。

(A)小钳夹小料　　(B)小钳夹大料　　(C)大钳夹大料　　(D)大钳夹小料

(E)扁钳夹圆料　　(F)圆钳夹方料

89. 水压机 V 形砧拔长方法有(　　)两种方法。

(A)上 V、下平形砧拔长　　(B)上平、下 V 形砧拔长

(C)上下平砧拔长　　(D)上下 V 形砧拔长

90. 拔长长坯料和钢锭时应从中间开始向两端拔长的目的是(　　)。

(A)提高效率　　(B)保持平衡

(C)将缺陷挤到两端去　　(D)锻合内部缺陷

91. 冲孔根据所用冲头的形状的不同,分为(　　)。

(A)实心冲头冲孔　(B)双面冲头冲孔　(C)空心冲头冲孔　(D)单面冲头冲孔

92. 扩孔的方法有(　　)。

(A)冲头扩孔　(B)芯轴扩孔　(C)马杠扩孔　(D)劈缝扩孔

93. 芯轴拔长时的主要质量问题有(　　)。

(A)壁厚不均匀　(B)内壁裂纹　(C)两端裂纹　(D)表面粗糙

94. 常用的切割方法有(　　)。

(A)克断　(B)单面切割　(C)双面切割

(D)四面切割　(E)圆周切割

95. 坯料弯曲时,弯曲部位的变化有(　　)。

(A)外侧产生拉缩　(B)内侧产生皱折　(C)截面积不变　(D)截面积缩小

96. 下列自由锻锻造常用工具中,在冬季使用前应进行预热的有(　　)。

(A)砧子　(B)钳子　(C)剁刀　(D)冲头

97. 高处作业人员必须(　　)。

(A)穿好工作服　(B)戴好安全帽　(C)穿好绝缘鞋　(D)戴好手套

(E)系好安全带　(F)带好工具袋

98. 使用电动工具时,人员须穿戴好(　　)。

(A)安全帽　(B)工作服　(C)胶鞋

(D)绝缘手套　(E)口罩　(F)安全带

99. 桥式起重机在起吊时,不准(　　)。

(A)斜拽工件　　(B)将工件提升过高

(C)鸣铃或吹哨　　(D)无挂钩工操作

(E)纵、横同时行走　　(F)起吊超过额定吨位的重物

100. 锻件在清理过程中产生的缺陷有(　　)。

(A)过烧　(B)过腐蚀　(C)腐蚀裂纹　(D)局部过热裂纹

101. 锻件冷却过程中,主要的应力有(　　)。

(A)锻后残余应力　(B)内应力　(C)温度应力　(D)组织应力

四、判 断 题

1. 机械制图时,图纸的幅面大小可任意规定。(　　)

2. 零件实际大小与图样的大小及准确程度有关。(　　)

3. 正投影如实地反映物体的形状和大小。(　　)

4. 观察者从前往后看,在投影面上得到物体的正面投影叫做主视图。(　　)

5. 剖面图有移出面和重合剖面两种形式。(　　)

6. 实际尺寸在最大极限尺寸与最小极限尺寸之间时,零件就合格。(　　)

7. 冷锻件图主要是作为制订工艺,并作为生产依据以及锻件在冷状态下的最终检验用。( )

8. 需要设计热锻件图的锻件,一般就没必要画冷锻件图了。( )

9. 在锻件图上需要剖切表达的部分,其剖面不打剖面线。这是锻件图在图样表达上与机械制图的不同点之一。( )

10. 在锻件的某些地方加添一些大于余量的金属体积,以简化锻件的外形及锻造过程,这种加添的金属体积叫做余块。( )

11. 锻成锻件的实际尺寸,不可能达到锻件基本尺寸的要求,其允许的变动量叫做锻件公差。( )

12. 冷锻件图是以零件图为基础,加上余块、机械加工余量、锻造公差绘制的图,并注明技术要求。冷锻件图又称锻件图。( )

13. 锻件图中锻件外形是用虚线表示,尺寸线下方注的是锻件尺寸及公差。( )

14. 在冷锻件图名义尺寸上加放冷却收缩量便可得到热锻件图。通常冷却收缩量1.2%～1.5%。( )

15. 锻件在清理过程中产生的缺陷,主要有过腐蚀、腐蚀裂纹、局部过热裂纹等。( )

16. 黑皮锻件的锻件图上仅注原始尺寸及公差。( )

17. 强度就是材料在外力作用下抵抗破坏的一种能力。( )

18. 大型钢锭内部缺陷有夹杂、缩孔、气泡、溅疤。( )

19. 折叠是因在模锻操作中由于上、下模的错移而造成的。

20. 折叠是因锻造过程中已氧化过的金属汇流贴合后压入锻件而造成的。( )

21. 1 000 kg 铁和1 000 kg 铜的体积是相同的。( )

22. 金属的熔点和凝固点是同一个温度点。( )

23. 金属的热导率越大,则其导热性就越好。( )

24. 由于模锻操作不当引起的缺陷,主要有错差、缺肉、折叠、压坏锻件、厚度超差、残留毛刺、切边裂纹等。( )

25. 金属的电阻率越大,则其导电性就越好。( )

26. 凡是金属都具有磁性,能够被磁铁所吸引。( )

27. 金属材料在拉断前所能承受的最大应力称为抗拉强度。( )

28. 碳的质量分数在0.021 8%～2.11%范围内的铁碳合金称为碳素钢。( )

29. 合金元素总的质量分数在5%～10%的合金钢称为低合金钢。( )

30. 含S的质量分数和含P质量分数均不大于0.04%的钢称为普通钢。( )

31. 过热、石状断口、低倍粗晶、脱碳等缺陷是锻件冷却产生的缺陷。( )

32. 优质碳素钢牌号用两位数字表示,这两位数字表示钢中平均碳的质量分数百分之几,例如45钢表示钢中平均碳的质量分数为4.5%左右。( )

33. 错移是锻件在分模线上、下两部分对应点所偏移的距离。( )

34. 优质碳素结构钢的牌号有05F、08F、10、15、20、45、55、70等。( )

35. 优质碳素钢牌号数字表示平均含碳量是百分之几,如35表示含碳量为5%的优质碳素钢。( )

36. 碳素工具钢的牌号T7、T8、T10、T11、T12、T13等,牌号后加A者为高级优质碳素工

具钢。( )

37. 锻件未充满模膛而造成局部欠缺的主要原因是坯料重量不够或设备能力不足。( )

38. 滚动轴承钢 GCr15、GCr15SiMn、GSiMnMoV 等,这类钢的含碳量不表示出,一般在1%左右,牌号中的数字表示该元素的含量,是千分之几( )

39. 锻件低倍试片上肉眼可见的内裂、缩孔、疏松、白点等属于锻件的外部缺陷。( )

40. 校正时可以用锤和压力机全能量打击,以消除锻件切边冲孔后产生的变形。( )

41. 40Cr 表示该合金结构钢的含碳量为 0.40%左右,含 Cr 量不超过 1.5%。( )

42. 校正是为了消除锻件产生的毛刺、凹陷和错移的一种方法。( )

43. 切边模和冲孔模一般分为三种结构形式,即单一模、连续模和复合模三种。( )

44. 碳素结构钢牌号的表示方法:是由代表屈服点的字母、屈服点的数值、质量等级符号、脱氧方法符号等四个部分按顺序组成。( )

45. 合金工具钢有 3CrW8V、8Cr3、5CrMnMo、Cr12MoV 等。牌号前的数字表示碳含量是千分之几,若大于或等于 1%时则不标出,合金元素含量的表示与合金结构钢相同。( )

46. 高速工具钢的牌号有 W9Cr4V、W18Cr4V、W6Mo5Cr4V2 等。该类钢的含碳量为 0.70%~0.80%,但不标出,把钨元素(W)写在前面,合金元素含量的表示与合金结构钢相同。( )

47. 锻件或锻坯从停止加热后冷却至室温的过程,称为锻件的冷却。( )

48. 将锻件均匀地放在地面上并处于静止空气中的冷却称为空冷。( )

49. 炉冷的速度最慢,所以锻件的冷却质量最差。( )

50. 大型模锻件即使是低碳钢材料也采用热切边和热冲孔,这样可以减小所需切边设备的吨位。( )

51. 空冷多用于含碳量小于或等于 0.50%的碳钢件和含碳量小于或等于 0.30%的低合金钢锻件中的中小型锻件。( )

52. 坑冷(砂冷)多用于碳素工具钢和大多数低合金钢中型锻件。( )

53. 炉冷多用于中碳钢和合金钢的大型锻件及高合金钢的重要锻件。( )

54. 切边时凸凹模之间的间隙,通常靠扩大凹模轮廓尺寸来保证。( )

55. 机器和机构的区别是:机器能完成机械功或转换机械能;而机构不能做机械功,也不能转换机械能。( )

56. 因为零件是构件的组成部分,所以零件是制造和运动的最小单元。( )

57. 带传动具有过载保护作用,可避免其他零件的损坏。( )

58. 带轮的包角越大,带传动的拉力也越大,传递功率也越大。( )

59. 为保证胶带正常工作,必须保证有足够大的包角,带轮包角是指大带轮包角。( )

60. 带传动因为存在弹性滑移和打滑现象,所以不适用于要求传动比准确的场合。( )

61. 链传动是依靠链节和链轮上轮齿啮合传动,所以它的瞬时传动比很准确。( )

62. 链传动因为能在潮湿、高温、油污和粉尘不良环境中工作,所以只有在恶劣的环境中,才采用链传动。( )

63. 齿轮传动与带传动和链传动相比较,其瞬时传动比恒定,准确可靠。( )

64. 齿轮传动因无中间挠性件,故其结构紧凑,不适于远距离两轴间的传动。(　　)

65. 切边时凸模只起传递力的作用,凹模才起剪切作用。(　　)

66. 齿轮的模数是由设计需要给定的,它与齿轮轮齿大小无关。(　　)

67. 当齿轮的压力角小于20°时,则齿顶变尖,齿根变粗,轮齿的根部强度高。(　　)

68. 齿轮齿形上的压力角处处相等。(　　)

69. 模数、压力角相等的一对标准直齿圆柱齿轮才能正确地啮合。(　　)

70. 螺旋传动只能将螺杆的旋转运动转变成螺母的直线运动。(　　)

71. 当螺纹用于连接时,通常采用三角形螺纹来实现。(　　)

72. 在一般情况下,采用的螺纹均为右旋螺纹。(　　)

73. 液压传动是利用液体为工作介质来传递和控制某些动作。(　　)

74. 液压泵是将机械能转化为液压能的液压装置。(　　)

75. 因为液压传动工作十分平稳,承载能力大,所以它比机械传动精确。(　　)

76. 液压缸是将机械能转变为液压能的能量转换装置。(　　)

77. 液压传动具有无级变速、运动平稳的特点。(　　)

78. 提高模具寿命的措施主要有:模块选材适当,热处理后硬度适当,模具和制坯工步设计正确,模具制造精度和表面粗糙度要符合要求,目击预热和正确的使用操作等。(　　)

79. 空气压缩机是将机械能转变为空气的压力能的气压装置。(　　)

80. 工作气缸是将机械能转变为空气的压力能的能量转换装置。(　　)

81. 因为液压传动中泄漏难以避免,所以液压传动不如机械传动精确。(　　)

82. 气压传动由于工作压力较低,因此在气压系统中一般不设减压阀。(　　)

83. 气压传动是采用液压元件,通过对压缩气体的控制,以其气压力来进行能量的传递。(　　)

84. 机械传动是采用各种机械零件组成的传动机构,通过对传动装置的控制来进行能量的传递。(　　)

85. 蜗杆传动是由蜗杆和蜗轮组成的,用于传递交错轴之间的回转运动和动力。(　　)

86. 链传动适用于中心距离较大而只要求平均传动比准确或工作条件恶劣的场合。(　　)

87. 曲柄切边压力机的工作机构,主要由电动机、大小皮带轮、传动轴、大小齿轮和离合器等组成。(　　)

88. 锻模损坏时,磨损和焊合都会导致模膛尺寸变大。(　　)

89. 摩擦压力机有顶出装置,可以减小模锻斜度,从而减小了加工余量,这是摩擦压力机锻造的优点之一。(　　)

90. 摩擦压力机由于打击速度较低,因此在采用局部镦锻工艺时,其镦粗部分的长与直径之比要比自由锻要求的大得多,可达4～6。(　　)

91. 难变形的高温合金GH4169模锻时,可以在水压力机上采用复合包套锻造;也可在锤上不包套模锻,只在坯料表面涂玻璃润滑剂,模具用二硫化钼润滑,便可模锻成功。(　　)

92. 热模锻压力机启动后,必须待飞轮转速达到正常后方可操纵滑块工作。(　　)

93. 热模锻压力机上当调整模具需操纵滑块慢速短距离移动时,必须使飞轮转速达到正常方可进行。(　　)

94. 热模锻压力机锻件的模锻斜度很小，但锻件却很容易脱模，是由于设备上有上、下顶出机构。（ ）

95. 无论是垂直分模平锻机还是水平分模平锻机，从主要结构和原理上分析实际上都是一种曲柄-连杆传动的卧式锻压机。（ ）

96. 平锻机模具由于有 2 个分模面，因此最合适于拔长和滚挤 2 种制坯的操作，这是平锻机的最大优点。（ ）

97. 用平锻机完全可以锻出具有 2 个分模面互相垂直，相互平行或相互夹一定角度的锻件，从而平锻机解决了复杂锻件因分模困难而无法锻出的难题。（ ）

98. 采用平锻机模锻时，对坯料截面尺寸规格要求是比较严格的，过小则夹不住或夹不紧，过大又容易产生纵向毛刺。（ ）

99. 水压机是以无冲击性的静压力作用在金属坯料上使之产生塑性变形的。（ ）

100. 热模锻压力机停车时要让滑块停在行程中间，以利于模具冷却。（ ）

101. 热模锻压力机的故障主要有：离合器不动作、刹车不灵、滑块不能停在上死点位置、滑块在导轨内被卡、导轨发热或磨伤、电器失灵、闷车等。（ ）

102. 空气锤开动前必须将操纵手柄放在空行程位置才能启动电动机，并运转 5～10 min 后再开始生产。（ ）

103. 水压机锻造时，作用在锻件上的静压力比锻锤的时间长，从而有充分的时间将作用力传递到锻件心部，因此使锻件易于锻透。（ ）

104. 在模锻塑性较差的金属时，必须将润滑剂均匀涂在模膛内，或均匀地涂在坯料上，以利于金属的流动和充满模膛。（ ）

105. 模锻过程中对模膛的润滑是非常重要的。正确的润滑可以保证模膛的表面粗糙度，改善金属流动条件，有利于充满模膛和锻件脱模。（ ）

106. 自由锻造是将坯料逐步变形而成锻件，故所需设备功率小。（ ）

107. 锻造操作机操作时，锻件应和砧块平稳接触，不准悬空锻造，严禁用钳头作支点校直锻件。（ ）

108. 蒸汽锤在寒冷冬季工作前，应将锤杆、锤头和砧块预热到 100～150℃。（ ）

109. 自由锻锤和模锻锤的区别只是制造精度不同，其他结构全部相同。（ ）

110. 自由锻锤是利用储蓄在锻锤落下部分的动能来打击金属坯料，使之发生变形的锻造设备。（ ）

111. 模锻锤的打击力可在一定范围内调整，以满足不同锻造工步的需要。（ ）

112. 热模锻压机、平锻机、摩擦螺旋压力机、切边压力机都是运动方式相同的同一类压力机。（ ）

113. 平锻机不但具有实现冲头的镦锻和凹模的夹紧两套传动机构，而且还分别具有两套独立的保险装置。（ ）

114. 摩擦螺旋压力机是一种介于冲击载荷与静压之间的锻造设备。（ ）

115. 用盐水作冷却剂既经济又简单，既能起冷却作用又能起润滑作用。（ ）

116. 所有锻造设备都有安全保险（保护）装置，而且在使用中不允许自行拆除或取消。（ ）

117. 锻造设备的维护保养通常都可分为日常保养、一级保养和二级保养。（ ）

118. 在模锻过程中,长时间与高温坯料接触的锻模,温度升高很快,必须及时冷却才能继续使用,否则锻模模膛回因温度过高而出现堆塌现象。( )

119. 热模锻压力机模具安装好以后,必须检查设备的精度、工作台的平面度、滑块与工作台的平行度、压力机的闭合高度及导轨的间隙等。( )

120. 热模锻压力机由于设备刚性好,锻件精度高,锻件的机械加工余量较锤上小,公差也相应减小。( )

121. 热模锻压力机锻压时,毛坯中部变形大,模膛深度不易充满。( )

122. 锻模纵向错移的调整是重新调整键块前后两侧的垫片;横向错移的调整是重新调整紧固锤身的大楔铁。( )

123. 热模锻压力机锻压不容易去除坯料上的氧化皮,因此最好采用电加热或其他无氧化、少氧化加热方法,或者采用清理氧化皮装置。( )

124. 热模锻压力机的模架是指与压力机滑块和工作台连接并安装上、下模板及全部零、部件的工艺装备。( )

125. 锻件放入终锻模膛后应先重击两锤,定位后再抬起锻件用压缩空气吹去氧化皮。( )

126. 锻模和锤杆的预热应该用红铁烤,既简单又省事。( )

127. 热模锻压力机的模块(镶块)是借助于楔、压板螺钉或键块固定在上、下模板内的。( )

128. 热模锻压力机上的模块只能采用整体式,而不能采用组合式模块结构。( )

129. 热模锻压力机用锻模对预热、润滑、冷却的要求同锤锻模一样。( )

130. 燃料燃烧的产物不能再继续燃烧称为不完全燃烧。( )

131. 加热规范的主要内容是确定加热温度、加热速度和加热时间。( )

132. 钢料允许的加热速度主要与钢料的钢种和截面尺寸有关。( )

133. 保温时间是指使钢料温差达到均匀程度要求所需的最短保温时间。( )

134. 小型冷钢锭因截面尺寸小,加热时温度应力不大,都是采用一段快速加热。( )

135. 热钢锭的加热规范主要取决于截面尺寸。( )

136. 单位燃料完全燃烧时所放出的热量称为燃料的发热量。( )

137. 燃料的发热量分为高发热量和低发热量,工业上通常使用的均为燃料的高发热量。( )

138. 要使燃料燃烧,必须把燃料加热到一定温度,这个温度称为燃料的着火温度,又称燃料的燃点。( )

139. 电加热炉是将电能转化为热能加热金属材料的加热设备。( )

140. 间歇式加热炉的热工作特点是炉膛内不划分温度区段,炉子间断生产,每一加热周期内炉温是变化的。( )

141. 切断模膛分前切刀和后切刀两种,其斜度为15°～30°。( )

142. 飞边槽的作用有三个,一是增加金属流出模膛的阻力,有助于充满模膛;二是容纳多余金属;三是减轻了上、下模对击,起缓冲作用,有利于提高模具寿命。( )

143. 由于电阻炉炉温控制准确,因此在锻造生产中常用中温炉加热有色金属,用高温炉加热高合金钢和高温合金。( )

144. 锻造加热炉筑炉材料包括耐火材料、隔热材料和普通建筑材料。( )

145. 一般锻造加热炉各部所用材料是:燃烧室和加热室用高级耐火黏土砖;炉顶用硅砖,炉底用镁砖或高铝砖;烟道内壁用低级黏土砖,外层用红砖。( )

146. 电阻炉停炉时应及时打开炉门,使炉子迅速冷却。( )

147. 电阻炉不允许加热潮湿或带有腐蚀性物质的坯料。( )

148. 装炉温度是指装料时所允许的加热炉的温度。( )

149. 导热性差及截面尺寸大的钢料,在装炉加热时的装炉温度不受限制,并在装炉后可按最大可能的加热速度加热。( )

150. 始锻温度指开始锻造温度,主要受过烧温度的限制。( )

151. 均热保温指加热在某一温度下保温一段时间。( )

152. 加热速度指加热过程中,单位时间内温度升高的度数。( )

153. 加热规范中有两种加热速度,一种称为最大可能的加热速度,另一种称为钢料允许的加热速度。( )

154. 钢料允许的加热速度,是保证钢料在不产生裂纹的条件下所允许的加热速度。它主要与钢种和截面尺寸有关。( )

155. 大型冷钢锭的加热规范制定原则是先按钢的塑性和导热性高低分组,然后再按截面尺寸大小确定加热规范。( )

156. 当钢的导热性好、强度极限高、截面尺寸小时,允许的加热速度就大。( )

157. 当碳素结构钢钢坯截面尺寸小于 200 mm 和合金结构钢钢坯截面尺寸小于 100 mm 时,采用一段加热规范进行加热。( )

158. 采用单件或钢料间距大的装炉方式,加热速度快,加热时间短,但炉子生产率低,能耗高,一般不采用这样的装炉方式。( )

159. 冷钢锭和热钢锭可同装一炉进行加热。( )

160. 台车式加热炉装炉时,应将钢料放在垫铁上,而且钢料与台车面和炉壁的距离应大于 200 mm,钢料与烧嘴距离应大于 350 mm。( )

161. 燃气炉出事故停炉的方法是关闭燃气总阀门,打开全部放散阀,从专门吹扫阀处用压缩空气或蒸汽进行吹扫,并及时通知有关部门检查、修理。( )

162. 飞边槽的结构分为桥部和仓部。桥部起容纳金属的作用,仓部起阻流金属的作用。( )

163. 光学高温计是采用被测物体的亮度与高温计灯丝亮度相比较来测定温度的。( )

164. 过热的钢可以通过热处理,达到产品要求。( )

165. 加热规范就是把坯料从终锻温度加热到始锻温度(允许的最高温度)的规定范围。( )

166. 钢在高温下加热时间过长,不仅氧化,脱碳严重,而且都伴随着轻重不同的过热。( )

167. 如果脱落在炉中的氧化皮过多、停留时间过长,一旦熔化将浸蚀炉底耐火材料,因此要经常清除。( )

168. 过烧是指钢加热超过某一个温度,并在此温度下停留时间过长,从而引起奥氏体晶

粒迅速长大的现象。钢材过烧后由于晶粒粗大,相互联结削弱,一锻打就碎无法挽救。( )

169. 预锻的作用是使制坯后的坯料进一步变形,以保证终锻时获得成型饱满、无折叠和裂纹或其他缺陷的优质锻件。( )

170. 终锻模膛可使坯料获得锻件在水平面上的投影形状,是锻造锻件成品形状的模膛。( )

171. 在进行滚挤模膛操作时,坯料不断地翻转锤击,并要及时送进,以达到滚压效果。( )

172. 火焰加热炉主要靠热传导的方式来加热金属。( )

173. 滚挤模膛的作用是使坯料某几处断面增大(积聚金属),而在另几处断面减小(拔细滚长)。滚挤模膛一般分开口和闭口两种,闭口滚挤效果较好。( )

174. 加热速度的快慢是加热质量的关键,加热速度越快,金属产生氧化皮越少,所用的时间越少,因此加热质量就越好。( )

175. 在拔长模膛操作时,对毛坯进行连续锤击的同时要将坯料翻转,但不沿轴向移动和送进。( )

176. 在模锻过程中,长时间与高温坯料接触的锻模,温度升高很快,必须及时冷却才能使用,否则锻模就会因为温度过高而出现坍塌现象。( )

177. 通过加热可提高金属的强度和硬度,以利于金属的塑性变形。( )

178. 加热时间是指坯料入炉到出炉锻造,所需的升温和保温时间的总和。( )

179. 各种金属的装炉温度应在 800℃左右,不应受金属截面大小的影响。( )

180. 测定加热温度和坯料温度的目的在于控制加热温度,以保证加热质量。( )

181. 退火的加热速度需根据钢的导热性能和锻件大小及形状而定。导热性能差的,加热速度应缓慢;锻件形状越复杂,尺寸越大,加热速度越缓慢。( )

182. 锻件的热处理目的在于均匀组织、细化晶粒、消除残余应力、改善金属组织和机械性能,并为最终热处理做好组织准备,降低硬度,以利于切削加工,并防止锻件内部产生白点。( )

183. 金属在塑性变形时,反作用力既然是限制了金属的变形和流动,那就应当彻底消除。( )

184. 残余应力是附加应力(如温度应力、组织应力等)在金属变形后的部分残留。( )

185. 坯料在镦粗时呈腰鼓形,是由于金属在变形中完全遵循了剪应力定律的结果。( )

186. 金属在塑性变形时,只引起尺寸和形状的变化,而变形前后体积并没有变化。( )

187. 金属发生弹性变形,当外力消失后只是在形状上恢复了原来的样子,但在尺寸上发生了变化。( )

188. 冲头(冲子)用于锻件冲孔和扩孔,是锻造空心锻件的必须工具。( )

189. 套筒是用来套持钢锭的小端完成压钳口,或套持已压出的钳口完成坯料的旋转和进退的工具。( )

190. 桥式起重机运行中遇障碍物或其他原因所发出的紧急停止的手势是:指挥者双臂升直举起,五指自然伸开,两手掌同时面向桥式起重机司机左右摆动,同时发出短促

口哨声。( )

191. 使坯料高度减小而横截面积增大的锻造工序称为拔长。( )

192. 镦粗时,为防止坯料镦歪,应适当转动坯料。( )

193. 锤上镦粗时,人应站在两钳把中间进行操作。( )

194. 锤上校正弯曲坯料的方法是,将已产生弯曲的坯料放倒校直后再将坯料镦平,然后将再产生小弯曲的坯料置于锤砧边缘锤击校直,最后将坯料放在锤砧中央镦粗。( )

195. 使坯料横截面积减小而长度增加的锻造工序称为拔长。( )

196. 锤上拔长时,应将钳尾正对腹部进行操作。( )

197. 锤上拔长时,若夹持大坯料,应在钳子尾部套上钳箍,并用左手顶住钳箍。( )

198. 拔长钢锭时,在轻压倒棱后采用大送进量和大压下量拔长,但不能出现折叠。( )

199. 实心冲头双面冲孔时,在锻锤上冲孔一般是将冲头的大头向下,水压机冲孔则一般是冲头的小头向下。( )

200. 空心冲头冲孔都是单面冲孔。( )

201. 对用钢锭制坯的冲孔,应将冒口端放在下面,以便将锭芯质量差的部分冲掉。( )

202. 使坯料高度减小而横截面积增大的锻造工序叫镦粗。( )

203. 镦粗的基本方法有完全镦粗和局部镦粗两种。( )

204. 拔长钢锭时,开始应轻压倒棱,棱倒完后采用大送进量和大压下量拔长。( )

205. 拔长时,为保证锻件表面平整、光洁,水压机拔长的送进量 l 一般应为砧宽 B_0 的 0.5~0.8 倍,锻锤拔长的送进量 l 一般应为砧宽 B 的 0.6~0.8 倍。( )

206. 沿坯料对角线锻压时应重击,以免中心部分产生裂纹。( )

207. 在上、下平砧上将大截面坯料拔成小直径锻件时,应先拔成正方或六方截面到接近锻件尺寸后再倒棱、滚圆。( )

208. 冲孔时应先冲浅孔,找正孔中心后再将冲头冲入坯料。( )

209. 冲孔时,若冲头产生歪斜,在转动坯料不能纠正时,可用拍板纠正,轻击拍板,待冲头垂直并去掉拍板后再冲孔。( )

210. 冲头扩孔(过孔)是先在坯料上冲出较小的孔,然后用直径较大的冲头逐步将孔扩大到要求的尺寸。( )

211. 马杠扩孔的实质是沿坯料圆周拔长。( )

212. 马杠扩孔不易产生裂纹,可锻造薄壁圆环锻件。( )

213. 马杠扩孔应尽量选用较大的马杠,在扩孔过程中,随着孔径的扩大,应换用较大直径的马杠。( )

214. 马杠扩孔时,坯料每次的转动量和压下量应尽量做到均匀一致。( )

215. 减小空心坯料外径(壁厚)而增加其长度的锻造工序称为芯轴(芯棒)拔长。( )

216. 在锻锤平砧上芯轴拔长小型筒类锻件,是先锻成六角形,拔长到所需尺寸后,再倒角滚圆。( )

217. 把坯料切断或部分分离的锻造工序称为切割。( )

218. 锻造剁切时,剁刀与坯料必须保持垂直,剁刀和放垫接触面应保持吻合,而且加方垫

数量不得超过2块,剁刀和方垫均不得有油污。( )

219. 将坯料弯成所规定外形的锻造工序称为弯曲。( )

220. 将坯料的一部分相对另一部分绕其轴线旋转一定的角度的锻造工序称为扭转。( )

221. 将坯料的一部分相对另一部分相平行错移开的锻造工序叫错移。( )

222. 锻件缺陷中的局部粗晶产生的原因是加热温度偏高、变形不均匀、局部变形程度(锻造比)太小所致。( )

223. 锻件表面折叠是拔长时砧子圆角过大或送进量大于压下量造成的。( )

224. 在锤锻操作中,可选用扁夹钳夹持圆料。( )

225. 在锤锻操作中,不可用小钳夹持大料,但可用大钳夹持小料。( )

226. 锤锻操作由掌钳工或组长统一指挥,如遇危险情况,锤上操作的任何人均可发出"停"的口令,司锤工应立即停止锤击。( )

227. 利用模具使毛坯变形而获得锻件的锻造方法称为模锻。( )

228. 卡压模膛位于锻模边缘,操作时打击1~2次达到坯料卡细积聚作用,便于移到下一个模膛。( )

229. 开式模锻是在锻模上设置有飞边槽,闭式模锻锻模上不设置飞边槽。( )

230. 模锻件上每项尺寸都是在零件相应尺寸的基础上加上机械加工余量而确定下来的,所以模锻件上的所有尺寸均比零件上相应尺寸大。( )

231. 起模斜度的作用就是为了将锻件从模膛里取出,所以在锻件能出模的前提下,应力求增大起模斜度。( )

232. 较大的圆角半径对金属流动、充填模膛、锻件质量、锻模寿命都是有利的,因此实际生产中圆角半径越大越好。( )

233. 模锻件的分模位置,要尽量使模膛的深度最大和宽度最小,以便于金属充满模膛。( )

234. 采用模锻获得带透孔的模锻件是可能的。( )

235. 确定锻件公差和机械加工余量时,可以不考虑锻件形状复杂系数。( )

236. 镦粗工步是采用镦粗变形使坯料横截面变大、接近锻件形状的变形过程。( )

237. 滚挤工步是使坯料所有横截面增大的变形过程。( )

238. 在锤上模锻时,由于惯性作用,常把锻件的复杂部分尽可能设置在下模成型。( )

239. 压力机上模锻可以进行滚挤和拔长操作而不能进行挤压。( )

240. 平锻机模锻常用工步有积聚、预成形、预成形冲孔、切边、压扁、弯曲、穿孔、切芯头、切断等。( )

241. 检验角是锻模制造时的划线基准,也可作为上、下模对齐的基准。( )

242. 锻模上的起重孔是作为起吊搬运模具用的。( )

243. 锁扣的作用是为防止锻模在模锻过程中产生折伤而设置的。( )

244. 制坯模膛的作用是重新分配坯料体积或改变坯料轴线形状。锤上制坯模膛主要有镦粗、压扁、拔长、滚挤、卡压、弯曲、成型等。( )

245. 镦粗台的作用是镦粗坯料,使直径增大、高度降低,镦粗可去除坯料的氧化皮,有利于终锻成形和提高模具寿命。( )

五、简 答 题

1. 什么叫图样比例？比例在视图表达上的基本原则是什么？并举例说明比例分为哪三种？

2. 物体真实大小在图样上如何表达？

3. 图纸上尺寸数字之前常见的加注符号有哪些？各代表什么意义？

4. 什么叫三面视图？三面视图对空间物体表达上有什么特点？

5. 简述物体上一平面在一个投影面上的投影特性。

6. 什么叫组合体？有几种类型？

7. 什么是金属的物理性能？它包括哪些物理量？

8. 何谓金属的力学性能？有哪些主要指标？

9. 举 3 例说明最小阻力定律在锻造生产中的应用？

10. 坯料在加热到始锻温度时，为什么还要保温一段时间？

11. 坯料(特别是钢料)氧化有哪些危害？采用火焰加热时，如何尽量避免？

12. 什么叫锻件的冷却和冷却工艺？锻件冷却的意义是什么。

13. 简述用于测量锻件的主要工具及适用范围。

14. 模具预热温度过低或过高，会产生什么害处？

15. 在日常生产中如何正确地使用和维护模具？

16. 加放余块和余块加放大小应考虑哪些因素？

17. 水压机锻造与自由锻锤相比有什么优缺点？

18. 芯棒拔长易出现哪些质量问题？如何克服？

19. 什么是开式套筒模？简述其应用范围和优点。

20. 掌钳工和锻造设备操作机司机都要严格遵守“六不打”，试问“六不打”的主要内容是什么。

21. 模锻与自由锻相比，模锻的主要优点有哪些？

22. 在终锻型槽周围开设飞边槽有什么作用？

23. 预锻模膛是作什么用的？

24. 采用摩擦压力机锻造具有哪些优点？

25. 采用顶镦工艺的螺栓、圆销等杆类锻件对坯料应有哪些要求？

26. 简述热模锻压力机在模具结构和紧固上的显著特点。

27. 如何解决在热模锻压力机上拔长和滚挤操作较为困难的问题？

28. 平锻机模锻与锤上模锻比较有什么优点？

29. 平锻机模具在结构上具有哪些显著特点？

30. 常用的锻件冷却方法有哪些？

31. 锻件热处理的目的是什么？

32. 什么叫正火？其目的是什么？

33. 齿轮传动与带传动相比有什么特点？

34. 什么是齿轮的压力角？它的大小与齿形有什么关系？我国采用的标准压力角是多

少度?

35. 何谓结构钢? 包括哪几种?
36. 钢锭由哪三部分组成? 锭身截面形状为多边形,有何好处?
37. 锻前加热的目的是什么?
38. 火焰加热有哪些优点?
39. 气体燃料与固体燃料和液体燃料相比有哪些优点?
40. 反射炉主要由哪几部分组成?
41. 何谓加热规范? 通常用的表示方法是什么?
42. 什么是正确的加热规范?
43. 锻造加热用液体燃料主要是重油,重油有哪些优点?
44. 何谓火焰加热炉?
45. 对耐火材料有哪些基本要求?
46. 何谓加热时间和总加热时间?
47. 采用热钢锭加热有哪些优点?
48. 热电高温计测温有哪些优点和缺点?
49. 蒸汽-空气自由锻锤的落下部分主要包括哪几个部分?
50. 按传动型式分类,有哪几种锻造操作机?
51. 何谓自由锻造?
52. 蒸汽-空气自由锻锤的结构由哪几个主要部分组成?
53. 何谓机械加工余量?
54. 何谓锻件图?
55. 识读锻件图步骤可概括为哪几点?
56. 水压机上校直镦粗弯曲坯料的方法是什么?
57. 如何校正漏盘上镦歪的坯料?
58. 在上、下平砧上将大截面坯料拔成小直径锻件应如何操作?
59. 镦粗弯曲产生的原因是什么?
60. 镦粗的目的是什么?
61. 何谓扩孔? 扩孔有哪几种方法?
62. 马杠扩孔时内壁产生凹凸不平缺陷的原因是什么? 如何校正内孔凹凸不平的缺陷?
63. 马杠扩孔产生壁厚不均匀的原因是什么? 如何校正?
64. 芯轴拔长的主要质量问题是什么? 如何防止这些缺陷的产生?
65. 芯轴拔长时,芯轴被咬死的脱离方法有哪些?
66. 锻造常用的切割方法有哪五种?
67. 常用的弯曲方法有哪四种?
68. 胎模锻造与自由锻造相比有哪些主要优点?
69. 胎模锻造的缺点是什么?
70. 常见锻件缺陷有哪些?
71. 何谓自由锻造基本工序? 自由锻造的基本工序有哪些?

72. 锤锻模具错移后怎样进行调整?

73. 模锻生产操作过程中应注意些什么?

74. 采用在锯末中拌适量盐水来冷却模膛的好处有哪些?

75. 锤锻模的安装步骤有哪些?

76. 热模锻压力机安装步骤有哪些?

77. 蒸汽-空气自由锻锤与模锻锤在结构上的主要差别是什么?

78. 锻造的目的是什么?

六、综 合 题

1. 已知一根 45 钢长轴,在室温 20℃时长度为 1 200 mm,加热到 200℃时测得长度为 1 202.7 mm,问其线胀系数为多少?

2. 直径为 8 cm 的金属球,称得其质量为 2 104 g,求其密度为多少?

3. 一合金钢柱直径为 100 mm,其端面承受 235.5 kN 的压力,求其作用在横截面上的应力为多少?

4. 有一块质量为 5×10^{-2} kg 似黄金的金属,投入盛有 125×10^{-6} m^3 水的量筒中,水面升高到 128×10^{-6} m^3 位置,问这块金属是纯金吗?(纯金密度为 19.3×10^3 kg/m^3)

5. 现车削一根长 1 000 mm 的黄铜棒,车削中铜棒温度由 20℃ 升高到 40℃,这时铜棒的长度应为多少?(黄铜棒的线胀系数为 17.8×10^{-6}/℃)

6. 有一个直径 $d_0=10$ mm 的低碳钢试样,拉伸试验时测得 $F_S=21$ kN、$F_b=29$ kN,那么试样的抗拉强度是多少?

7. 测得某圆轴的直径 $d=180$ mm,长度 l 为 160 mm,求圆轴的质量是多少?(钢材的密度 $\rho=7.85$ kg/dm^3)

8. 一轴类锻件,直径为 150 mm,长 300 mm,现需将其改锻成直径为 300 mm 的盘形锻件,求改锻后盘形锻件的高度是多少?

9. 已知被加热的合金钢坯料直径为 300 mm,将其 800℃装炉后加热到始锻温度 1 200℃宜采用 3.6 min/cm 的加热速度,按最大截面计算要多少时间才能达到始锻温度?

10. 某高合金钢坯料采用三段加热法,坯料最大截面为 ϕ200 mm,将其 750℃装炉后要均热 1 h 再升到始锻温度 1 180℃,加热系数要求不大于 0.6 min/mm,在始锻温度下要求按 0.5 min/mm 的透热速度保温,按最大截面计算该合金钢坯料总加热时间为多少?

11. 水泵柱塞直径 $D_1=80$ mm,作用在水泵柱塞上的力 $F_1=315$ kN,水压机活塞直径 $D_2=800$ mm,不考虑压力损失,求作用在水压机活塞上的力 F_2 为多少?

12. 水泵柱塞直径 $D_1=110$ mm,作用在水泵柱塞上的力 $F_1=600$ kN,而作用在水压机活塞上的力 $F_2=60\ 000$ kN,不考虑压力损失,求水压机活塞直径 D_2 为多少?

13. 用上平、下 V 形砧拔长直径 $D=500$ mm 的轴锻件,所用下 V 形砧的开口角 $\alpha=105°$(系数 $K=1.13$),在此上平、下 V 形砧中能锻的最小圆直径 $d=385$ mm,计算标尺高度 h 为多少?

14. 一下 V 形砧的开口角 $\alpha=110°$(系数 $K=1.11$),开口深度 $h_1=333$ mm,求用此下 V 形砧与上平砧能锻最小直径 d 是多少?

15. 用上平、下 V 形砧拔长直径 $D=400$ mm 的轴锻件，所用下 V 形砧的开口角 $\alpha=100°$（系数 $K=1.15$），开口深度 $h_1=368$ mm，计算标尺高度 h 为多少？

16. 上、下 V 形砧的开口角 $\alpha=135°$（系数 $K=1.028$），上、下 V 形槽开口高度之和 $h=541$ mm，求在此上、下 V 形砧中能锻的最小直径 d 是多少？

17. 用上平、下 V 形砧拔长直径 $D=600$ mm 的轴锻件，上、下 V 形砧的开口角 $\alpha=110°$（系数 $K=1.22$），在该上、下 V 形砧中能锻最小圆直径 $d=400$ mm，计算标尺高度 h 为多少？

18. 用上平、下 V 形砧拔长直径 $D=700$ mm 的轴锻件，上、下 V 形砧的开口角 $\alpha=125°$（系数 $K=1.13$），上、下 V 形砧高度之和 $h_1=622$ mm，计算标尺高度 h 为多少？

19. 一光轴锻件的直径 $D=70$ mm，长度 $L=480$ mm，材质为 45 钢，计算锻件质量 m 为多少？

20. 一正方轴锻件，边长 $A=80$ mm，长度 $L=420$ mm，材质为 35 钢，计算锻件质量 m 为多少？

21. 一扁方锻件，边长 $A=110$ mm，$B=60$ mm，长度 $L=390$ mm，材质为 20 钢，计算锻件质量 m 为多少？

22. 一圆饼形锻件的外径 $D=200$ mm，内孔直径 $d=70$ mm，高度 $H=80$ mm，材质为 50 钢，计算锻件质量 m 为多少？

23. 有一环形锻件是用 $\phi30$ mm 的圆钢弯曲而成的，其环的外径 $D=230$ mm，求该环形锻件的质量 m 是多少？（已知钢的密度 ρ 为 7.85 kg/dm^3）

24. 现有一边长 200 mm 的正方体，需将其改锻为 $\phi160$ mm 的圆棒料，求改锻后的长度 l_1 是多少？

25. 有一扁钢，其长 400 mm，宽 80 mm，厚 60 mm，现需将其改锻成边长为 50 mm 的方钢，求改锻后的长度是多少？

26. 有一 $\phi160$ mm、长 240 mm 的圆钢，现需将其镦粗为 $\phi320$ mm 的圆饼坯锻件，求改锻后圆饼锻件的厚度是多少？

27. 有一环形锻件外径为 500 mm，内径为 200 mm，高度为 160 mm，当料耗和火耗总和占锻件 16%时，坯料的质量应为多少？

28. 现有一台 5 t 模锻锤，请问其下砧座的质量 m 最少是多少？

29. 有一盘形模锻件高度为 80 mm，对称分模，模膛上、下模底的直径均为 400 mm，当起模斜度为 7°时，问模膛模口直径为多少？（tan7°=0.123）

30. 带孔法兰高度为 100 mm，需冲 $\phi60$ mm 的不通孔，按设计要求此时的平底冲孔连皮厚度为 7 mm，求后续工序冲孔连皮质量为多少？（钢的密度 ρ 为 7.85 kg/dm^3）

31. 有一齿轮模锻件，检验工在检测其分模面尺寸时，测得其最大尺寸为 $\phi164$ mm，最小尺寸为 $\phi161$ mm，问该锻件错差为多少？

32. 已知锻件的体积 V_f 为 5 626 880 mm^3，飞边体积 V_{sg} 为 565 200 mm^3，当火耗为 2.5%时，锻件一火成型，求锻件的体积和质量各为多少？（钢的密度 ρ 为 7.85 kg/dm^3）

33. 试画出一球体沿某一中心线对称地加工一通的方孔和圆孔后的三视图。

34. 根据如图 2 所示的主、左视图，补画其俯视图。

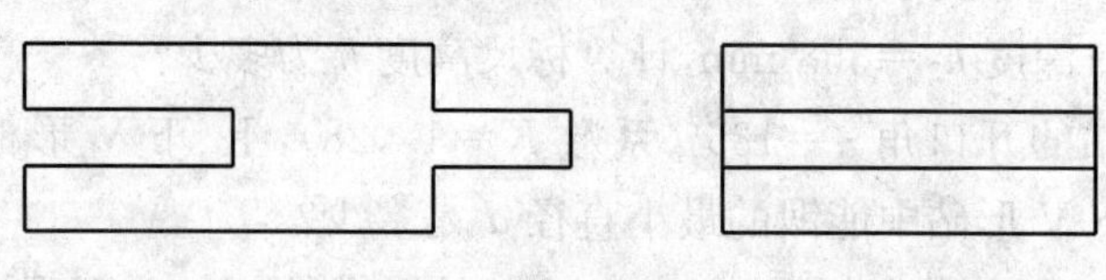

图 2

35. 根据如图 3 所示的主、俯视图，补画其左视图。

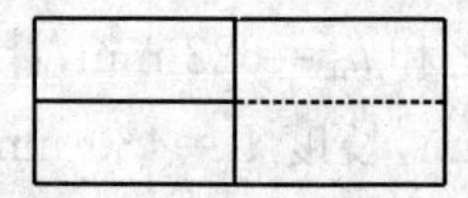

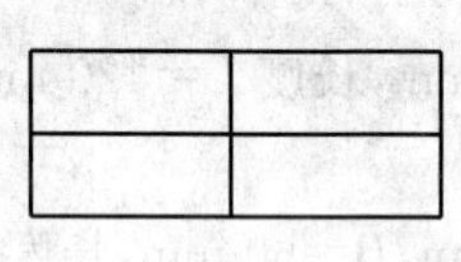

图 3

锻造工(初级工)答案

一、填 空 题

1. 实际机件　2. 锻造公差　3. 热锻件图　4. 公称尺寸
5. 下方括号　6. 底部　7. 钢坯　8. 剪切
9. 主视图　10. 质量　11. 特殊用途钢
12. 钢中的有害杂质 S、P 含量　13. 滚动轴承钢　14. 平炉钢
15. 沸腾钢　16. 铁素体　17. 高速工具钢　18. 模具钢
19. 坑冷(砂冷、灰冷)　20. 回火　21. 30～50℃　22. 20～30℃
23. 调质　24. 球化处理　25. 温度应力　26. 表面硬度提高
27. 断面收缩率　28. 变形　29. 影响较大　30. 半开式
31. 塑性变形　32. 从动轮　33. 动力　34. 机械传动
35. 落下部分　36. 操纵系统　37. 操纵部分　38. 工作系统
39. 无盘式　40. 镦锻　41. 润滑系统　42. 弯曲
43. 偏心主轴　44. 垂直分模　45. 过载保护装置　46. 调整行程
47. 夹紧阶段　48. 偏心调节　49. 落下部分质量　50. 传动机构
51. 最大的　52. 钳口夹持机构　53. 桥式　54. 10～15
55. 固体燃料　56. 塑性　57. 热辐射　58. 700
59. 内裂　60. 热能　61. 电能　62. 燃气炉
63. 加热到开始锻造温度的最高炉温　64. 表面硬度提高
65. 模具预热温度测量　66. 目测法　67. 摩擦力　68. 残余应力
69. 在塑性变形时存在有弹性变形定律　70. 变形条件　71. 体积不变
72. 力学本质　73. 17　74. 端部开始　75. 加热不均匀
76. 硬度增大　77. 碳、氢　78. 奥氏体　79. 发热量
80. 越大　81. 锻透坯料　82. 停止锤击　83. 高压水
84. 大于或等于 $D/3$　85. 150～250℃　86. 圆角半径　87. 内应力
88. 柱状晶粒区　89. 穿晶　90. 燃烧温度　91. 0.125
92. 水泵直接传动　93. 温差　94. 非接触式　95. 加热温度
96. 工艺万能性　97. 最低值　98. 大于或等于坯料高的 2/5
99. 错移　100. 各种应力　101. 火焰加热炉　102. 接近锻件直径
103. 100 mm　104. 胎模锻　105. 半圆键
106. 基孔制基本偏差代号　107. 多楔带　108. 轴端挡板(压板)
109. 急回特征　110. 完全镦粗　111. 变形
112. 纤维组织流向符合零件要求　113. 2.5～3　114. 孔壁裂纹

115. 冲孔 116. 锻合皮下气孔 117. 斜楔 118. 芯棒拔长
119. 压缩空气 120. 成型工具 121. 起润滑作用 122. 局部镦粗
123. 活动系统 124. 实心冲子冲孔 125. 折断 126. 2.5～3
127. 底部切除 128. 材料化学成分 129. 金属流动 130. 火耗
131. 化学成分 132. 环形锻件 133. 模槽表层热裂 134. 烧红铁
135. 强烈 136. 合理选用模具材料 137. 冲孔
138. 套模 139. 身体正面 140. 横截面积增大 141. 氧化严重
142. 镶块式 143. 局部镶块 144. 拔长模槽 145. 复合模
146. 终锻模膛 147. 是否错移 148. 体积分配 149. 氧化皮
150. 最小阻力定律 151. 增加金属外流阻力 152. 减小送进量
153. 塑性变形伴随弹性变形同时发生 154. 相反 155. 亮红色
156. 确定卡钳两点间距离的 157. 有色金属 158. 150～250℃
159. 飞边槽 160. 润滑和冷却双重 161. 台阶 162. 2.5～3
163. 单面压下量的 1/2 164. 扩孔 165. 100～150℃
166. 正方形 167. 拔长模槽 168. 燕尾、斜铁和键块
169. 100 mm 170. 帕斯卡 171. 150～250℃ 172. 丝锥
173. 电阻 174. 电流 175. 三角形 176. 扭矩
177. 分度圆直径 178. 1.05 179. 水平 180. 两端
181. 再结晶 182. 精锻 183. 轻击 184. 塑性
185. 变形

二、单项选择题

1. A 2. D 3. B 4. A 5. A 6. C 7. B 8. A 9. C
10. A 11. C 12. C 13. C 14. B 15. C 16. A 17. C 18. C
19. C 20. B 21. B 22. A 23. B 24. C 25. C 26. A 27. C
28. C 29. C 30. A 31. B 32. C 33. B 34. B 35. C 36. C
37. A 38. C 39. A 40. B 41. A 42. A 43. C 44. B 45. C
46. A 47. B 48. C 49. B 50. B 51. C 52. C 53. C 54. C
55. A 56. A 57. C 58. B 59. C 60. A 61. A 62. D 63. A
64. B 65. B 66. A 67. B 68. A 69. C 70. B 71. B 72. B
73. B 74. A 75. B 76. C 77. A 78. C 79. C 80. D 81. C
82. A 83. D 84. B 85. A 86. D 87. D 88. C 89. B 90. C
91. A 92. D 93. A 94. B 95. A 96. C 97. B 98. B 99. C
100. C 101. A 102. C 103. B 104. A 105. D 106. B 107. B 108. B
109. C 110. B 111. A 112. C 113. B 114. C 115. C 116. B 117. A
118. C 119. A 120. B 121. C 122. B 123. C 124. A 125. A 126. B
127. C 128. B 129. C 130. D 131. B 132. A 133. B 134. A 135. A
136. B 137. B 138. D 139. C 140. B 141. D 142. A 143. C 144. B
145. C 146. B 147. A 148. A 149. A 150. D 151. B 152. B 153. A

154. B　155. A　156. C　157. A　158. A　159. B　160. A　161. B　162. A
163. A　164. A　165. D　166. C　167. B　168. A　169. A　170. B　171. B
172. C　173. A　174. D　175. A　176. A　177. A　178. A　179. C　180. A
181. B　182. A

三、多项选择题

1. ABCD　2. AD　3. ABD　4. ABD　5. ABCD　6. BCD
7. ABCD　8. ABD　9. ABCD　10. ABD　11. ACD　12. ABCD
13. ABC　14. ABCD　15. ABC　16. ACD　17. ABC　18. ABCD
19. ABCD　20. ABCD　21. ABCD　22. ABC　23. AC　24. ABD
25. ACD　26. ABD　27. ABD　28. ABCD　29. BCD　30. AB
31. ABCD　32. ABCD　33. AB　34. BCD　35. ABCD　36. AC
37. ABC　38. ABCD　39. AC　40. ABD　41. ABC　42. ABCD
43. ABCD　44. ABC　45. ABCD　46. ABD　47. BCD　48. ABD
49. BCD　50. ABC　51. ABCD　52. ABD　53. ABCD　54. ABD
55. BD　56. BD　57. ABD　58. BCD　59. ABCD　60. ABCD
61. ABCD　62. ACD　63. ABD　64. ABC　65. ABCD　66. ABCD
67. CD　68. ABC　69. AB　70. BCD　71. ABC　72. ACD
73. BC　74. ABCD　75. ACD　76. ABC　77. BCD　78. ACD
79. BCDE　80. BCD　81. ABD　82. ABCD　83. CD　84. BC
85. ABCD　86. ABCD　87. ABC　88. BDEF　89. BD　90. BC
91. AC　92. ACD　93. ABC　94. ABCDE　95. ABD　96. ACD
97. BE　98. CD　99. ABDF　100. BCD　101. ACD

四、判 断 题

1. ×　2. ×　3. √　4. √　5. √　6. √　7. √　8. ×　9. ×
10. √　11. √　12. √　13. ×　14. √　15. √　16. √　17. √　18. ×
19. ×　20. √　21. ×　22. √　23. √　24. √　25. ×　26. ×　27. √
28. √　29. ×　30. ×　31. ×　32. ×　33. √　34. √　35. ×　36. √
37. ×　38. √　39. ×　40. √　41. √　42. ×　43. √　44. √　45. √
46. √　47. ×　48. √　49. ×　50. √　51. √　52. √　53. √　54. ×
55. √　56. ×　57. √　58. √　59. ×　60. √　61. ×　62. ×　63. √
64. √　65. √　66. ×　67. ×　68. ×　69. √　70. ×　71. √　72. √
73. √　74. √　75. ×　76. ×　77. √　78. √　79. √　80. ×　81. √
82. ×　83. ×　84. √　85. √　86. √　87. ×　88. ×　89. √　90. ×
91. √　92. √　93. ×　94. √　95. √　96. ×　97. ×　98. √　99. √
100. ×　101. √　102. √　103. √　104. √　105. √　106. √　107. √　108. √
109. ×　110. √　111. √　112. ×　113. √　114. √　115. √　116. √　117. √
118. √　119. ×　120. √　121. √　122. √　123. √　124. √　125. ×　126. ×

127.√ 128.× 129.√ 130.× 131.√ 132.√ 133.√ 134.× 135.√
136.√ 137.× 138.√ 139.√ 140.√ 141.√ 142.√ 143.√ 144.√
145.√ 146.× 147.√ 148.√ 149.× 150.√ 151.√ 152.√ 153.√
154.√ 155.√ 156.√ 157.√ 158.√ 159.× 160.√ 161.√ 162.×
163.√ 164.× 165.× 166.√ 167.√ 168.√ 169.√ 170.√ 171.×
172.× 173.√ 174.× 175.× 176.√ 177.√ 178.√ 179.× 180.√
181.√ 182.√ 183.× 184.√ 185.× 186.√ 187.× 188.√ 189.√
190.√ 191.× 192.√ 193.× 194.√ 195.√ 196.× 197.√ 198.√
199.× 200.√ 201.√ 202.√ 203.√ 204.√ 205.√ 206.× 207.√
208.√ 209.√ 210.√ 211.√ 212.√ 213.√ 214.√ 215.√ 216.√
217.√ 218.√ 219.√ 220.√ 221.√ 222.√ 223.× 224.× 225.×
226.√ 227.√ 228.√ 229.√ 230.× 231.× 232.× 233.× 234.×
235.× 236.√ 237.× 238.× 239.× 240.√ 241.√ 242.√ 243.×
244.√ 245.√

五、简 答 题

1. 答:比例是指图样中机件要素的线性尺寸与实际机件相应要素的线性尺寸(1 分)。比例在视图表达上的基本原则是绘制同一机件的各个视图应采用相同的比例,并在图纸标题栏的比例一栏中标注清楚(1 分)。当某个视图需要采用不同的比例时,必须另行标注。

图样比例分为以下三种:

(1)放大比例,图样大于实物,表示方法如 2∶1、4∶1 等。(1 分)

(2)缩小比例,图样小于实物,表示方法如 1∶2、1∶3。(1 分)

(3)等同比例,图样大小与实物相同,写作 1∶1。(1 分)

2. 答:物体真实大小,在图样上是以尺寸要素来表达的(2 分)。每一组尺寸要素都包括:尺寸线、尺寸界线和尺寸数字三方面(3 分)。

3. 答:(1)"ϕ"代表圆的直径,如 $\phi20$;(0.5 分)

(2)"R"代表半径,如 $R30$;(0.5 分)

(3)"$S\phi$"代表球面直径,如 $S\phi60$;(0.5 分)

"SR"代表球面半径,如 $SR50$;(0.5 分)

(4)"□"代表机件正方形结构,如□40×40 或□40;(0.5 分)

(5)"δ"代表板状零件厚度,如 $\delta25$;(0.5 分)

(6)"⌒"代表圆弧长,并注在数字上,如$\overset{\frown}{28}$,$\overset{\frown}{120}$;(1 分)

(7)当表示螺纹时,数字前应加注螺纹代号,如 M8,M20。(1 分)

4. 答:三面视图,简称三视图,系指物体在三个互相垂直的基本投影面上投影所得的视图(1 分)。这三个相互垂直的投影面由正投影面(代号 V 面)、水平投影面(代号 H 面)和侧投影面(代号 W 面)组成,所得的视图为主视图、俯视图和左视图。因此,三视图实际也就是指主视图、俯视图和左视图(2 分)。

三视图的特点是:对比较复杂的物体,均能全面地反映其空间形状和大小,对复杂一些的物体如再辅以完整的尺寸标注,则都可容易看懂。因此,三视图在工程上要比一面视图和两面

视图应用更为广泛。(2 分)

5. 答:平面的投影特性总结表述如下:

平面垂直投影面,投影面上成一线——称为积聚性;(2 分)

平面平行投影面,形状大小都不变——称为真实性;(1 分)

平面倾斜投影面,投影面上要收敛——称为收缩性。(2 分)

6. 答:由两个或两个以上的基本几何体组成的物体就称为组合体(2 分)。组合体一般分为:叠加型、切割型、相切型、相交型和综合型五种(3 分)。

7. 答:金属的物理性能是指金属在固态下所表现出来的一系列物理现象,是金属固有的属性(2 分)。它包括金属的密度、熔点、导热性、导电性、热膨胀性和磁性等物理量(3 分)。

8. 答:所谓力学性能是指金属在外力作用时表现出来的性能(2 分)。主要指标有强度、塑性、硬度、冲击韧性和疲劳强度等(3 分)。

9. 答:(1)在自由锻锤上拔长坯料时,要想加速坯料伸长,可减小送进量或垂直于坯料送进方向上加赶铁的方法(1 分);(2)截面较小的坯料,如想局部增宽,可以用加压板的办法解决(1 分);(3)锻模终锻模槽周围设置飞边槽,可增大金属外流阻力,迫使金属充满模槽(3 分)。

10. 答:坯料在加热过程中,内外总是存在一定温差,内、外温度不一致,则组织转变也就不一样,不均匀(1 分),而通过一段时间的保温,就可消除坯料内、外温差,使加热均匀,组织均匀(1 分),从而提高了金属整个塑性,保证变形时金属流动均匀,变形均匀,组织均匀,性能一致(3 分)。

11. 答:氧化的危害有:(1)造成钢料烧损;(2)影响锻件表面质量;(3)降低模具使用寿命;(4)腐蚀炉底。(2 分)

可采取的措施有:(1)在保证加热质量前提下,尽可能快速加热,并在高温下不宜停留时间过长,装料操作时要尽量少装、勤装(1 分);(2)尽量减少过剩空气,以免炉内剩余氧气过多加剧坯料氧化(1 分);(3)炉膛应保持不大的正压力,防止冷空气吸入炉膛(1 分)。

12. 答:锻件冷却是指锻件在锻完以后,以所要求的冷却速度冷却下来;而为了使锻件获得所需要的冷却速度所采取的各种方法和手段,就称之为冷却工艺。(3 分)

锻后冷却的意义就在于防止因冷却不当可能造成的锻件翘曲变形、表面硬度提高和内外裂纹等缺陷,乃至造成废品。(2 分)

13. 答:(1)内外卡钳,用于冷热锻件尺寸测量;(1 分)

(2)量杆,用于测量长杆类冷热锻件;(1 分)

(3)样板,测量锻件几何形状;(1 分)

(4)钢板尺,用于确定卡钳两点间距离;(1 分)

(5)卡尺,用于锻件冷状态下尺寸测量。(1 分)

14. 答:模具预热温度过低或过高都会造成模具非正常损坏,预热温度过低,达不到预热效果,使用中容易造成断裂(2.5 分);预热温度过高,模具又会因全部或局部退火使型槽硬度和强度降低,使用中容易造成模槽压陷变形而失效(2.5 分)。

15. 答:使用前,检查模具是否完好,发现缺陷及时采用磨修、堆焊方法消除(0.5 分);做好模具预热工作(0.5 分);认真安装调整,组合模具配合间隙要合适;模锻模应使燕尾两肩与锻锤相应部位保持 0.5~2 mm 间隙(1 分)。使用中,严禁空击锻模和低温锻造(0.5 分);按工艺要求制坯(0.5 分);正确润滑冷却(0.5 分);及时消除模槽中的氧化皮(0.5 分)。使用后,检查

模具,消除缺陷(0.5分);对模槽涂油保护(0.5分)

16. 答:(1)满足零件形状、尺寸加工和性能要求(2分);(2)简化形状,有利于锻造操作和成型(1分);(3)尽量节约材料和加工工时(1分);(4)适应工人操作水平(1分)。

17. 答:优点是:(1)锻造时冲击和振动小,对厂房无特殊要求,不需要大的砧座和基础(1分);(2)锻透性好最适于钢锭开坯和重要的大型锻件的锻造(1分);(3)便于操作,劳动条件好(1分)。

缺点是:(1)造价高,设施系统复杂,占地面积大(1分);(2)锻件表面质量不如锤上自由锻平整(1分)。

18. 答:壁厚不均,克服的方法是:(1)坯料加热均匀(1分);(2)拔长前,冲孔要正(0.5分);(3)拔长时,锤击力一致(1分);(4)芯棒翻转角度要均匀(1分)。

锻件两端易出现纵裂,克服的方法是:(1)两端应保证在高温下锻造(1分);(2)锤击不易过重(0.5分)。

19. 答:开式套筒是一种只有下模,而"上模"用上砧代替的有飞边锻造的胎模(2分)。多用于销杆类、法兰或齿轮类锻件,或者为闭式套模件制坯(1分)。其优点是:(1)结构简单,制造容易(0.5分);(2)金属容易充满模膛(0.5分);(3)所需设备吨位小(0.5分);(4)生产效率高(0.5分)。

20. 答:六不打是:工件未放平稳不打(0.5分);钳子夹不住,工件有松动现象不打(0.5分);冬季所用工、模具不予热不打(1分);锻件始锻温度不够或停锻温度过低,锻件发黑不打(1分);掌钳工把钳把对住身体,剁料工件不在砧子中央或拿刀不正时不打(1分);砧子上没有工件空锤不打(1分)。

21. 答:(1)生产效率高(0.5分);(2)能模锻出形状复杂,尺寸精度及表面粗糙度较高的锻件(1分);(3)锻件加工余量小,材料利用率较高(1分);(4)锻件流线分布均匀完整,提高零件使用寿命(1分);(5)操作简单,劳动强度小(1分);(6)锻件成本较低(0.5分)。

22. 答:(1)增加金属外流阻力,迫使金属充满模槽(2分);(2)容纳多余金属(1分);(3)起缓冲作用,缓冲上、下模对击(2分)。

23. 答:(1)使前几道制坯后的坯料进一步变形,以改善金属在终锻型槽中流动条件,避免折叠和裂纹(3分);(2)有助于减少终锻模槽磨损,提高锻模使用寿命。

24. 答:(1)设备结构简单、紧凑,不需要庞大的基础和砧座;便于安装和维修,造价低(2分);(2)便于操作用中无振动,劳动条件好(0.5分);(3)工艺万能性大,适应各种模锻工艺(0.5分);(4)模具结构简单,安装调整方便(1分);(5)有顶出装置,可以减小模锻斜度,锻件质量好(1分)。

25. 答:(1)由剪切切造成的端部椭圆度不能过大(1分),应保证坯料加热后深入下模与模孔的间隙≤0.5 mm(1分);(2)端面斜度直径在30 mm以下,不得大于1~2.5 mm(1分);直径在31~65 mm,不得大于2.5~4 mm(1分);(3)端面不得有毛刺、裂纹等各种下料缺陷(1分)。

26. 答:结构特点是:(1)由于锻压机工作平稳,振动很小,故多采用通用上下模座与型槽镶块的组合结构形式(1分);(2)上、下模座采用导柱、导套的导向结构以提高模锻精度(1分);(3)模座和镶块设计顶料孔,通过顶料杆与设备上的顶料机构相连(1分)。

紧固特点是:(1)上下模座螺栓紧固(1分);(2)锻模在模座上多采用长键定位,用压板或螺栓紧固(1分)。

27. 答:(1)在生产批量不大的情况下,使拔长、滚挤制坯工序与终锻工序在两种设备上分开进行“二火次”,即用自由锻,平锻或辊锻机制坯,在锻压机上终锻(3分);(2)在批量生产的情况下应考虑锻压机的配套制坯设备,形成完整的机组生产流水线(2分)。

28. 答:(1)平锻机由于具有两个互相垂直的分模面,因此能锻出在两个不同具有凹挡的锻件(1分);特别是对于细长杆类的局部镦锻、管材的镦锻以及穿孔成型等都是平锻机所独有的特点;(2)平锻机模锻斜度小或不需要斜度,节约了金属和加工工时(1分);(3)可以在一组模具上多工步连续锻造成型,不需要配套制坯设备(1分);(4)可实行一根棒料多件模锻,节省了专门剪切劳动(0.5分);(5)平锻时振动和噪声较小,劳动条件较好(0.5分);(6)模具为组合镶块式,节省了模具钢消耗(1分)。

29. 答:模具无论从整体到每一部分都是组合而成(0.5分)。整体上,是由活动凹模,固定凹模和安装在凸模夹持器上的凸模三部分组成,而凹模又多为镶块式,凸模也多为组合式(2.5分)。锻模上不装设导向结构,模具的对中性及模锻精度一靠设备精度保证,二靠人工对模具的调整(2分)。

30. 答:常用锻件的冷却方法有喷雾冷却(1分)、风冷(0.5分)、空冷(0.5分)、坑冷(0.5分)、砂冷(0.5分)、炉冷(0.5分)和控制冷却(1.5分)等。

31. 答:锻件热处理的目的是:(1)降低钢中氢含量,减少组织应力,防止产生白点(1分);(2)消除锻造后的内应力,改善切削加工性,为后道工序做好准备(1分);(3)细化均匀晶粒,调整粗大不均匀组织,提高化学成分的均匀性,为最终热处理和无损探伤做好组织准备(1.5分);(4)对不再进行第二热处理的锻件,锻后热处理还要得到必要的组织性能,以满足使用的要求(1.5分)。

32. 答:将锻件加热到AC_3或AC_{cm}以上30～50℃,保温适当时间后,在静止空气中冷却至室温的热处理工艺称为正火(2分)。其目的与退火基本相同,可降低硬度,提高塑性,细化晶粒(1分)。均匀成分与组织,改善性能,消除内应力,防止工件变形和开裂(1分)。但因冷却比退火快,故强硬度比退火的高些,可得到较细的珠光体组织(1分)。

33. 答:齿轮传动比带传动的传动比准确、稳定、可靠(1分),传动功率和圆周速度范围大(1分),结构紧凑,寿命长、速比大,传动效率高(1分);但不宜在中心距离较大的场合使用,过载时本身不能实现过载保护作用(2分)。

34. 答:压力角是指齿形上任意一点的受力方向与运动方向之间的夹角,通常指分度圆上的压力角(1分),压力角决定齿轮的齿形(1分)。若压力角小于20°时,齿轮的齿根变瘦、齿顶变尖,强度降低(1分)。若压力角大于20°,则齿顶变尖,齿根变粗,强度高,但对转动转矩不利(1分)。标准压力角为20°(1分)。

35. 答:用于制造机械零件和各种工程结构件的钢称为结构钢(3分)。包括碳素结构钢、合金结构钢(2分)。

36. 答:钢锭由冒口、锭身和水口三部分组成(3分)。多边形钢锭凝固较均匀,可有效防止产生角偏析(2分)。

37. 锻前加热的目的是为了提高金属材料的塑性(2分),降低金属材料变形抗力(2分),有利于金属流动成型并获得良好的锻后组织(1分)。

38. 答:有燃料来源方便(0.5分),炉子修造较容易(2分),加热费用低(0.5分),加热的适应性强等优点(2分)。

39. 答:与空气混合完善,燃烧完全(1分);可以预热,从而提高燃烧温度(1分);燃烧过程易控制,随时可以调节炉温、压力和火焰长短(1分);运输方便(1分);劳动条件好(1分)。

40. 答:主要由燃烧室(1分)、加热室(1分)、鼓风装置(1分)、换热器及烟道(1分)、烟囱(1分)等。

41. 答:加热规范是指坯料从装炉开始到加热完了的整个过程中,对炉子温度和坯料温度随时间变化的规定(3分)。通常用炉温-时间的变化曲线(又称加热曲线)来表示(2分)。

42. 答:正确的加热规范是在加热过程中不产生裂纹(1分),不过热和过烧(1分),温度均匀(1分),氧化和脱碳少(1分),加热时间短(0.5分),节省燃料(0.5分)。

43. 答:重油的优点是发热量高(1分)、升温快(1分)、加热质量好(0.5分)、易于控制炉温(1分)、劳动条件较好(0.5分)、炉子结构简单等(1分)。

44. 答:火焰加热炉是利用燃料(煤、重油、煤气、天然气等)燃烧的热能直接加热金属材料的加热炉(5分)。

45. 答:应具有足够的耐火度(1分)、高温结构强度(1分)、高温化学稳定性和体积稳定性(1分),以及良好的耐急冷急热性能等(1分)。对用于电炉的耐火材料还应具有良好的绝缘性能(1分)。

46. 答:坯料从加热开始至加热到始锻温度所需的时间称为加热时间(3分)。加热时间与始锻温度下均热保温时间之和称为总加热时间(2分)。

47. 答:具有加热时间短(1分),避免了因钢锭冷却而产生的缺陷(1分),减少了氧化损失(1分);具有节约能源(1分)、生产率高等优点(1分)。

48. 答:优点是测温准确性较高(1分),误差为±3℃左右(1分);测定值可在较远的地方显示并能自动记录,易实现自动化控制(1分)。缺点是只能测炉温和容易损坏(2分)。

49. 答:主要包括活塞(2分)、锤杆(1分)、锤头(1分)和上砧(1分)四个部分。

50. 答:有液压传动操作机(1分)、机械传动操作机(2分)和混合传动操作机(2分)三种。

51. 答:利用锻压设备上、下砧块和一些简单的通用工具进行锻造称为自由锻造(5分)。

52. 答:主要由机架(1分)、气缸(1分)、落下部分(1分)、配气—操纵机构(1分)和砧座(1分)等几部分组成。

53. 答:为使零件具有一定的加工尺寸和表面粗糙度,在零件外表面需要加工的部分,留一层供机械加工用的金属,叫做机械加工余量(5分)。

54. 答:在零件图(或粗加工图)的基础上,加上机械加工余量、余块及其他特殊留量后绘制的图叫锻件图(5分)。

55. 答:可概括为:一看标题(0.5分),二析视图(1分),三想形状(1分),四读尺寸(1分),五识要求(1分),最后综合(0.5分)。

56. 答:在弯曲部分施加局部压力,将坯料弯曲消除,然后再镦粗(3分)。若弯曲较严重,可将坯料放倒校直、滚圆,并经重新加热后再镦粗(2分)。

57. 答:校正的方法有在漏盘下加垫进行校正(1分)、用赶铁进行局部赶压校正(1分)和局部冷却重新滚圆进行校正(1分)。三种方法也可结合进行(2分)。

58. 答:应先拔成正方或六方截面(2分),直到接近锻件尺寸,再倒棱、滚圆至锻件尺寸(2分),小型锻件还可用摔子整形(1分)。

59. 答:坯料高径比过大(2 分)、端面不平整(1 分)、端面不垂直轴心线或镦粗操作不当等(2 分),在镦粗时坯料都易产生弯曲。

60. 答:镦粗的目的是:

(1)将高径(宽)比大的坯料锻成高径(宽)比小的饼、块、凸台锻件(2 分)。

(2)冲孔前平整端面和增大横截面,以满足工艺要求(1 分)。

(3)增大坯料横截面,提高后续拔长工序的锻造比(1 分)。

(4)提高锻件的横向力学性能和减少力学性能的异向性(1 分)。

61. 答:减小空心坯料壁厚而增加其内、外径的锻造工序称为扩孔(2 分)。扩孔的方法有冲头扩孔、马杠扩孔和劈缝扩孔等(3 分)。

62. 答:扩孔时马杠直径太小、送进量太大、锤击轻重不均等都会产生内壁凹凸不平缺陷(3 分)。可用与孔径相近的粗马杠扩孔,同时减小转动的送进量进行轻击快锻消除内壁凹凸不平(2 分)。

63. 答:由于孔冲歪、加热不均、锤击轻重和转动时送进量不均等,都会导致壁厚不均匀(2 分)。可在马杠上继续锻打厚壁一面,直至壁厚均匀,但可能使圆环锻件呈椭圆形,最后应校圆(3 分)。

64. 答:芯轴拔长的主要质量问题是壁厚不均匀和内壁容易产生裂纹,尤其是两端(1 分)。为使锻件壁厚均匀,要求坯料加热温度和拔长时每次转动角、压下量都要均匀(2 分)。为避免锻件两端产生裂纹,应在高温下先锻坯料的两端,然后再拔中间部分(2 分)。

65. 答:(1)将锻件放在上、下平砧间,先沿轴线轻压一遍,然后翻转 90°再轻压,使内孔略微扩大后取出芯轴(2 分)。

(2)若因芯轴弯曲,可将弯曲处校直,并在上、下平砧间以小压下量由八方倒圆拔长一遍后取出芯轴(2 分)。

(3)在不得已的情况下,可将锻件和芯轴一起返炉加热,然后将冷水通入芯轴,使芯轴急冷收缩而取出(1 分)。

66. 答:锻造中常用的切割方法有克断(1 分)、单面切割(1 分)、双面切割(1 分)、四面切割(1 分)和圆周切割(1 分)五种。

67. 答:常用的弯曲方法有平砧间弯曲(1 分)、平板上弯曲(1 分)、支架上弯曲(2 分)和胎模中弯曲(1 分)四种。

68. 答:有生产率高(1 分)、锻件质量好(1 分)、节约材料(1 分)、减少机械加工工时(1 分)和成本低(1 分)等优点。

69. 答:胎模锻造的缺点是模具寿命低(1 分)、锻锤上、下砧易磨损(1 分)、锻锤机易损坏(1 分)、所需自由锻锤吨位大(1 分)、锻工的劳动强度大(1 分)等。

70. 答:常见锻件缺陷有表面横向裂纹(0.5 分)、内部横向裂纹(0.5 分)、表面纵向裂纹(0.5 分)、内部纵向裂纹(0.5 分)、表面龟裂(0.5 分)、内部微裂纹(0.5 分)、局部粗晶(0.5 分)、表面折叠(0.5 分)、中心偏移(0.5 分)、力学性能不能满足要求以及过热、过烧、白点(0.5 分)等。

71. 答:较大地改变坯料形状和尺寸以获得锻件的工序称为基本工序(2 分)。自由锻的基本工序有镦粗、拔长、冲孔、扩孔、芯轴拔长、弯曲、扭转、错移、切割等(3 分)。

72. 答:锤锻模具错移后必须及时进行调整。根据错移量大小,可重新调整固定键块两侧铁皮,来解决纵向错移;用调整紧固锤身的大楔来调整锻模横向错移。采用调整垫片沿对角线方向放在燕尾两侧可调整锻模的扭错。

73. 答:模锻操作中应注意:(1)严禁上、下模重锤空击(0.5 分);(2)经常检查锻模模膛有无裂纹或堆塌现象(0.5 分);(3)经常检查锻模紧固情况,若发现斜楔松动应及时打紧(1 分);(4)经常注意冷却锻模,防止模具温度升高(0.5 分);(5)注意锻模的润滑(0.5 分);(6)及时吹扫模膛内的氧化铁皮(0.5 分);(7)严禁在低于终锻温度时继续锻造(0.5 分);(8)在生产间隙和因故停锻后,应继续对锤杆和锻模预热,重新工作时应检查锻模和锤杆温度应在 150～250℃之间(1 分)。

74. 答:把拌有适量盐水的锯末撒入模膛内,使模膛及时得到冷却,这是由于水分的急剧蒸发和锯末急剧燃烧生成的气体,可以崩掉锻件表面的氧化铁皮,使锻件表面光滑,轮廓清晰,又便于脱模(5 分)。

75. 答:锤锻模安装步骤分为三步:(1)把所需锻模上、下模定位键放入键槽内,并根据需要在键槽与键之间加 1～2 mm 厚的铁皮后打紧键块(1 分);(2)将上、下模扣合,以检验角对齐为标准,将锻模吊至锤头与模座之间,抬起锤头分别将上、下模紧固在锤头和模座上(2 分);(3)开动设备轻击 1～2 次,仔细检查检验角是否对齐(1 分)。试锻一件锻件,检查错模量,并将锻模调整到符合要求(1 分)。

76. 答:热模锻压力机的安装步骤分模座的安装和镶块模的安装两个步骤:(1)将成套的对合模座放置在工作台的适当位置,固定上模座于滑块上,调整下模座至适当位置,直到导柱和导套的间隙均匀、滑动良好时加以固定,固定后必须保证上、下模衬凹槽的侧基面在一个垂直面上(2 分)。(2)安装和调整镶块模:以单模膛矩形镶块模的安装为例。首先将滑块升到最高位置,将上、下镶块模对合,使侧面平齐,置于模衬中间位置,接着关闭电动机,在飞轮数降低时,调整行程,将滑块降到接近最低位置,然后将镶块模的侧基面与模衬的侧基面靠紧,打紧固定上、下镶块模的斜楔。经检查模具紧固无误后,用铅块或假料试锻,检查试件几何尺寸是否符合要求,直到调整至符合要求为止(3 分)。

77. 答:主要区别是模锻锤的砧座与立臂是连接成一体的,而自由锻锤的砧座是独立分开的,且砧座与锤头质量之比,模锻锤比自由锻锤大的多(3 分)。而且模锻锤的导轨间隙比自由锻锤小,模锻锤的精度较高(2 分)。

78. 答:(1)利用金属的塑性变形,获得所需的形状尺寸(2 分);(2)改善金属内部组织,锻合内部缺陷,细化晶粒均匀成分,以获得良好的机械性能(3 分)。

六、综 合 题

1. 解:线胀系数:

$$\alpha_1=\frac{l_2-l_1}{l_1\Delta t}\text{(3 分)}$$

$$=\frac{1\,202.7-1\,200}{1\,200\times(200-20)}\text{(3 分)}$$

$$=12.5\times10^{-6}(1/℃)\text{(3 分)}$$

答:该 45 钢的线胀系数为 12.5×10^{-6}/℃。(1 分)

2. 解:金属球的体积:

$V=\frac{1}{6}\pi D^3=\frac{1}{6}\pi\times8^3$(5分)

因 $m=\rho V$(1分)

故 $\rho=\frac{m}{V}=\frac{2\ 104}{\frac{1}{6}\pi\times8^3}=7.85(\mathrm{g/cm^3})$(3分)

答:金属球的密度为 7.85 $\mathrm{g/cm^3}$。(1分)

3. 解:$F=235.5\ \mathrm{kN}=235\ 500\ \mathrm{N}$(2分)

应力 $\sigma=\frac{F}{A}$(2分)

$=\frac{235\ 500}{\frac{\pi}{4}\times100^2}=30(\mathrm{MPa})$(5分)

答:合金钢柱横截面上的应力为 30 MPa。(1分)

4. 解:金属的质量 $m=5\times10^{-2}\ \mathrm{kg}$(1分)

体积 $V=(128-125)\times10^{-6}=3\times10^{-6}(\mathrm{m^3})$(3分)

因　$\rho=\frac{m}{V}$(1分)

故　金属的密度为 $\rho=\frac{m}{V}=\frac{5\times10^{-2}}{3\times10^{-6}}=16.7\times10^3(\mathrm{kg/m^3})$(4分)

答:由于所求的密度小于 $19.3\times10^3\ \mathrm{kg/m^3}$,所以这块金属不是纯金。(1分)

5. 解:线膨胀系数:

$\alpha_1=\frac{l_2-l_1}{l_1\Delta t}$(3分)

已知 $\alpha_1=17.8\times10^{-6}℃^{-1}$,$l_1=1\ 000\ \mathrm{mm}$,$\Delta t=40-20=20(℃)$。(2分)

故　$17.8\times10^{-6}=\frac{l_2-1\ 000}{1\ 000\times20}$(2分)

$l_2=17.8\times10^{-6}\times1\ 000\times20+1\ 000=1\ 000.356(\mathrm{mm})$(2分)

答:黄铜棒的长度为 1 000.356 mm。(1分)

6. 解:因　$\sigma_b=\frac{F_b}{A_0}$

已知 $F_b=29\ \mathrm{kN}$,$d_0=10\ \mathrm{mm}$(1分)

故 $A_0=\frac{\pi d_0^2}{4}=\frac{3.14\times10^2}{4}=78.5(\mathrm{mm^2})$(4分)

$\sigma_b=\frac{F_b}{A_0}=\frac{29\ 000}{78.5}=369.4(\mathrm{MPa})$(4分)

答:试样的抗拉强度为 369.4 MPa。(1分)

7. 解:已知钢材的密度为 $\rho=7.85\ \mathrm{kg/dm^3}$,直径 $d=180\ \mathrm{mm}$,长度 $l=160\ \mathrm{mm}=1.6\ \mathrm{dm}$。(2分)

故　$m=\rho V=\rho\frac{\pi d^2}{4}l$(3分)

$=7.85\times\frac{3.14\times1.8^2}{4}\times1.6$(3分)

$=31.9$(kg)(1分)

答:圆轴的质量为31.9 kg。(1分)

8. 解:改锻前的体积为$V_0=\frac{\pi}{4}d_0^2l_0$,改锻后的体积为$V_1=\frac{\pi}{4}d_1^2l_1$。(2分)

因 $V_0=V_1$,即$\frac{\pi}{4}d_0^2l_0=\frac{\pi}{4}d_1^2l_1$(3分)

故 $l_1=\frac{d_0^2}{d_1^2}\times l_0$(2分)

$=\frac{150^2}{300^2}\times300$(1分)

$=75$(mm)(1分)

答:改锻后的盘形件高度为75 mm。(1分)

9. 解:已知$D=300$ mm$=30$ cm,$v=3.6$ min/cm。(3分)

加热时间:$\tau=Dv$(3分)

$=30\times3.6=108$(min)(3分)

答:按最大截面计算要108 min才能加热到始锻温度。(1分)

10. 解:$\tau_{总}=\tau_1+\tau_2+\tau_3$(2分)

$\tau_1=60$ min(1分)

$\tau_2=Dv_1=200\times0.6=120$(min)(2分)

$\tau_3=Dv_2=200\times0.5=100$(min)(2分)

故 $\tau_{总}=60+120+100=280$(min)(2分)

答:总加热时间为280 min。(1分)

11. 解:根据帕斯卡定律(1分)

$F_2=F_1\frac{D_2^2}{D_1^2}$(3分)

$=315\times\frac{800^2}{80^2}$(3分)

$=31\ 500$(kN)(2分)

答:作用在水压机活塞上的力F_2为31 500 kN。(1分)

12. 解:根据帕斯卡定律(1分)

$F_2=F_1\frac{D_2^2}{D_1^2}$(3分)

则 $D_2=\sqrt{F_2\frac{D_1^2}{F_1}}=\sqrt{60\ 000\times\frac{110^2}{600}}=1\ 100$(mm)(5分)

答:水压机活塞直径D_2为1 100 mm。(1分)

13. 解:$h=(D-d)K=(500-385)\times1.13=129.95(mm)\approx130$ mm(9分)

答:标尺高度h为130 mm。(1分)

14. 解:因$d=\frac{h_1}{K}=\frac{333}{1.11}=300$(mm)(9分)

答:能锻最小直径 d 为 300 mm。(1 分)

15. 解:因　$h=(D-d)K$(1 分)

而 $d=\frac{h_1}{K}=\frac{368}{1.15}=320(\text{mm})$,(4 分)

故 $h=(400-320)\times1.15=92(\text{mm})$(4 分)

答:标尺高度 h 为 92 mm。(1 分)

16. 解:因 $d=\frac{h_1}{K_1}=\frac{541}{1.082}=500(\text{mm})$(9 分)

答:在该上、下 V 形砧中能锻的最小圆直径 d 为 500 mm。(1 分)

17. 因 $h=(D-d)K=(600-400)\times1.22=244(\text{mm})$(9 分)

答:标尺高度 h 为 244 mm。(1 分)

18. 解:因 $h=(D-d)K$(1 分)

而 $d=\frac{h_1}{K_1}=\frac{622}{1.13}=550.4(\text{mm})$(4 分)

故 $h=(700-550.4)\times1.13=169(\text{mm})$(4 分)

答:标尺高度 h 为 169 mm。(1 分)

19. 解:因 $m=\rho V=\rho\frac{\pi D^2}{4}L$,而 $\rho=7.85\ \text{kg/dm}^3$,$D=70\ \text{mm}=0.7\ \text{dm}$,$L=480\ \text{mm}=4.8\ \text{dm}$。(5 分)

故 $m=7.85\times\frac{3.141\,6\times0.7^2}{4}\times4.8=14.5(\text{kg})$(4 分)

答:锻件质量 m 为 14.5 kg。(1 分)

20. 解:$m=\rho V=\rho A^2L$,而 $\rho=7.85\ \text{kg/dm}^3$,$A=80\ \text{mm}=0.8\ \text{dm}$,$L=420\ \text{mm}=4.2\ \text{dm}$。(5 分)

故 $m=7.85\times0.8^2\times4.2=21.1(\text{kg})$(4 分)

答:锻件质量 m 为 21.1 kg。(1 分)

21. 解:因 $m=\rho V=\rho ABL$,而 $\rho=7.85\ \text{kg/dm}^3$,$A=110\ \text{mm}=1.1\ \text{dm}$,$B=60\ \text{mm}=0.6\ \text{dm}$。(5 分)

故 $m=7.85\times1.1\times0.6\times3.9=20.2(\text{kg})$(4 分)

答:锻件质量 m 为 20.2 kg。(1 分)

22. 解:因　$m=\rho V=\rho\frac{\pi}{4}(D^2-d^2)H$(3 分)

而　$\rho=7.85\ \text{kg/dm}^3$,$D=200\ \text{mm}=2\ \text{dm}$,$d=70\ \text{mm}=0.7\ \text{dm}$,$H=80\ \text{mm}=0.8\ \text{dm}$(2 分)

故　$m=7.85\times\frac{3.14}{4}\times(2^2-0.7^2)\times0.8=17.3(\text{kg})$(4 分)

答:锻件质量 m 为 17.3 kg。(1 分)

23. 解:环形锻件的中径为:$D-d=230-30=200(\text{mm})$(1 分)

环形锻件展开的长度(即中径的周长)为:$l=3.14\times200\ \text{mm}=628\ \text{mm}$(1 分)

已知 $\rho=7.85\ \text{kg/dm}^3$,圆钢半径 $r=d/2=30/2=15(\text{mm})$(1 分)

则 $V=\pi R^2 l=3.14\times 15^2\times 628=443\ 682(mm^3)$(4 分)

因 $m=\rho V$(1 分)

故 $m=7.85\times 0.44=3.45(kg)$(1 分)

答:该环形锻件的质量 m 为 3.45 kg。(1 分)

24. 解:设改锻前后锻件体积不变,即:$V_1=V_2$(1 分)

$V_1=l^3=200\times 200\times 200=8\ 000\ 000(mm^3)$(3 分)

$V_2=\pi R^2 l_1=3.14\times 80^2 l_1=20\ 096 l_1$(3 分)

所以改锻后的长度 l_1 为 $l_1=8\ 000\ 000/20\ 096\approx 398(mm)$(2 分)

答:改锻后的长度 l_1 为 398 mm。(1 分)

25. 解:设改锻前后锻件体积不变,即:$V_1=V_2$(1 分)

$V_1=400\times 80\times 60=1\ 920\ 000(mm^3)$(3 分)

$V_2=50\times 50\times l_2=2\ 500 l_2$(3 分)

所以改锻后的长度 l_2 为 $l_2=1\ 920\ 000/2\ 500=768(mm)$(2 分)

答:改锻后的长度 l_2 为 768 mm。(1 分)

26. 解:设改锻前后锻件体积不变,即:$V_1=V_2$(1 分)

$V_1=\pi R_1^2 l_1=3.14\times 80^2\times 240=4\ 823\ 040(mm^3)$(3 分)

$V_2=\pi R_2^2 l_2=3.14\times 160^2\times l^2=80\ 384 l_2$(3 分)

改锻后的厚度为 $l_2=4\ 823\ 040/80\ 384=60(mm)$(2 分)

答:改锻后的厚度为 60 mm。(1 分)

27. 解:锻件质量 $m_f=\rho V_f$(1 分)

已知 $\rho=7.85\ kg/dm^3$,$D=500\ mm=5\ dm$,$d=200\ mm=2\ dm$,$h=160\ mm=1.6\ dm$。(1 分)

$V_f=\frac{\pi}{4}(D^2-d^2)h=\frac{\pi}{4}(5^2-2^2)\times 1.6=26.4(dm^3)$(3 分)

$m_f=7.85\times 26.4=207.2(kg)$(1 分)

故坯料质量 $m_b=m_f(1+16\%)=207.2\times(1+0.16)=240.4(kg)$(3 分)

答:坯料质量应为 240.4 kg。(1 分)

28. 解:因为模锻锤的砧座是设备公称吨位的 20~25 倍(4 分),所以 5 t 模锻锤的下砧座的质量 m 最少为 $m=20\times 5=100(t)$(5 分)

答:5 t 模锻锤的下砧座的质量 m 最少为 100 t。(1 分)

29. 解:因为是对称分模,所以上、下模模膛深度均为 $H/2=80/2=40(mm)$(1 分)。已知起模角为 7°(1 分)。

故 锻模模膛模口直径为:$D=d+2\times 40\tan 7°$(4 分)

$$=400+2\times 40\times 0.123$$

$$=409.84(mm)\text{(3 分)}$$

答:模膛模口直径为 409.84 mm。(1 分)

30. 解:质量 $m=\rho V$(2 分)

平底冲孔连皮体积 $V=\frac{\pi}{4}d^2 h$(3 分)

已知 $\rho=7.85\ kg/dm^3$，$d=60\ mm=0.6\ dm$，$h=7\ mm=0.07\ dm$。(1分)

故 $m=7.85\times\frac{\pi}{4}\times0.6^2\times0.07=0.155(kg)$(3分)

答:冲孔连皮质量为 0.155 kg。(1分)

31. 解:错差$=\frac{b_1-b_2}{2}=\frac{164-161}{2}=1.5(mm)$(公式5分,结果4分)

答:该齿轮件错差为 1.5 mm。(1分)

32. 解:$V_c=(V_f+V_{sg})(1+\sigma)=(5\ 626\ 880+565\ 200)\times(1+2.5\%)=6\ 346\ 882(mm^3)$(公式4分,结果3分)

$m=\rho V_c=7.85\times6\ 346\ 882\times10^{-6}=49.8(kg)$(2分)

答:锻件的体积为 6 346 882 mm^3,其质量为 49.8 kg。(1分)

33. 答:如图1、图2所示。

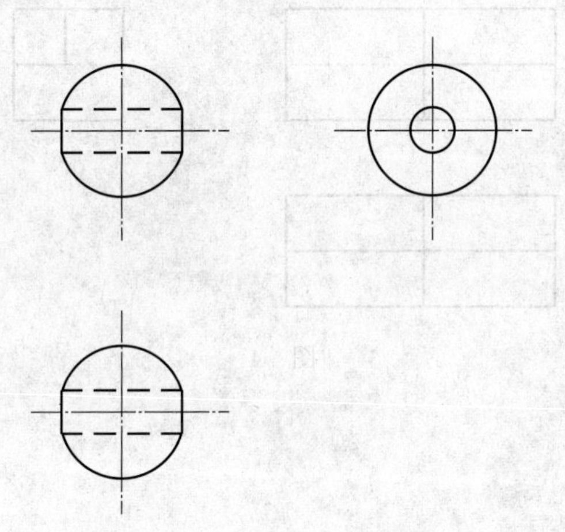

图 1

(左视图正确得1分,主视图与俯视图正确各得2分)

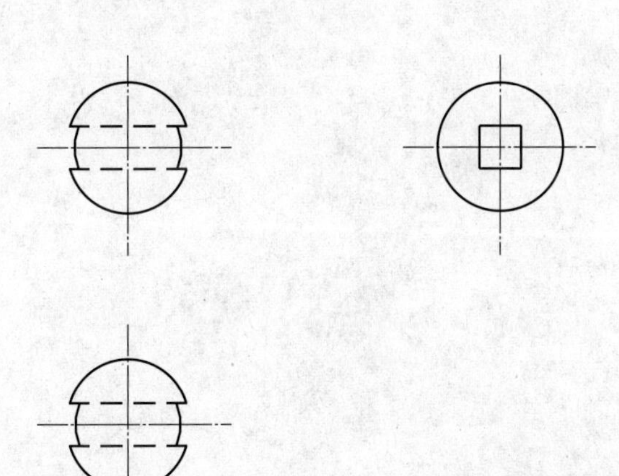

图 2

(左视图正确得1分,主视图与俯视图正确各得2分)

34. 答:如图 3 所示。(10 分)

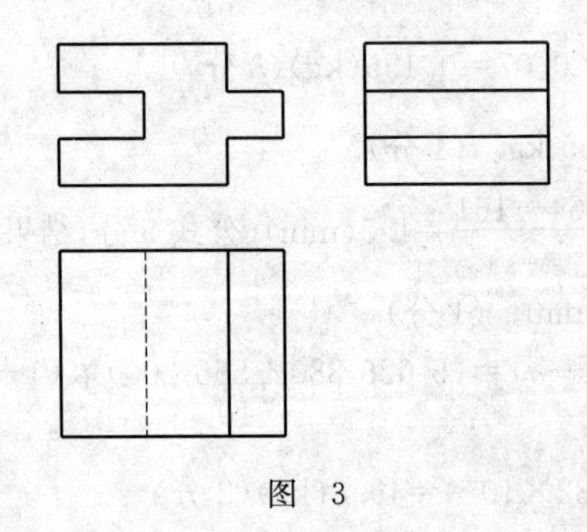

图 3

35. 答:如图 4 所示。(10 分)

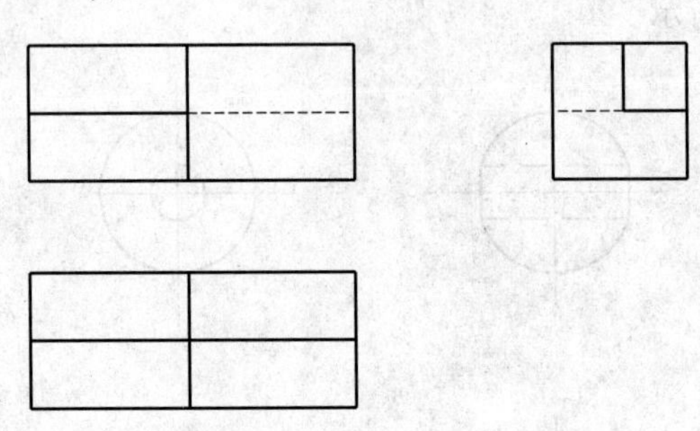

图 4

锻造工(中级工)习题

一、填 空 题

1. 当钢的含碳量大于0.5%时,随着钢含碳量增加,加热时形成的氧化皮将减少。这是因为钢表面在氧化过程中产生了一层保护性气体(　　),能阻碍氧化的进行。

2. 钢料在加热时由于表里温差而造成外层金属受(　　),而中心部分金属受拉应力。

3. 通常锻造加热时,钢料获得的总热量中,辐射传热约占90%以上。因此主要靠(　　)来实现快速加热。

4. 采用还原火焰加热时,由于它的温度(　　),钢料升温较慢,金属内外加热比较均匀,故生成的氧化铁皮较少。

5. 终锻温度的确定原则,主要考虑在锻造结束之前,金属还应具有足够的塑性,锻件锻后能获得(　　),没有加工硬化现象。

6. 空气过剩系数越大,过剩空气越多,被废气带走的(　　)也就越多。

7. 铁素体的力学性能接近于纯铁,具有较高的(　　)和韧性,但强度和硬度较低。

8. 各种燃料燃烧时,根据化学反应方程式所求出的空气需要量叫做(　　)。

9. 含碳量为0.45%的钢称为(　　)。

10. 渗碳体的硬度很高,强度(　　)、塑性和韧性几乎等于零,是一种硬而脆的组织。

11. 锻件力学性能偏低主要是由于原材料在冶炼时成分不符合要求,锻造比小和锻后(　　)不恰当造成的。

12. 锻模上产生最大危险应力往往是在生产开始阶段,这时(　　)大,交变热应力尤其明显,锻模温度低,较脆而易破裂。

13. 用凸型砧展宽可获得很大的展宽量,其展宽系数可达0.91,由于展宽变形集中在宽度的增加上,所以长度(　　)很小,端部的凸度也就很小。

14. 锻件所用的钢锭的利用率随锻件形状、尺寸、钢种和(　　)不同而不同,与钢锭冶炼质量分不开。

15. 表示金属坯料变形程度大小,即坯料变形前后(　　)叫做锻造比。

16. 在使用划针盘进行划线时,要注意应使划针夹紧并处于(　　)位置。

17. W18Cr4V的始锻温度为(　　),终锻温度不低于900℃,但不应高于1 000℃。

18. 不锈钢具有导热性差、(　　)、变形抗力大、再结晶温度高、尺寸收缩率大等特点。

19. 铝合金的塑性主要受合金成分、(　　)和变形速度的影响。

20. 单面冲孔用于锻件高度与冲孔孔径之比(　　)的情况。

21. 按模锻的锻造方式,模锻设备可分为一般模锻设备、(　　)、专用及精用模锻设备。

22. 在水压机上锻造时,当台阶的高度为50～100 mm,法兰长度为0.3倍直径时,切肩保险量应等于(　　)。

23. 中心压实法是利用强制冷却方法造成坯料中心和表面形成250～350℃温差和低温硬壳，增大表面的变形抗力，使表面金属很少变形，通过专用纵向平砧将强力集中于仍保持高温塑性状态的中心部分，使之受三向压应力的作用，只需要(　　)就可以使中心孔隙锻合，从而显著提高锻件内部质量。

24. 摩擦压力机行程速度慢，(　　)不易调节、生产效率较低，对高肋锻件不易充满，不宜于进行多模膛模锻。

25. 锤上镦粗坯料的高度应与锤头的行程和(　　)相适应，使锤头镦粗时有一定的冲击距离。

26. 胎模锻与自由锻相比，锻件形状复杂、精度高；和模锻相比，劳动强度大，(　　)，是一种介于自由锻与模锻之间的过渡工艺方法。

27. 锤头的重心应在锤杆的中心线上，并和(　　)中心重合。

28. 热电偶是根据(　　)原理制成的。

29. 在锤上镦粗坯料时，应使锤头的最大行程 H 和坯料的原始高度 h_0 之间保持如下关系：$H-h_0$(　　)$0.25H$。

30. 宽砧拔长可以锻透钢锭中心，防止产生内部横向裂纹。拔长的主要阶段，应在高温状态下采用大压下量，相对送进量 l_0/h_0 应控制在(　　)。

31. 以钢锭为坯料的合金锻件主体截面的锻造比 $Y=$(　　)，法兰或凸台部分的锻造比 $Y\geqslant 1.7$。

32. 以钢锭为坯料的碳素结构钢锻件，其锻造比 $Y_{拔}\geqslant 3$，$Y_{镦}\geqslant$(　　)。

33. 在生产实践中，模锻吨位是按 $m=$(　　)$kF_{总}$(kg)的经验公式计算的。

34. 在生产实践中，热模锻压力机吨位是按 $m=$(　　)$kF_{总}$(kg)的经验公式计算的。

35. 高速钢改锻的目的不单是为了达到几何形状的要求，还必须达到(　　)碳化物并使它们均匀分布的目的。

36. 奥氏体不锈钢不发生同素异晶转变，不能用热处理方法细化晶粒，锻造时必须有适当的(　　)，对于钢锭可选 $Y=4\sim8$，对于钢坯 $Y>2$。

37. 用电器在额定状态下工作时，这种工作状态称作(　　)，在高于额定状态下工作时称作过载；在低于额定状态下工作时其效率不能充分发挥。

38. 坯料镦粗前的高度与镦粗后高度之比一般取2.5；对镦粗后需进一步拔长的定料，该值应取(　　)。

39. 奥氏体钢处理的目的在于获得(　　)的单向奥氏体组织。

40. 扣模有单向扣模、双向扣模及连续不断扣形的(　　)三种结构形式。

41. 自由锻造水压机在试运转前应对水压机本体、操作系统、润滑系统和充水罐及管理系统进行(　　)。

42. 锻造所需坯料的规格应按其质量和镦粗、拔长规则以及锻造比的要求，先计算出所需(　　)，再按照实有坯料规格选用。

43. 自由锻造前，需根据锻件质量、轮廓尺寸、(　　)、工序方案，结合车间实际情况确定锻造设备。

44. 奥氏体不锈钢锻件锻后采用空冷之后。还需进行固溶处理，其目的是使冷却过程中析出的碳化物全部溶解于奥氏体中，获得单相奥氏体，提高(　　)。

45. 镦粗高温合金坯料时,应尽量使其(　　)。

46. 要使钢料加热迅速,可以通过增强辐射传热或加快(　　)两个途径实现。

47. 加热火次需根据各工序工作量的大小,坯料(钢锭)的冷却速度、坯料出炉、(　　),以及所用的设备、工具等情况而定。

48. 为保证大型锻件的质量,除了保证钢锭冶炼质量,采用合理的(　　)之外,还必须采用或设计出先进的工艺完成锻造。

49. 锻造原材料表面裂纹、折叠等缺陷,在锻造前必须清除干净,要求清洗凹槽使其圆滑,宽深比应(　　),以免锻造时锻成折叠。

50. 锻件端部拔长时,为了避免出现(　　)及保证锻件的尺寸,拔长部分应有足够的长度。

51. 芯棒拔长前应预热到150～250℃,使用过程中,空心芯棒应用水冷却,操作中注意翻转角度均匀,压下量要保证(　　),芯棒高度要适应,在水平位置锻造。

52. 为了避免拔长端部出现凹心和裂纹,在坯料较短的情况下,应先将坯料一端或两端(　　)再切肩拔长。

53. 用不同的拔长、镦粗锻造比可调整锻件不同方向(　　)的要求。轴向(纵向)力学、性能要求高的,可增大拔长锻造比;对横向性能要求高的,可采用镦粗工序;综合力学性能要求高的,可采用一次或两次镦粗拔长工序。

54. 钢中含有Cr、Ni、Mo等合金元素可使表面生成一层透气性很差的薄膜,其膨胀系数与钢接近,在加热过程中能附在钢的表面,起到保护作用,从而减少钢的(　　)。

55. 合金钢锭和5 t以上的碳素钢钢锭在镦粗前必须进行倒棱,倒棱时压下量控制在30～50 mm,操作要轻、要快,以保证(　　),使镦粗时不产生表面缺陷,同时减少钢锭锥度,去除棱边,以减小钢锭镦粗时的不均匀变形。

56. 奥氏体的硬度和强度较低,而塑性较高,具有良好的(　　)变形能力。

57. 中心压实法又叫降温锻造法,它是将高温坯料空冷或强制冷却到始锻温度,使其表面形成一层硬壳,而中心保持高温塑性状态,内外产生(　　)的温差,再用专用纵向平砧强力压下,以获得中心部分锻透压实的效果。

58. 锤上模锻工步包括镦粗、拔长、滚压、卡压、成型、弯曲等制坯工步,预锻和终锻等模锻工步及(　　)工步。

59. 对高速钢锻造来说,随着(　　)的增加,碳化物不均匀度级别逐渐降低。

60. 不同种类的金属应选用不同的温度头,对导热性好的钢材可取(　　),对导热性差的合金取50～80℃,对一般结构的小型坯料可取200～250℃。

61. 一级保养是以操作工人为主,维修工人配合,对设备进行(　　)的工作。

62. 锻模和锤杆在工作前必须预热到(　　)左右,这样使锻模和锤杆处在提高强度下工作,可减少和避免其断裂,特别对锻模来说,可以减少高温坯料在模膛中散热,有利于金属充满模膛。

63. 锻造用的有色金属及其合金除铜及铜合金外,有钛及钛合金、铝及铝合金等,这些金属及其合金,一般都具有密度小、强度高、导电性和(　　)、抗腐蚀性好等优点。

64. 空气锤是(　　)的锻造设备。

65. 采用测温笔和接触式测温计可以测量放于地面上的(　　)以下的钢材温度。

66. 锻造圆轴拔长时,应首先把坯料锻成方形截面,当方形截面(　　)时,倒棱成八角形,再倒棱成十六边形,最后摔圆。

67. 自由锻造大中型锻件多采用各种规格的(　　),而锻造小型锻件则采用各种规格的坯料。

68. 镦粗时始锻温度采用材料允许的(　　),并应烧透。

69. 水压机锻造中要防止偏锻,当心引起本体摇晃,这会使(　　)倾斜,恶化立柱、工作缸、活塞的受力情况、偏心锻造会造成连杆的松动和断裂。

70. 为了满足锻压设备朝高精方向发展,以及满足精锻工艺对加热时少无氧化的要求,锻前钢料尽量采用(　　)。

71. 机械性能试棒的位置及尺寸应以零件图及(　　)为准。若锻件长度小于 3 000 mm 时,应在锻件冒口端留一个试棒,当锻件长度大于 3 000 mm,则应在锻件两端各留一个试棒。

72. 低倍试料的位置应留在机械性能试棒(　　),其数量与试棒相同。

73. 锻模预热到 250℃时,其(　　)明显提高,且预热后的锻模,减小了坯料降温速度,改善了金属流动条件,减少锤击次数,所以,锻模使用前必须预热到规定的温度。

74. 锻模的 4 个侧面中有 2 个互相垂直的侧面,对垂直度要求比较高,这 2 个侧面构成所谓的检验角。在制造模具时,检验角是模膛划线加工的基准面,安装和调试时,检验角是检验上下模(　　)的基准面。

75. 在自由锻锤上拔长高温合金时,每火总压下量为 40%～70%,水压机上允许变形量比锤上高。为获得细小均匀的晶粒组织,(　　)加热温度应控制在晶粒急剧长大的温度(1 100～1 130℃)以下,但温度不应过低。

76. 大型轴类锻件(主要指水压机锻件)的余面重量计算公式是(　　)。

77. 确定自由锻造设备需根据锻件重量、轮廓尺寸、(　　)、工序方案结合车间实际情况来确定。

78. 三角带的两种失效形式是打滑和(　　)。

79. 二级保养是以维修工人为主,操作工人参加的对设备进行(　　)的工作。

80. 高速钢的组织中,化学成分是极不均匀的,这种碳化物的不均匀性叫做(　　)。

81. 图样规定的配合有(　　)、过盈配合和过渡配合三类。

82. 钢料加热产生的温度应力有轴向应力、(　　)和径向应力,其中中心的轴向应力值最大。

83. 影响钢料氧化和脱碳的因素有(　　)、加热时间、加热温度和钢的化学成分等几个方面。

84. 确定锻造温度范围的原则是:要求钢在锻造温度范围内具有良好的塑性和(　　),能生产出优质锻件;锻件温度范围尽可能宽些,有利于减少加热火次。

85. 少无氧化加热方法应用于精锻生产中的有:快速加热、(　　)与少无氧化火焰加热等。

86. 碳钢的导热性在升温到 800～850℃以前,是随着温度升高而(　　)的,当超过此温度时略有增大。钢坯的导热性比钢锭好。

87. 对流快速加热可将加热速度提高 5 倍,除了具有辐射快速加热的优点外,由于炉膛内壁的温度(　　),有效地改善了炉子的工作条件。

88. 金属加热过程中，坯料与氧化性气体如氧气、(　　)和水蒸气发生剧烈的氧化反应，形成氧化皮。

89. 由于合金钢的再结晶温度比碳钢高，故其始锻温度需相应提高到(　　)。

90. 金属材料的热胀冷缩系数与金属种类和加热温度有关。一般钢材的冷缩率可取(　　)，奥氏体不锈钢可取 1.5%～1.7%。

91. 设备累计运转(　　)后要进行符合规定内容要求的二级保养。

92. 蒸汽-空气锤常见的故障有打击无力、(　　)、活塞脱落、锤头卡死、导轨拉毛和操作不灵等。

93. 平锻机在工作过程中常见故障有飞轮空运转和设备空行程时电流过大、离合器发热或不结合 、闷车、(　　)和锻造超差等。

94. 模锻锤的操纵机构是由马刀杆、调节器、各杠杆及拉杆、脚踏板等组成，整个操纵机构相应地连接在砧座、机架和气缸上，通过拉杆、杠杆和滑阀(　　)连接操纵设备。

95. 交流电是指大小和方向随着(　　)按一定规律作周期性变化的电流。

96. 水压机在试运行中要检查管路系统、操作系统和水压机本体的工作循环、(　　)等是否达到设计和使用要求。

97. 钢锭压钳把除保证尺寸符合要求，还必须表面光滑、无弯曲、(　　)。

98. 冷变形强化的工艺方法包括冷扩孔、(　　)楔块扩孔和液压胀孔等。

99. 拔长时坯料的送进量 L 与单面压下量 h 之比应大于 1～1.5。若 $h>L$ 则锻件会产生折叠。为了保证锻件表面平整光滑，每次送进量应不超过砧宽的(　　)倍。

100. 锻件进行低倍检查，可以检查出锻件内部金属疏松、(　　)、外来夹杂的级别程度，以及有无白点、裂纹等缺陷。

101. 钢锭拔长时，为使其内部锻透，应在高温下采用大压下量进行，相对送进量 L/h 应为(　　)较合适。

102. 一般的饼形锻件都需滚圆以消除其侧面鼓形，但其直径与厚度之比(　　)时，可不滚圆。

103. 锻件图是检查(　　)锻件是否合格的技术文件，是编制工艺、设计工装、检具以及加工部门验收锻件、制定机加工工艺、设计夹具的依据。

104. 确定加热火次需根据各工序工作量的大小、(　　)、坯料出炉、运输和更换工具所需时间的多少以及所用设备、工具情况而定。

105. 大型曲轴余量质量公式为(　　)。

106. 在锻造中应避免偏心锻造、锻造(　　)和很薄的坯料。

107. 平锻机安装步骤是：机架—主滑块—夹紧滑块 侧滑块—曲轴—(　　)—传动部分—制动器保险装置—空气及润滑系统—电气装置。

108. 水压机上拔长时，送进量 L 与截面高度 H 之比应在(　　)范围内；对塑性较好的材料，可降到 0.4；锤上拔长时，L/H 为 0.6～0.8。

109. 护环强化是利用加工硬化的原理，提高奥氏体钢(护环钢)力学性能和(　　)的工艺方法。

110. 无损检验有(　　)和超声波探伤。

111. 切边模是切除锻件飞边用的，它一般由(　　)和冲头组成。

112. 两个齿轮正确啮合的条件是(　　)要相等,压力角也要相等。

113. 钢锭拔长时,对于中小钢锭来说,如果用操作机夹持时,可先倒棱后(　　),这样倒棱的温度高,锻合皮下缺陷效果好。

114. 对要求粗加工后进行热处理的零件,首先应定出机械加工夹头、(　　)、试验位置和尺寸、粗加工余量、绘制出粗加工图,然后简单画出加工图、加上机械加工余量和锻件公差,绘制出锻件图。

115. 拔长过程中截面变化的经验公式,由圆形到扁方时,当 $H<0.5B$ 则 $D=$(　　),$H\geqslant 0.5B$ 则 $D=\sqrt{H^2+B^2}$。

116. 高速钢反复镦拔成型时,只计算拔长的锻造比,其总锻造比等于(　　)的和。

117. 锻造高温合金钢用的锻模模膛,其表面粗糙度值应不大于 $Ra1.6\ \mu m$,锻模和工具应预热到(　　),并采用润滑剂。

118. 铜合金可以在火焰加热炉内加热,但最好在(　　)内加热,以便能准确地控制温度。

119. 以铁元素为基体加入其他合金元素的耐热钢为铁基高温合金,这种合金正火后的组织又可分为珠光体型、马氏体型和(　　)三种类型。

120. 高速钢具有含碳元素和合金元素高、(　　)严重、金属组织不均匀、塑性差的特点,加热必将产生很大的组织应力。

121. 高速钢锻造方法有单向镦粗、单向拔长转向反复镦拔、(　　)、滚边锻造等。

122. 高速钢一般采用电阻炉加热,并严格控制炉温,温差不得超过±10℃;当用火焰加热炉加热时,应严格控制燃料中含硫量,以免生成低熔点的 Ni_3S_2,这种低熔点物质呈网状分布于晶界,使坯料产生(　　)现象。

123. 三视图的基本投影规律是:(　　);主、左视图高平齐;俯、左视图宽相等。

124. 大型钢件内部缺陷主要有缩孔、疏松、(　　)、夹杂、气泡穿晶裂纹等。

125. 少无氧化加热,不但可以(　　),提高锻件尺寸精度和降低其表面粗糙度值,而且还可以延长模具的使用寿命。

126. 自由锻件所用坯料的质量等于(　　)和各工艺废料质量之和。

127. 模锻件常用的清理方法有(　　)、滚筒清理和酸洗清理。

128. 钢锭在走扁方拔长过程中由于压下量大,迫使(　　)变形剧烈,当拔长到扁方时,坯料上、下难变形区开始变形了。因此,这种方法是提高锻件内部质量的有效方法之一。

129. 高合金钢中合金元素的总含量提高,一般都在(　　)以上,其组织结构与碳素钢和低合金钢有着根本的区别,锻造难度较大。

130. 高速钢的锻造缺陷常见的有碎裂、对角线裂纹、(　　)、表面横向裂纹与折叠、表面纵向裂纹及萘状断口等。

131. 剖视图所使用的面叫剖切平面,与剖切平面接触的部位叫(　　)。

132. 清理钢坯表面缺陷的方法常用风铲清理、(　　)、电弧气刨清理、磨削清理、磨床清理和剥皮清理等。

133. 介质保护加热就是在坯料表面四周采用保护介质,使之与氧化性炉气隔开进行加热。采用的保护介质有气体介质、(　　)以及固体介质。

134. 常用的套模有(　　)和闭式套模两种。

135. 摩擦压力机具有锤和压力机的功能,通常的能力参数有两个,即吨位和(　　)。

136. 机器的主体由原动机、(　　)、传动部分。

137. 模锻件常用的防腐方法有涂漆和(　　)等。

138. 自由锻造高温合金应采用上下 V 型砧拔长,对部分塑性较低的高温合金锭应采用(　　)拔长。

139. 高温合金在镦粗时不允许一次连续镦完,而应停留(　　)的时间再进行镦粗,这样可提高总变形量。

140. 确定钢的始锻温度,首先必须保证(　　)现象,对碳钢来说,始锻温度应低于 $Fe\text{-}Fe_3C$ 相图的固相线 150~250℃,此外还应考虑坯料组织、锻造方式和变形等因素。

141. 用芯棒拔长时,拔长薄壁筒形锻件应采用(　　)拔长,拔长厚壁筒形锻件采用上平下 V 型砧拔长。

142. 正确使用和维护锻模,其中包括(　　)、控制终锻温度、及时润滑冷却和清除氧化皮,随时间修磨出现的缺陷等。

143. 锻锤运转(　　)h 要进行 1 次满足规定内容要求的一级保养。

144. 钢锭加热规范分为(　　)两类,大型冷锭又按不同材质的导热性能分组和根据材料截面大小确定不同的加热范围。

145. 钢锭由冒口、锭身和底部组成,自由锻造用钢锭一般为多角形的钢锭,钢锭越大,锭身越大,锭身角数越多。大型钢锭有 8 角形、12 角形和(　　)角形等。

146. 钢材和中小钢坯加热规范,其始锻温度为(　　)加热温度,可稍许超过热温度,装料炉温一般不受限制,可高温装炉,尽量采用最大可能的加热速度,当坯料加热到始锻温度后,断面尺寸小的坯料可立即出炉锻造,断面尺寸大的坯料,虽需保温但时间很短。

147. 钳工划线主要步骤,首先要看清图样,然后是工件清理涂色、(　　)、划线,最后在线条上冲眼。

148. 金属在塑性变形时存在有弹性变形的定律,说的是金属的弹性变形总是和塑性变形同时存在的,即在塑性变形时一定具有(　　)。

149. 极限变形程度,是指金属坯料在一次变形中不致发生破坏,所允许的最大(　　),也称作塑性极限。

150. 所谓金属的软化过程,是指把加工硬化的金属,加热到回复或者(　　)温度以后,能够对加工硬化起到不同程度消除作用的过程。

151. 把金属在"回复"温度以下的变形称作冷锻;在"回复"温度以上,再结晶温度以下的变形称作(　　);在等于或高于再结晶温度以上的变形称作热锻。

152. 锻透性与坯料本身的塑性及变形外部条件有关,变形外部条件包括:设备能力大小,锻造温度、受力状态、(　　)和工、模具形状大小等。

153. 选择锻造比大小的主要依据是:金属材料种类、(　　)、工序种类和锻件尺寸等。

154. 热变形金属,只要在锻造中对变形温度、变形程度、变形(　　)进行合理控制,就可以消除锻后加工硬化痕迹。

155. 气割下料常见的端面质量问题和缺陷有:端面裂纹、(　　)、涡流凹坑和平行凸凹割痕。

156. 燃料燃烧时所放出热量的多少,主要与燃料的种类和(　　)有关。

157. 燃料在加热炉中燃烧时,过剩空气越多,被废气带走的热量也越多,不仅增加了

(　　),而且加剧了被加热金属的氧化和脱碳。

158. 红热锻件冷却之前主要存在有:(　　)应力、温度应力和组织应力三种。

159. 锻件采用灰砂冷却时,入砂温度一般不应低于(　　)℃,周围蓄砂厚度不少于80 mm,锻件出砂温度应在150℃左右。

160. 用于锻模的材料应满足在300～600℃条件下具有良好的冲击韧性、导热性、(　　)和抗热耐磨性。

161. 水压机四个工作循环动作是空程向下、(　　)、回程和悬空。

162. 胎模锻件和模锻件所采用的冲孔连皮的形式有:端面连皮、平底连皮、(　　)、拱式连皮和带包连皮五种。

163. 造成锤杆断裂主要原因是经常(　　)锻造、冷锻,锤杆材料不良,锤头与导轨间隙过大以及冬季时预热不好造成。

164. 在确定自由锻件下料重量时,除考虑锻件重量外,还必须考虑各种损耗,而损耗主要是包括(　　)、切头损耗、冲孔芯料损和工艺特殊损失四个方面。

165. 对于第一个工序是镦粗的锻件,在确定坯料截面大小和高度时,必须考虑既要符合镦粗规则,又要便于下料的原则,还要考虑设备的(　　)。

166. 在设计和制造摔子时,应满足下列基本使用要求,即不夹肉、不(　　),毛坯在摔腔中顺利转动,摔制表面光洁。

167. 高合金钢的锻造性能与普通结构钢相比有(　　)和塑性低两个显著特点。

168. 为了保证胎模锻造精度,在合模上一般采用(　　)定位、锁扣定位、导销-锁扣定位或导销定位的方法。

169. 自由锻或水压机上的型砧锻,常用的主要工序有拔长、摔滚和(　　)三种。

170. 钳工常用的划线工具有:划线平台、(　　)、圆规和单脚规、高度尺和游标卡尺和角尺、样冲、样板等。

171. 同一吨位的锻锤,模锻锤的底座是落下部分重量的(　　)倍,而自由锻锤仅为10～15倍。从而使模锻锤的打击效率大大提高。

172. 锤杆与活塞孔锥度配合不当,或者是模具高度(　　),锤杆长度短致使活塞撞击缸底等,也是造成锻锤使用中活塞活落的其中原因。

173. 终锻模膛是依据热模锻件图设计确定的;主要制坯模膛是依据与锻件图截面相等原理,采用(　　)和截面图的方法并经过一系列计算设计确定的。

174. 锻模"三心"是指:模块中心、锻模中心、(　　)。

175. 对锻模的重量要求是,上模不得超过锻锤吨位的(　　),下模重量不限。

176. 从摩擦压力机结构上和工作上的特点来看,它是一种兼有(　　)和机械压力机双重特性的锻压设备。

177. 顶镦类锻件成型基本特点是:杆端(　　)成型,而杆身基本上不变。

178. 按金属流动方向与凸模运动方向的关系,挤压成型分为正挤压、反压、(　　)、径向挤压四种类型。

179. 热模锻压力机通常是采用粗大的偏心轴代替(　　),连杆也多为整体式,用以抵抗大的变形抗力,这是与普通曲柄压力机结构上的不同点之一。

180. 热模锻压力机模锻件可分为水平投影为圆形、方形锻件、长轴类锻件、(　　)四种类型。

181. 无论是垂直分模平锻机还是水平分模平锻机,单次行程都包括送料阶段、(　　)、镦锻阶段、退料阶段四个阶段。

182. 垂直分模平锻机夹紧力大约是主滑块镦锻力的(　　)。

183. 水平分模平锻机夹紧力大约是主滑块镦锻力的(　　)。

184. 当坯料加热温度(　　),使变形抗力增大,冲头不能把坯料镦到预定的形状和尺寸时,会使平锻机造成闷车。

185. 平锻机模锻件一般分为局部镦粗类锻件、孔类锻件、(　　)锻件、联合锻造类锻件四种类型。

二、单项选择题

1. 金属材料发生屈服时所对应的最小应力值称为(　　)。
(A)弹性极限　(B)屈服强度　(C)抗拉强度　(D)极限应力

2. 金属材料发生不可逆永久变形的能力称为(　　)。
(A)强度　(B)塑性　(C)硬度　(D)弹性

3. (　　)硬度值是根据压头压入被测定材料的深度来确定的。
(A)布氏　(B)洛氏　(C)维氏　(D)肖氏

4. 洛氏硬度C标尺所用的压头是(　　)。
(A)金刚石圆锥体　(B)淬硬钢球　(C)硬质合金球　(D)普通钢球

5. 金属铬(Cr)具有(　　)晶格。
(A)体心立方　(B)面心立方　(C)密排六方　(D)面心六方

6. $Fe\text{-}Fe_3C$ 相图上的 ES 线可用代号(　　)表示。
(A)A_1　(B)A_3　(C)A_{cm}　(D)A_2

7. 铁碳相图上的共析线是(　　)线。
(A)$ABCD$　(B)ECF　(C)PSK　(D)AH

8. 球化退火一般适用于(　　)。
(A)合金结构钢　(B)合金工具钢　(C)普通碳素结构钢　(D)高速钢

9. 正火的冷却速度(　　)退火的冷却速度。
(A)小于　(B)等于　(C)大于　(D)略小于

10. 对于亚共析钢,当加热到(　　)以上时,珠光体开始向奥氏体转变。
(A)A_{c1}　(B)A_1　(C)A_{r1}　(D)A_{cm}

11. 为了改善T10钢的切削加工性,通常采用(　　)处理。
(A)完全退火　(B)正火　(C)球化退火　(D)不完全退火

12. 用65Mn钢做弹簧,淬火后应进行(　　)回火处理。
(A)高温　(B)中温　(C)低温　(D)多次

13. 车削是以(　　)的旋转作为主运动,车刀的运动作为进给运动的切削方法。
(A)工件　(B)车刀　(C)机床　(D)主轴

14. 铣刀是(　　)切削刀具。
(A)单刃　(B)　双刃　(C)多刃　(D)螺旋刀刃

15. 刨削加工是利用刨刀对工件作水平相对(　　)运动的切削加工方法。

(A)圆周　　(B)曲线　　(C)直线　　(D)往复

16. 能进行多刀切削的刨床是(　　)。

(A)牛头刨床　　(B)龙门刨床　　(C)单臂刨床　　(D)插床

17. 磨削加工的磨具工作时相当于(　　)的加工方法。

(A)单刃切削　　(B)多刃切削　　(C)打磨　　(D)抛光

18. (　　)用来制造成有一定切削速度、形状较为复杂的成型刀具。

(A)高速钢　　(B)硬质合金　　(C)陶瓷刀片　　(D)金刚石

19. 工件每转 1 周,车刀沿进给方向的相对移动的距离即为(　　)。

(A)切削用量　　(B)切削速度　　(C)进给量　　(D)背吃刀量

20. 旋转表面的工序余量一般是(　　)。

(A)对称余量　　(B)非对称余量

(C)对称或非对称余量　　(D)不定

21. 在常温下刀具材料的硬度应在(　　)以上。

(A)60 HRC　　(B)50 HRC　　(C)80 HRC　　(D)20 HRC

22. 高速钢是含(　　)等合金元素较多的工具钢。

(A)钨、铬、钒　　(B)钨、钛、铬　　(C)镍、钒、钼　　(D)钼、钛、镍

23. 车刀的切削刃是(　　)。

(A)直线　　(B)曲线　　(C)直线或曲线　　(D)螺旋

24. 对切削抗力影响最大的是(　　)。

(A)工件材料　　(B)背吃刀量　　(C)刀具角度　　(D)刀具材料

25. 某一表面在一道工序中所切除的金属层深度为(　　)。

(A)加工余量　　(B)工序余量　　(C)总余量　　(D)切削用量

26. 零件的极限尺寸是在(　　)时确定的。

(A)加工　　(B)装配　　(C)测量　　(D)设计

27. 所谓理想尺寸,就是指零件的(　　)。

(A)实际尺寸　　(B)设计尺寸　　(C)加工尺寸　　(D)基本尺寸

28. 锭身采用(　　),可使金属凝固比较均匀和防止角偏析产生。

(A)圆形　　(B)方形　　(C)扁方形　　(D)多角形

29. 短粗锭的锭身锥度采用(　　),高径比为 1.5 左右,横截面形状采用 12、16 棱角数,冒口比例为 20%～24%。

(A)4%～7%　　(B)11%～12%　　(C)＜4%　　(D)＞12%

30. 夹杂按尺寸大小分为宏观夹杂、显微夹杂和超显微夹杂。夹杂尺寸大于 1 mm 的称为(　　)夹杂。

(A)宏观　　(B)显微　　(C)超显微　　(D)超宏观

31. 从高温钢液冷凝成固态钢锭时,体积发生(　　),如果没有钢液补充,则必然形成空洞。

(A)膨胀　　(B)不变　　(C)收缩　　(D)增大

32. 多角形钢锭比方形和扁方形钢锭产生穿晶的可能性(　　)。

(A)要多得多　　(B)要少得多　　(C)是相等的　　(D)要大

33. 为防止火焰切割清理后在切口表面形成龟裂，对切割清理时钢料的(　　)有一定要求。

(A)形状　　(B)大小　　(C)温度　　(D)表面

34. 风铲清理钢料表面缺陷，常用于清理表面缺陷面积较小的(　　)件，可铲除较深的裂纹、折叠等。

(A)高合金钢　　(B)高速钢　　(C)高温合金　　(D)结构钢

35. 铜、铝、钛等有色金属及其合金因塑性关系，一般都用(　　)下料。

(A)锯切　　(B)剪切　　(C)冷折　　(D)气割

36. 为防止剪切端面产生裂纹，对截面较大的低、中碳钢应预热到(　　)的蓝脆区进行剪切下料。

(A)50～100℃　　(B)250～350℃　　(C)750～950℃　　(D)1 000℃以上

37. 火焰切割下料，特别适宜(　　)坯料的下料。

(A)小截面　　(B)中等截面　　(C)大截面　　(D)圆截面

38. 采用先进可靠的工艺和正确的操作方法，保证锻件(　　)，减少废品损失，这是最大的节约。

(A)形状　　(B)材料　　(C)质量　　(D)大小

39. 当供给的空气量比燃烧实现完全燃烧所需的实际空气量多时，燃料燃烧火焰性质称为(　　)火焰。

(A)氧化性　　(B)中性　　(C)还原性　　(D)氧化还原性

40. 火焰加热时，控制炉内压力是通过升降(　　)来实现的。

(A)炉门　　(B)烟道闸门　　(C)燃料阀门　　(D)空气闸门

41. 火焰加热坯料，一般情况是，加热温度低于 600℃。氧化速度很慢，当温度超过(　　)后氧化过程急剧增加。

(A)700℃　　(B)800℃　　(C)900℃　　(D)1 000℃

42. 钢的化学成分对脱碳的影响很大，其中含碳量愈高，脱碳倾向则(　　)。

(A)愈大　　(B)愈小　　(C)不变　　(D)无规律

43. 对一般钢加热，导致晶粒粗化的主要因素是(　　)。

(A)加热时间　　(B)加热温度　　(C)加热速度　　(D)燃料成分

44. 防止坯料过烧，必须严格控制加热时的最高温度，一般要低于始熔线下(　　)。

(A)20～50℃　　(B)100～200℃　　(C)400～500℃　　(D)600℃以上

45. 晶粒长大的倾向与钢的成分和冶炼方法有密切关系。一般说，钢的含碳量增加，其奥氏体晶粒长大倾向(　　)。

(A)减小　　(B)增大　　(C)不变　　(D)较轻

46. 一般说来，碳钢的导热性比合金钢(　　)。

(A)好　　(B)差

(C)相同　　(D)随不同材质而不定

47. 有色金属及其合金的导热性比钢(　　)，而且都是随温度升高而增大。

(A)差　　(B)相同　　(C)好　　(D)极差

48. 各种碳钢在(　　)以前,热导率随着加热温度的升高而减小。

(A)300～350℃　(B)600～650℃　(C)800～850℃　(D)400～500℃

49. 经过锻造或轧制后的坯料,其导热性比钢锭(　　)。

(A)差　(B)好　(C)相同　(D)极差

50. 金属及其合金均具有热胀冷缩的性质,因此锻件在高温下停锻时测定的锻件尺寸,必须考虑到冷却后的(　　)。

(A)收缩量　(B)增长量　(C)胀大量　(D)线收缩率

51. 加热规范是指规定坯料从装炉开始到加热完了整个过程中各阶段的温度随(　　)变化的关系。

(A)时间　(B)截面　(C)燃料　(D)加热速度

52. 钢的始锻温度主要受(　　)的限制。

(A)过热　(B)过烧　(C)设备　(D)炉温

53. 钢锭因铸态组织较稳定,产生过烧倾向较小,因此钢锭的始锻温度比同钢种锻坯和轧材可高(　　)。

(A)3～5℃　(B)8～10℃　(C)20～50℃　(D)60～80℃

54. 确定终锻温度主要应保证金属在停锻前具有足够的(　　)和停锻后锻件能获得良好的组织性能。

(A)塑性　(B)强度　(C)硬度　(D)韧性

55. 终锻温度应高于(　　)温度,但不能过高,否则金属在冷却过程中晶粒继续长大形成粗大晶粒组织。

(A)过热　(B)再结晶　(C)过烧　(D)熔化

56. 过低的终锻温度,不但因抗力大,锻造困难,而且锻后再结晶不完全,产生一定的加工硬化,甚至产生锻造(　　)使锻件报废。

(A)夹杂　(B)粗晶　(C)裂纹　(D)折叠

57. 对碳的质量分数大于 0.3%的亚共析钢,终锻温度应在 A_3(GS)线以上 15～50℃,使钢在单相(　　)区内完成锻造。

(A)珠光体　(B)渗碳体　(C)铁素体　(D)奥氏体

58. 坯料允许的加热速度,是其在加热过程中不产生破坏(　　)的条件下所允许的加热速度。

(A)过热　(B)过烧　(C)裂纹　(D)塑性

59. 最小保温时间是指使坯料截面温差达到(　　)程度要求所需的最短保温时间。

(A)最大　(B)均匀　(C)最小　(D)最好

60. 为节约能源,减小过热和氧化,在加热规范中规定了(　　)保温时间。

(A)最大　(B)最小　(C)平均　(D)适当

61. 火焰加热时,要勤观察炉内压力,调节烟道闸门,使炉内保持较稳定的(　　)。

(A)大负压　(B)微正压　(C)大正压　(D)微负压

62. 当空气锤砧座下沉或上、下砧修磨量过大,使锤杆的安全线超过锤杆导套下端面(　　)时,锤应停止使用。此时应调换砧块或调整砧座的安装高度。

(A)2 mm　(B)5 mm　(C)8 mm　(D)12 mm

63. 水压机锻造变形速度较慢,有利于金属的(　　)来消除加工硬化,提高塑性,降低变形抗力。

(A)再结晶　(B)流动　(C)成型　(D)回复

64. 较大地改变坯料形状和尺寸,以获得锻件的工序称为(　　)工序。

(A)辅助　(B)基本　(C)修整　(D)校正

65. 钢锭拔长时,当拔长比大于(　　)之后,随拔长比的增大,形成明显的纤维组织,使横向力学性能指标急剧下降,导致锻件各向异性。

(A)1～2　(B)3～4　(C)4～5　(D)6～8

66. 为防止镦粗产生纵向弯曲,对圆柱形坯料,镦粗前的高度与直径之比不应超过(　　)。

(A)1～2　(B)2.5～3　(C)3～4.5　(D)5 以上

67. 在锤上镦粗时,为保证锻锤有一定的冲击距离,应使锤头的最大行程 H 和坯料的原始高度 h_0 之差(　　)0.25H。

(A)小于　(B)等于　(C)大于　(D)小于等于

68. 拔长时,每次送进量应(　　)单边压下量,否则易产生折叠。

(A)大于　(B)等于　(C)小于　(D)小于等于

69. 上、下平砧拔长时,压扁截面后坯料的宽度与高度之比应控制在(　　)之间,不能过大,否则在翻转 90°再压时,截面会发生弯曲,甚至产生折叠。

(A)2～2.5　(B)3～4　(C)5～6　(D)8 以上

70. 压肩的深度最好为台阶高度的(　　),但不能过深,否则拔长后就会在压肩处留下深痕,甚至使锻件报废。

(A)1/3　(B)1/2　(C)2/3　(D)3/4

71. 当锻件高度与外径之比小于 0.125 的薄圆饼形锻件冲孔时,采用垫环上冲孔(又称漏孔),其所需垫环(漏盘)的孔径应比冲头直径大(　　)。

(A)3～5 mm　(B)10～15 mm　(C)30～50 mm　(D)60～90 mm

72. 当冲孔直径为 400～500 mm 时,一般采用空心冲子冲孔,其所需漏盘孔径应比空心冲头外径大(　　)。

(A)5～10 mm　(B)10～15 mm　(C)30～50 mm　(D)60～90 mm

73. 一般当锻件质量小于 30 kg 时,冲孔后可用冲头扩孔(过孔)1～2 次;再加热一次,允许用冲头扩孔(过孔)(　　)次。

(A)2～3　(B)4～5　(C)5～6　(D)7～8

74. 马扛扩孔前毛坯外径 D_0 减内径 d_0 应不大于(　　)扩孔前毛坯高度 H_0。

(A)5 倍　(B)8 倍　(C)10 倍　(D)20 倍

75. 芯轴拔长,应尽可能采用较高的坯料,通常取坯料高度 H_0 为(　　)坯料外径 D_0。

(A)0.2～0.3　(B)0.6～1　(C)2～3　(D)4～5

76. 采用中心压实锻造方法,一般小砧宽度为坯料宽度的 70%,相对压下量控制在(　　)。

(A)2%～3%　(B)4%～5%　(C)7%～10%　(D)12%～15%

77. 宽平砧强压法(WHF 法)锻造时,对锻合钢锭中心部位孔穴性缺陷效果(　　),在大锻件生产中使用较为广泛。

(A)差 (B)较差 (C)较好 (D)一般

78. 宽平砧强压法(WHF)法,一般砧宽比取0.67～0.77,压下量取( ),始锻温度下的保温时间比普通锻造增加一倍。

(A)5%～10% (B)12%～16% (C)20%～25% (D)30%～35%

79. 高锰奥氏体钢的特点有:无磁性,变形硬化倾向( )(即随变形量增加,强度指标$\sigma_{0.2}$、σ_b迅速增加),常温及半热状态下塑性高。

(A)小 (B)大 (C)极差 (D)一般

80. 护环半热锻强化的始锻温度,一般低于( ),终锻温度不限。

(A)900℃ (B)750℃ (C)630℃ (D)500℃

81. 护环半热锻方法是固溶(奥氏体化)处理,坯料表面冷至半热锻始锻温度时,立即进行马杠扩孔,使金属变形强化,要求( )完成。

(A)一火 (B)两火 (C)三火 (D)多火次

82. 对带孔圆盘类锻件,当锻件高度与孔径之比大于( )倍时,孔允许不冲出。

(A)1 (B)2 (C)3 (D)4

83. 对台阶轴类锻件,当相邻直径之比大于( )时,可按省料原则将其中一部分的余量增大20%。

(A)1.5 (B)2 (C)2.5 (D)4

84. 碳素钢锻件,钢锭底部切除量一般为钢锭总质量的( )。

(A)1%～2% (B)5%～7% (C)12%～15% (D)20%以上

85. 合金钢锻件,钢锭底部切除量一般为钢锭总质量的( )。

(A)1%～2% (B)3%～4% (C)5%～6% (D)7%～10%

86. 采用轧材或锻坯拔长锻制锻件时,按主体截面计算,一般选锻造比$Y\geqslant1.5$,按法兰或凸台部分计算,一般选锻造比$Y\geqslant$( )。

(A)1.1 (B)1.2 (C)1.3 (D)1.4

87. 若合金钢锻后冷却和热处理不当,锻件表面由于温度应力过大,可能产生裂纹,内部可能产生( ),将会造成锻件最终废品。

(A)裂纹 (B)白点 (C)夹杂 (D)气孔

88. 锻后冷却规范,一般地说,钢锭锻制的锻件比钢坯锻制的锻件冷却速度( )。

(A)慢 (B)快 (C)相同 (D)不同

89. 锻后冷却规范的关键是冷却( )。

(A)时间 (B)温度 (C)速度 (D)环境

90. 锻后炉冷,是将锻后温度不低于500～650℃锻件装入炉内缓慢冷却。通过调节炉温可任意控制冷却速度。一般出炉温度应低于( )。

(A)450℃ (B)350℃ (C)250℃ (D)150℃

91. 对无相变的奥氏体钢、铁素体钢和所有的有色金属,锻后均采用( )冷却。

(A)缓慢 (B)快速 (C)中速 (D)较慢

92. 高合金钢组织结构类型复杂,而且加热到高温时,往往不是单一的奥氏体或铁素体,可能同时存在金属化合物和碳化物等多种组织,有时还可能存在低熔点共晶体和非金属夹杂物。因此,塑性一般都(　　)。

(A)很好　(B)较好　(C)较差　(D)最好

93. 高合金钢加热,必须采用低温装炉和缓慢升温的加热方法,以防止在加热时产生裂纹。当温度升到(　　)以上,钢的塑性提高,导热性改善后可快速升温。

(A)450℃　(B)600℃　(C)850℃　(D)1 000℃

94. 高合金钢铸锭晶粒粗大,偏析严重,晶界脆弱,塑性差,因此开始锻造时必须(　　)。

(A)轻击　(B)重击　(C)快击　(D)连击

95. 高合金钢锻造,在接近终锻温度时必须(　　),以防锻裂和残余应力过大。

(A)重击　(B)轻击　(C)快击　(D)连击

96. 高速钢锻造中经完全冷却的锻件,需重新入炉加热时,最好预先进行(　　)处理,以消除残余应力。

(A)淬火　(B)调质　(C)正火　(D)退火

97. 高速钢锻造的首要任务就是(　　),并使其分布均匀。

(A)锻造成型　(B)破碎碳化物　(C)降低硬度　(D)消除莱氏体

98. 拔长高速钢时送进量应合适,若送进量过大将导致十字裂纹,过小则变形不能深透,一般控制在坯料锤击方向高度的(　　)倍。

(A)0.1～0.2 倍　(B)0.3～0.4 倍　(C)0.6～0.8 倍　(D)1.0 倍以上

99. 高速钢在开锻前必须将砧子预热至(　　)。

(A)50～70℃　(B)80～100℃　(C)150～250℃　(D)300～350℃

100. 奥氏体不锈钢加热时应避免与含碳物质接触,并不得采用(　　)气氛加热,以免坯料渗碳使奥氏体晶界贫铬而降低晶间抗腐蚀能力。

(A)还原性　(B)氧化性　(C)中性　(D)保护性

101. 奥氏体不锈钢锻后采用(　　)。

(A)炉冷　(B)空冷　(C)坑冷　(D)灰冷

102. 黄铜在(　　)范围内塑性最低,叫脆性区,若在该温度锻造易出现裂纹、折叠等缺陷。

(A)100～200℃　(B)200～300℃　(C)300～700℃　(D)800～900℃

103. 铜合金导热性好,可直接将坯料装入高温炉中加热,其加热时间可按(　　)计算。

(A)0.1～0.2 min/mm　(B)0.4～0.7 min/mm

(C)1.5～3 min/mm　(D)4～5 min/mm

104. 铝合金加热时,坯料装炉前应清除油污和其他脏物,炉内不能留有钢材,以免铝屑和氧化铁屑混在一起而发生(　　)。

(A)爆炸　(B)裂纹　(C)熔化　(D)夹杂

105. 在1 000～1 200℃的范围内,各类钛合金的变形程度都达到(　　)以上,而且铸态钛合金的塑性也能提高到接近锻态的塑性。

(A)60%　(B)70%　(C)80%　(D)90%

106. 低倍检验钢中硫化物分布状况,(　　)法是唯一有效的检查方法。

(A)酸蚀　(B)硫印　(C)断口　(D)碱蚀

107. 锤上锻造应将锻件或胎模始终放在锤砧的中心部位,而且首锤应(　　),以免锻件、工具或火星飞出伤人。

(A)重击 (B)轻击 (C)连击 (D)快击

108. 水压机上修整冷锻件时,只允许用(　　),并且上砧落到锻件上时不得有冲击。

(A)低压 (B)中压 (C)高压 (D)最大压力

109. 模锻锤在生产中,锤头的上下摆动是靠调节(　　)来实现的。

(A)滑阀的上下位置 (B)月牙板与锤头斜面的位置

(C)节气阀开关手柄的位置 (D)锤杆和滑套之间的间隙

110. 锻锤和无砧座锤的运动形式主要区别是(　　)。

(A)有无砧座 (B)打击能量大小

(C)打击方式(即冲击与对击) (D)传动方式

111. 热模锻压力机的操作系统是通过(　　)来实现。

(A)电气系统 (B)离合器系统

(C)电气-压缩空气控制系统 (D)摩擦系统

112. 热模锻压力机在工作中,常出现故障的部位是(　　)。

(A)传动系统 (B)离合器系统 (C)电气系统 (D)制动系统

113. 平锻机有(　　)安全保险装置,以保证坯料在夹持和镦锻时不致损坏设备。

(A)1套 (B)2套 (C)3套 (D)4套

114. 平锻机单次行程是通过(　　)阶段来实现。

(A)2个 (B)3个 (C)4个 (D)5个

115. 影响摩擦螺旋压力机正常工作的主要易损件是(　　)。

(A)蜗轮蜗杆 (B)传动带

(C)飞轮上的摩擦带(片) (D)滑块

116. 在液压机的液压系统中,主要用于起保护作用的是(　　)。

(A)溢流阀 (B)减压阀 (C)安全阀 (D)节流阀

117. 切边压力机和切边液压机都是用于切边的专用设备。在选型上主要是从(　　)方面进行考虑的。

(A)价格 (B)台面尺寸 (C)公称压力 (D)操作简便

118. 设备的一级保养是以操作工人为主,机修工人配合,对设备进行(　　)的工作。

(A)部分解体修理 (B)全面擦拭保养

(C)局部拆卸检查调整 (D)大修

119. 特种锻造设备的安全技术除与常见模锻设备的安全技术有相似之处外,首先应重点防止的是(　　)。

(A)操纵系统失灵 (B)不超负荷使用设备

(C)预检预修 (D)不空打

120. 锻造自动生产线采取的安全措施中,千万不可忽视的一点是(　　)。

(A)加强巡回检查

(B)加强日常维护保养

(C)加强对操作者及维修人员的技术知识培训

(D)严格执行操作规程

121. 噪声对人的影响是多方面的,防治最根本的方法是(　　)。
(A)治理环境　(B)采取消声措施
(C)从声源上进行治理　(D)佩带隔声设施

122. 粉尘按其性质可分为无机、有机和混合性粉尘三种。游离 SiO_2 粉尘能引起的职业病是(　　)。
(A)支气管哮喘　(B)肺炎　(C)矽肺　(D)肺痨

123. 高温作业分为三种类型,锻造车间属于(　　)类高温作业。
(A)高温、强辐射型　(B)高温、高湿型　(C)夏季露天作业　(D)高温污染型

124. 在工作现场,当发现重度中暑人时,应采取的紧急措施是(　　)。
(A)送到阴凉处休息　(B)喝清凉饮料以补充水和盐的损失
(C)立刻送医院抢救　(D)吃防中暑药

125. 长轴类锻件一般指锻件长度与宽度和高度的尺寸比例(　　)。
(A)较小　(B)相等　(C)较大　(D)为 3∶2

126. 模锻长轴类锻件时毛坯轴线与打击方向(　　)。
(A)垂直　(B)平行　(C)相互成 60°　(D)相互成 45°

127. 叉类锻件特点是具有(　　)的外形。
(A)长轴类　(B)圆盘类　(C)丫叉状　(D)偏方状

128. 备料工序一般是将(　　)按模锻工艺要求的规格尺寸,用锯床、剪切机或其他下料手段切割成变形工序要求的坯料的加工工序。
(A)原材料　(B)钢锭　(C)锻件　(D)铸件

129. 加热工序是按工艺要求的(　　)和生产节拍将原材料进行加热的工序过程。
(A)加热速度　(B)加热温度　(C)保温时间　(D)加热炉

130. 变形工序是指(　　)在内的锻造工序。
(A)预锻和终锻　(B)制坯工步和成型工步
(C)加热和模锻　(D)自由锻造和模型锻造

131. 锻后工序的作用是弥补(　　)不足,使锻件能完全符合锻件图的要求。
(A)前道工序　(B)锻造工艺　(C)操作方法　(D)模具工装

132. 检验工序一般包括(　　)。
(A)自检自查和中间检查　(B)过程控制和最终判定
(C)中间检验和最终检验　(D)质量管理和质量控制

133. 检验项目一般是根据锻件的(　　)确定的。
(A)检验规程　(B)工艺要求　(C)技术要求　(D)复杂程度

134. 在模锻过程中,飞边槽桥部宽度尺寸增加,金属沿分模面流出的阻力(　　)。
(A)减小　(B)成倍减小　(C)增加　(D)基本不变

135. 在模锻过程中,飞边槽桥部高度尺寸增加,金属沿分模面流出的阻力(　　)。
(A)减小　(B)成倍减小　(C)增加　(D)基本不变

136. 在模锻过程中,为了增加金属沿分模面流出的阻力主要采取(　　)。
(A)减小飞边桥部高度　(B)增大飞边仓
(C)增加飞边仓部宽度　(D)增加飞边仓部高度

137. 方、圆类锻件模锻工步一般采用(　　)。

(A)预锻—终锻　　(B)镦粗—成型

(C)镦粗—终锻　　(D)镦粗—成型—终锻

138. 对方、圆类锻件模锻时，要掌握合适的镦粗高度，以免出现(　　)等缺陷。

(A)折叠和充不满　　(B)裂纹和欠压　　(C)氧化坑和缺肉　　(D)缺肉和欠压

139. 一般选用直径等于平均直径的坯料，不经过制坯工步就直接模锻，其结果必然会出现头部(　　)现象。

(A)料有余　　(B)充不满　　(C)欠压　　(D)缺肉

140. (　　)制坯工步一般先将轴线展开成直线，并增加一道弯曲制坯工步。

(A)弯曲类锻件　　(B)长轴类锻件　　(C)叉类锻件　　(D)枝芽类锻件

141. 一般在拔长工序时，操作锤头打击力(　　)。

(A)要大　　(B)要小　　(C)要先重击后轻击　　(D)要先轻击后重击

142. 拔长时要正确掌握每次打击的送进量，过大的送进量并不能得到大的(　　)。

(A)欠压量　　(B)增长量　　(C)变形量　　(D)翘曲量

143. (　　)需要的打击力较小，打击力过大会产生折叠现象。

(A)拔长　　(B)弯曲　　(C)滚挤　　(D)终锻

144. 滚挤操作主要是(　　)，而没有送进和退出。

(A)打重锤　　(B)打轻锤　　(C)翻转　　(D)卡压

145. 锻件进行预锻时打击力比终锻时(　　)。

(A)要大　　(B)要小　　(C)相近　　(D)相等

146. 预锻模膛与终锻模膛的中心对锻模中心的距离不一样，一般预锻模膛中心偏离锻模中心(　　)。

(A)较近　　(B)较远　　(C)200 mm　　(D)400 mm

147. 预锻时当预锻模膛中心偏离锻模中心太远时，较大的打击力会产生较大的偏心力矩，这样会造成设备(　　)受到严重影响。

(A)寿命　　(B)性能　　(C)精度　　(D)零部件

148. 预锻有凸台锻件时，坯料必须在模膛中放正，否则会使锻件在终锻时产生(　　)。

(A)折叠　　(B)错差　　(C)折纹　　(D)欠压

149. 锻模中设置有预锻模膛不可不用，坯料不经预锻直接终锻，则(　　)。

(A)锻件易出现裂纹　　(B)模膛操作易产生错移

(C)终锻模膛易堆塌　　(D)加速终锻模膛的磨损

150. 为防止锻件的错移、折叠和其他质量问题，关键取决于(　　)时的操作正确与否。

(A)预锻工步　　(B)终锻工步

(C)制坯(弯曲、滚挤)工步　　(D)检查验收工序

151. 要使锻件容易脱离模膛和提高终锻模膛的使用寿命，一般都要选用(　　)。

(A)油和盐水　　(B)锯木屑和煤粉　　(C)润滑剂冷却剂　　(D)二硫化钼和水

152. 在锻打薄形锻件时，特别要控制(　　)在其公差范围内。

(A)锻件长度尺寸　　(B)锻件宽度尺寸　　(C)锻件高度尺寸　　(D)锻件起模斜度

153. 锻模被打裂一般发生在终锻工步，因此特别注意锻模的(　　)。这一点在天气寒冷

时更为重要。

(A)预热　(B)检验角　(C)行程高度　(D)材质

154. 当模锻件脱模困难时,在锻模平面部位放一平整的垫铁轻轻锤击,使锻件受振动而出模,使用的垫铁必须是(　)制成的。

(A)高温合金　(B)高合金钢　(C)低碳钢　(D)高碳钢

155. 热模锻压力机(　)一定,速度较慢,惯性力小,金属在一次行程内完成变形。

(A)每次运行时间　(B)冲击力

(C)单位时间的冲击次数　(D)滑块行程

156. 对横截面形状复杂的锻件,热模锻压力机比锤上模锻更容易产生(　)。

(A)折叠　(B)欠压　(C)裂纹　(D)错移

157. 热模锻压力机上模锻用锻模飞边槽形式与锤上模锻(　)。

(A)相同　(B)完全不同　(C)相似　(D)完全相同

158. 热模锻压力机上模锻较锤上更容易将(　)压入锻件表层。

(A)氧化皮　(B)炉渣　(C)废铁屑　(D)脱落的螺钉

159. 充分地运用热模锻压力机的特性,模锻中可以得到(　)的锻件。

(A)表面光洁　(B)性能好　(C)符合图样　(D)精度较高

160. 因为热模锻压力机(　)精度高,所以可以模锻出高质量的锻件。

(A)导向　(B)模具　(C)曲柄滑块　(D)机械部件

161. 使用热模锻压力机可以得到精度较高的锻件,锻件的机械加工余量的平均值在0.4～2 mm范围内较锤上模锻件小(　)。

(A)10%～20%　(B)60%～70%　(C)70%～80%　(D)30%～50%

162. 热模锻压力机上采用的变形工步分为(　)两类。

(A)制坯和模锻　(B)制坯和预锻　(C)制坯和镦粗　(D)弯曲和滚锻

163. 预锻模膛的作用是使坯料近似于(　)形状。

(A)热毛坯锻件　(B)锻件　(C)预锻毛坯　(D)自由锻毛坯

164. 挤压有(　)两种方式。

(A)镦粗和成型　(B)正挤压和反挤压　(C)拔长和滚挤　(D)预锻和终锻

165. 镦粗工步不仅可以降低坯料高度,增大直径有利于终锻成形,而且能去掉一些(　)。

(A)氧化坑　(B)氧化皮　(C)表面缺陷　(D)炉渣

166. 若锻件端面变化不超过10%～15%时,可采用(　)。

(A)卡压—终锻　(B)预锻　终锻

(C)滚挤—终锻　(D)卡压—预锻—终锻

167. 当锻件很小时,可以采用(　)的模锻方式。

(A)尺寸较小的模具进行锻造　(B)直接下料进行锻造

(C)预锻+模锻　(D)一模多件

168. 若锻件宽度与毛坯直径之比大于(　)时,应增加压扁工步。

(A)1～1.8　(B)1.6～2　(C)2～2.5　(D)2.5～3

169. 在热模锻压力机模锻过程中,若终锻温度过低,变形力太大时,会发生压力机(　)

现象。

(A)压力不足 (B)震动 (C)闷车 (D)操作失灵

170. 锻件终锻后应及时出模,以防模具( )。

(A)模膛堆塌 (B)尺寸变形 (C)过热 (D)破裂

171. 摩擦螺旋压力机模锻工艺特点是由( )决定的。

(A)锻件的形状 (B)操作规程 (C)设备的状况 (D)设备的性能

172. 摩擦螺旋压力机既有模锻锤的一些工作特性,又有( )的一些工作特性。

(A)曲柄压力机 (B)自由锻锤 (C)热模锻压力机 (D)水压机

173. 摩擦螺旋压力机在工作过程中有一定的( )作用。

(A)冲击 (B)缓冲 (C)静压 (D)挤压

174. 摩擦螺旋压力机工作过程中行程不固定,设备带( )装置,可完成一些模锻锤上难以锻造的锻件。

(A)报警 (B)导向 (C)缓冲 (D)顶料

175. 使用摩擦螺旋压力机在锻件成型中,滑块和工作台之间所承受的力由压力机( )所承受。

(A)框架结构 (B)模具结构 (C)顶出结构 (D)导向装置

176. 摩擦螺旋压力机滑块( )较慢,可以在一个模膛内进行多次打击变形。

(A)行程速度 (B)转动速度 (C)回程速度 (D)冲击速度

177. 摩擦螺旋压力机承受偏心载荷的能力较差,通常用于( )模锻。

(A)单模膛 (B)2 个对称模膛 (C)3 个模膛 (D)多个模膛

178. 在摩擦螺旋压力机上模锻,金属( )的能力低于锤上模锻。

(A)塑性变形 (B)充填模膛 (C)挤压流动 (D)受热传递

179. 制坯设备除选用自由锻锤外,还有扩孔机、电镦机和( )等。

(A)摩擦压力机 (B)平锻机 (C)辊锻机 (D)曲柄压力机

180. 辊锻机用于( )模锻件。

(A)圆盘类 (B)杆类 (C)叉形类 (D)枝芽类

181. 由于平锻机用的模具是组合和镶块式,因而( )的消耗较少。

(A)模具钢 (B)原材料 (C)能源 (D)加工时

182. 平锻机锻造过程中,坯料水平放置,其长度不受( )的限制。

(A)设备行程 (B)设备吨位

(C)设备空间 (D)设备主滑块运动方向

183. 由于平锻机模锻时有 2 个分模面,所以能锻出 2 个( )的锻件。

(A)不同高度和凸台 (B)不同长度和凹挡

(C)不同平面和凹挡 (D)不同方向和凹挡

184. 由于平锻机模具的起模斜度小,所以可以节约大量( )。

(A)金属材料 (B)能源 (C)人力物力 (D)模具工装

185. 用平锻机模锻( )锻件时,剩余料头较多,应该充分利用。

(A)圆盘类 (B)方孔类 (C)长轴类 (D)孔类

186. 对于深孔锻件或非回转体锻件,一般需要采用( )。

(A)镦粗工步 (B)预锻工步 (C)终锻工步 (D)制坯工步

187. 浅孔薄壁锻件对( )形状设计有一定的要求。

(A)预锻毛坯 (B)终锻毛坯 (C)自由锻件 (D)环形锻件

188. 为简化模具结构及工艺过程,要求坯料直径尽可能等于( ),这样可以省去卡细后切芯料工步。

(A)冲孔高度 (B)冲孔直径 (C)冲孔斜度 (D)冲孔间隙

189. 模锻件质量检验的目的在于保证模锻件质量符合规定的( )。

(A)技术要求 (B)工艺规程 (C)技术标准 (D)工艺图样

190. ( )和划线是保证批量模锻件合格的重要步骤。

(A)按规定操作 (B)现场鉴定 (C)技术服务 (D)随机抽检

191. 在空气锤上使用的型砧,上型砧面尺寸应小于( )。

(A)下型砧砧面尺寸 (B)锤杆截面 (C)燕尾面 (D)承击面

192. 模锻件质量检验的内容,除了锻件外观检验和力学性能检验外,还包括( )。

(A)内部质量检验 (B)磁粉检验 (C)硫印检验 (D)酸蚀检验

193. 锻件尺寸和形状的检验应以( )为依据。

(A)工艺件图 (B)热锻件图 (C)产品零件图 (D)冷锻件图

194. 没有设置锁扣的锻模,在模锻时经常发生( )。

(A)欠压 (B)错移 (C)压伤 (D)裂纹

195. 热模锻压力机锻模大多采用( )结构。

(A)镶块模 (B)整体模 (C)组合模 (D)复合模

196. 锻模在急冷急热的条件下,工作表面受到( )的交互作用,从而产生网状裂纹。

(A)热胀冷缩 (B)拉压应力 (C)疲劳应力 (D)高压高温

197. 锻模( )是锻模损坏的正常现象。

(A)磨损 (B)疲劳裂纹 (C)堆塌 (D)变形

198. 造成模膛变形的主要原因是( )。

(A)锻件尺寸偏大 (B)飞边桥部尺寸太小

(C)锻模温度高、自行退火所致 (D)锻模表面拉、压应力

199. 高温合金是指以( )为基,能在600℃以上高温抗氧化、抗腐蚀,并能在一定应力作用下可长期工作的金属材料。

(A)铁、铬、钒 (B)铁、钼、钴 (C)铁、钨、钒 (D)铁、铬、钼

200. 高温合金模锻时,模具设计一般采用( )锻模。

(A)多模膛 (B)模膛 (C)镶芯模 (D)组合模

三、多项选择题

1. 安全技术操作规程是根据( )等制定出的合乎安全技术要求的操作程序。

(A)不同的生产性质 (B)不同的生产场地 (C)不同的生产规模

(D)不同的机械设备 (E)不同的生产组织 (F)不同的工具性能

2. 文明生产要对操作设备做到"三好""四会","四会"的内容是( )。

(A)会使用 (B)会保养 (C)会维修

(D)会检查　　(E)会使用工、量具　　(F)会排除故障

3. 在设备的安全用电中，触电事故是极大危害的事故，常因用电设备的(　　)受到破坏而造成。

(A)电线　　(B)安全设施　　(C)绝缘
(D)电箱　　(E)电闸　　(F)电气元件

4. 为防止触电事故的发生，常采取对电气装置或电气设备进行(　　)保护的措施。

(A)断电　　(B)隔绝　　(C)接地
(D)接零　　(E)互锁

5. 链传动的失效形式主要有链条的(　　)，为减少链传动的失效，常在张紧和润滑上下功夫。

(A)磨损　　(B)疲劳　　(C)延伸
(D)胶合　　(E)剥落　　(F)拉断

6. 在带传动的平带传动中，平带的接头形式主要有(　　)。

(A)胶合　　(B)缝合　　(C)带扣
(D)螺栓　　(E)铆接　　(F)金属夹板

7. 在设备大修前的预检工作中，精度检查包括的内容有(　　)。

(A)外观精度　　(B)综合精度　　(C)几何精度
(D)机械精度　　(E)工作精度　　(F)传动精度

8. 确定修复件或更换件的主要技术因素有(　　)。

(A)对设备工作精度的影响　　(B)对设备几何精度的影响
(C)对规定的使用功能的影响　　(D)对生产效率的影响
(E)对零件应力变形的影响　　(F)对零件强度的影响

9. 设备的一级保养计划包括的内容有(　　)。

(A)保养部位　　(B)安排保养日期　　(C)保养所用时间
(D)参加人员　　(E)所用工具　　(F)保养内容及要求

10. 设备定期检查时，液压、润滑及冷却系统除清洗零件外，还应进行(　　)工作。

(A)调整　　(B)装配方法的改进
(C)修复其磨损、失效零部件　　(D)更换其磨损、失效零部件
(E)消除泄漏　　(F)试压

11. 设备在高温条件下作业，容易使润滑油的(　　)。

(A)闪点降低　　(B)水分增加　　(C)热稳定性差
(D)水溶性酸、碱增多　　(E)化学稳定性差　　(F)杂质增多

12. 设备的润滑油，当油性不足、粘度不适当时，会使(　　)。

(A)摩擦增大　　(B)乳化度增大　　(C)抗氧化性降低
(D)动能消耗增大　　(E)使用寿命减低　　(F)腐蚀作用增大

13. 设备在运行中，常出现的一些外观能感觉到的故障有(　　)。

(A)工件精度　　(B)传动链精度　　(C)发热
(D)润滑不良　　(E)噪声　　(F)振动

14. 摩擦离合器(片式)产生发热现象的主要原因有(　　)。

(A)间隙过大 (B)间隙过小 (C)接触精度较差
(D)机械传动不稳 (E)传递力矩过大 (F)润滑冷却不够

15. 机械传动磨损的形式有(　　)。
(A)气蚀磨损 (B)粘附磨损 (C)强度磨损
(D)腐蚀磨损 (E)磨粒磨损 (F)不平衡磨损

16. 机械传动的连接松动会引起机械运行中的(　　)等外观故障。
(A)几何精度 (B)传动链精度 (C)异常声音
(D)发热 (E)刚性变形

17. 由于(　　)的影响,机械设备在运行中会造成连接松动。
(A)摩擦 (B)振动 (C)刚性变形
(D)弹性变形 (E)冲击 (F)温差变化较大

18. 腐蚀磨损是金属材料与周围的介质发生了(　　)反应,再加上摩擦力的机械作用致使金属表面的材料脱落。
(A)氧化 (B)汽化 (C)生化
(D)熔化 (E)电化 (F)溶化

19. 液压系统产生振动,基本上是由(　　)引起的。
(A)液压泵输出的油压力不稳定 (B)液压系统中的油管太细
(C)空气进入液压系统、管道后的碰撞 (D)液压润滑油变质或黏度下降
(E)液压控制阀失灵 (F)机床导轨与液压缸不平行

20. 在设备几何精度检测中,对被测件和量仪的要求有(　　)。
(A)安置的稳定性 (B)接触的良好性
(C)结构良好的刚性 (D)耐热性
(E)振动对测量稳定性的影响 (F)耐磨性

21. 设备的故障精度,即工件精度超差主要有(　　)超差。
(A)尺寸精度 (B)几何精度 (C)形位公差
(D)传动链精度 (E)表面粗糙度 (F)噪声和发热

22. 设备精度故障的形位公差超差,其产生的主要原因有(　　)。
(A)设备的几何精度超差 (B)综合精度超差 (C)刚性、弹性变形
(D)刀具选择、调整不合适 (E)热变形 (F)测量不准确、不可靠

23. 金属材料的硬度表示了材料在静载荷作用下,(　　)性能。
(A)表面密度的增加 (B)抗其他硬物压入表面的能力增加
(C)表面抗拉能力的增强 (D)抵抗表面局部变形和破坏的抗力增强
(E)表面抗氧化性能的增强 (F)强度的另一种表面形式

24. 目前,机械设备常用的硬度试验方法有(　　)硬度试验。
(A)布氏 (B)洛氏 (C)里氏
(D)维氏 (E)高氏 (F)肖氏

25. 洛氏硬度试验法,确定硬度主要是用(　　)。
(A)钢球 (B)120°锥角的金刚石圆锥体 (C)规定载荷

(D)压入深度　(E)压痕直径　(F)压痕面积

26. 企业的文明生产,要求设备保持良好的技术状态,并且还要(　　)。

(A)保证设备的完好率　(B)做好设备的三级保养
(C)保证零件的加工精度　(D)配齐工具、夹具、量具、辅具
(E)做好环境卫生和工作准备　(F)配齐工位器具

27. 常用的机械传动中的V带传动,它所采用的V带是由(　　)构成的橡胶带。

(A)包布　(B)顶胶　(C)外覆聚氨酯
(D)钢丝绳　(E)抗拉体　(F)底胶

28. 机械传动件的(　　)状况不良可以产生噪声。

(A)精度　(B)冲击　(C)振动
(D)气流　(E)润滑

29. 机械传动中的同步齿形带传动,它的抗拉体一般有(　　)。

(A)帆布　(B)合成纤维　(C)帘布心
(D)绳心　(E)钢丝绳

30. 影响机械摩擦和磨损的因素很多,能降低摩擦和磨损的条件有(　　)。

(A)表面膜为氧化膜　(B)温度升高
(C)负荷加大　(D)金属相容性小
(E)金属为密排六方晶格　(F)金属表面和氮发生作用

31. 机械磨损的粘附磨损的磨损量与(　　)成正比。

(A)较软材料的屈服点　(B)负荷　(C)摩擦经历的路程
(D)材料的硬度　(E)金属的塑性变形　(F)材料的延伸率

32. 零件在其寿命的周期内,其磨损规律分(　　)阶段。

(A)接触　(B)磨合　(C)工作
(D)正常磨损　(E)急剧磨损　(F)破坏磨损

33. 零件的基准主要分为(　　)。

(A)定位基准　(B)装配基准　(C)设计基准
(D)工艺基准　(E)工序基准　(F)测量基准

34. 操作人员对于安全操作规程,应做到(　　),不允许上岗独立操作设备。

(A)应知　(B)应会
(C)未经接受安全教育　(D)未经领导同意
(E)未经专业培训　(F)未经安全教育考核合格

35. 金属材料的力学性能主要包括强度、塑性、(　　)等。

(A)硬度　(B)韧性　(C)抗疲劳性　(D)拉伸性

36. 金属材料的力学性能指标中,通过拉伸试验来测定的指标有(　　)。

(A)抗疲劳性　(B)强度　(C)硬度　(D)塑性

37. 金属材料强度特性的指标主要有(　　)。

(A)弹性极限　(B)屈服点　(C)抗压强度　(D)抗拉强度

38. 金属材料塑性评定指标是(　　)。

(A)断后伸长率　(B)屈服点　(C)断面收缩率　(D)弹性极限

39. 金属在静载荷作用下测得的力学性能有(　　)。

(A)韧性　(B)强度　(C)塑性　(D)硬度

40. 固态物质按其原子的聚集状态不同可分为(　　)。

(A)物体　(B)晶体　(C)非晶体　(D)晶粒

41. 金属晶体的常见结构有(　　)。

(A)密排八方晶格　(B)体心立方晶格　(C)面心立方晶格　(D)密排六方晶格

42. 金属晶体的结构缺陷有(　　)。

(A)点缺陷　(B)面缺陷　(C)体缺陷　(D)线缺陷

43. 提高金属材料力学性能的重要途径之一的固溶强化,分为(　　)。

(A)合金固溶强化　(B)组元固溶强化　(C)置换固溶强化　(D)间隙固溶强化

44. 在铁碳合金中的基本组织有(　　)。

(A)铁素体　(B)奥氏体　(C)珠光体

(D)渗碳体　(E)莱氏体　(F)魏氏体

45. 铁碳合金组织中是单向组织的是(　　),它们称为铁碳合金的基本相。

(A)珠光体　(B)铁素体　(C)奥氏体

(D)渗碳体　(E)莱氏体

46. Fe-Fe_3C 相图中的区域,有四个单相区域,分别是液相区和(　　)。

(A)奥氏体区　(B)铁素体区　(C)渗碳体区

(D)莱氏体区　(E)珠光体区

47. 制定热处理工艺主要就是确定(　　)三个基本参数。

(A)出炉温度　(B)加热温度　(C)保温时间

(D)冷却速度　(E)冷却时间

48. 钢的加热转变中遵循的结晶过程的基本规律是(　　)。

(A)晶核的形成　(B)晶核的长大

(C)残余渗碳体的溶解　(D)奥氏体的均匀化

49. 退火工艺的主要特点是缓冷,通常采用(　　)等方法来实现缓慢冷却。

(A)炉冷　(B)灰冷　(C)空冷

(D)坑冷　(E)风冷

50. 常用的退火方法有(　　)。

(A)完全退火　(B)扩散退火　(C)球化退火　(D)去应力退火

51. 生产中常采用的不同的淬火方法有(　　)。

(A)单介质淬火法　(B)双介质淬火法

(C)马氏体分级淬火法　(D)贝氏体等温淬火法

52. 回火通常按回火温度不同分为(　　)。

(A)低温回火　(B)调质处理　(C)中温回火　(D)高温回火

53. 常用刀具的材料有(　　)。

(A)合金工具钢　(B)高速钢　(C)硬质合金　(D)非金属材料

54. 切削刀具切削部分材料的的切削性能必须具备(　　)。

(A)高硬度　(B)高耐磨性

(C)足够的强度和韧性　　(D)高耐热性

55. 钢锭的外形结构由(　　)组成。

(A)上端冒口　(B)上端浇口　(C)中间锭身　(D)下端底部

56. 钢锭的内部结构分为细晶粒层、柱状晶粒层、(　　)。

(A)倾斜树枝晶区　　(B)粗大等轴晶粒区

(C)沉积堆　　(D)冒口区

57. 钢锭内部缺陷有偏析、夹杂、气体、缩孔、(　　)。

(A)裂纹　(B)疏松　(C)穿晶　(D)溅疤

58. 钢锭外部缺陷有(　　)。

(A)裂纹　(B)溅疤　(C)偏析　(D)缩孔

59. 锻件中通常存在的非金属夹杂物有(　　)等。

(A)氮化物　(B)硅酸盐　(C)硫化物　(D)氧化物

60. 锻造下料的常用方法有(　　)、砂轮切割、火焰切割及其他特殊下料方法。

(A)锯切　(B)剪切　(C)剁料　(D)冷折

61. 根据空气供给量的多少,燃烧火焰性质可分为(　　)。

(A)碱性火焰　(B)还原性火焰　(C)中性火焰　(D)氧化性火焰

62. 金属在加热过程中可能产生的缺陷除氧化、脱碳外,还有(　　)。

(A)过热　(B)过烧　(C)裂纹　(D)白点

63. 钢在加热过程中,影响氧化的因素主要有(　　)。

(A)炉气成分　(B)加热温度　(C)加热时间　(D)钢的化学成分

64. 钢在加热过程中,产生的氧化皮的危害有(　　)。

(A)造成坯料烧损　　(B)影响锻件的表面质量

(C)减低模具使用寿命　　(D)影响炉底的使用寿命

65. 钢的化学成分对脱碳的影响很大,能使脱碳现象增加的合金元素有(　　)。

(A)W　(B)Cr　(C)Al　(D)Si

66. 钢的化学成分对脱碳的影响很大,能阻止钢的脱碳的合金元素有(　　)。

(A)Cr　(B)Co　(C)Mn　(D)W

67. 一般钢中会增加钢过热倾向的元素有(　　)。

(A)C　(B)Mn　(C)S　(D)P

68. 为避免锻件产生稳定过热,在锻造工艺方面采取的措施有(　　)。

(A)严格控制加热时间　　(B)严格控制加热的温度

(C)保证有足够的变形量　　(D)控制加热后的冷却速度

69. 一般在钢的加热过程中,使钢容易产生过烧缺陷的元素有(　　)。

(A)Ar　(B)Cr　(C)Ni　(D)Mo

70. 一般在钢的加热过程中,能使钢减少过热缺陷的元素有(　　)。

(A)W　(B)Ar　(C)Cr　(D)Ni

71. 一般情况下能促进奥氏体晶粒长大的元素有(　　)。

(A)Mn　(B)Ti　(C)P　(D)Cr

72. 一般情况下可抑制奥氏体晶粒长大的元素有(　　)。

(A)Mo　(B)Ni　(C)Mn　(D)Si

73. 铁碳合金相图是表示(　　)之间关系的图形。

(A)冷却速度　(B)钢的成分　(C)温度　(D)组织

74. 一般来说,经加热后钢的力学性能下降的指标有(　　)。

(A)塑性　(B)强度　(C)硬度　(D)韧性

75. 与金属材料的导热性有关的因素有(　　)。

(A)材料的成分　(B)材料的性能　(C)加热温度　(D)加热速度

76. 锻造温度范围的确定原则是(　　)。

(A)在锻造温度范围内有良好的塑性

(B)在锻造温度范围内有较大的抗力

(C)在锻造温度范围内获得粗晶粒组织

(D)锻造范围尽可能宽一些,以便减少加热火次

77. 空气锤的操作动作有(　　)。

(A)悬空　(B)空行程　(C)压紧　(D)快锻

78. 自由锻冲孔的方式有(　　)。

(A)实心冲子冲孔　(B)垫环上冲孔　(C)空心冲子冲孔　(D)芯轴冲孔

79. 大型锻件中心压实法的变形方式有(　　)。

(A)下小平砧、上平台单面局部纵压　(B)上小平砧、下平台单面局部纵压

(C)上、下平砧双面局部纵压　(D)上下平砧拔长

80. 常用变形强化的方法有(　　)。

(A)半热锻强化　(B)冷变形强化　(C)液压胀形强化　(D)楔块扩孔强化

81. 胎模按工艺特点和模具用途可分为(　　)。

(A)制坯模　(B)预锻模　(C)成型模　(D)修整模

82. 常用锻件余热处理主要有(　　)。

(A)锻热回火　(B)锻热淬火

(C)锻热等温退火　(D)利用锻件部分余热处理

83. 高合金钢按在空气中冷却后的正火组织可分为珠光体钢、马氏体钢、(　　)。

(A)索氏体钢　(B)奥氏体钢　(C)铁素体钢　(D)莱氏体钢

84. 高合金钢再结晶时的特点(　　)。

(A)温度低　(B)温度高　(C)速度快　(D)速度慢

85. 高合金钢铸锭的特点是(　　)。

(A)晶粒粗大　(B)偏析严重　(C)晶界脆弱　(D)塑性好

86. 高合金钢按使用性能分为(　　)。

(A)合金工具钢　(B)高速钢　(C)不锈钢　(D)耐热合金钢

87. 不锈钢按组织类型可分为(　　)。

(A)莱氏体不锈钢　(B)铁素体不锈钢　(C)马氏体不锈钢　(D)奥氏体不锈钢

88. 高速钢锻造常用变形方法有单向镦粗、单向拔长、(　　)。

(A)滚边锻造　(B)宽砧锻造　(C)轴向反复镦拔　(D)径向十字锻造

89. 高速钢锻造时操作要点(　　)。

(A)严控锻造温度　　(B)严格执行"轻—重—轻"的操作方法
(C)温度均匀,变形均匀　　(D)拔长时送进量大

90. 高速钢锻后应及时进行退火处理,退火工艺有(　　)。
(A)球化退火　　(B)等温退火　　(C)普通退火　　(D)去应力退火

91. 高速钢锻造时,发生对角线裂纹的原因有(　　)。
(A)终锻温度较高　　(B)加热速度快,保温时间短,坯料未热透
(C)加热温度过高或高温下保温时间长　　(D)同一部位反复重击

92. 不锈钢与碳钢相比,锻造时表现为(　　)。
(A)导热性好　　(B)锻造温度范围宽　　(C)高温下抗力大　　(D)塑性低

93. 高速钢中心裂纹产生的原因是(　　)。
(A)加热时未均匀热透　　(B)锻造时温度偏高、锤击过猛
(C)坯料原有细小中心裂纹锻造扩大　　(D)锻造时温度太低、锤击过猛

94. 高速钢表面纵向裂纹产生的原因是(　　)。
(A)镦粗时温度过低　　(B)原坯料表面存在细微裂纹
(C)镦粗时变形量过小　　(D)锻后冷却过快

95. 热作模具要求模块具有(　　)。
(A)淬透性　　(B)高强度　　(C)高韧性　　(D)耐冷热疲劳性能

96. 平锻机单次行程可分为(　　)阶段。
(A)送料阶段　　(B)夹紧阶段　　(C)镦锻阶段　　(D)退料阶段

97. 模锻件按主轴线形状分为(　　)。
(A)叉类锻件　　(B)长轴类锻件　　(C)弯曲类锻件　　(D)方圆类锻件

98. 弯曲类锻件根据主轴线与分模线的形状分为(　　)。
(A)分模线平直,主轴线弯曲锻件　　(B)分模线弯曲,主轴线平直锻件
(C)分模线和主轴线都是弯曲的　　(D)分模线平直,主轴线是急弯的锻件

99. 模锻件的变形工序包括(　　)。
(A)制坯工步　　(B)镦粗　　(C)成型工步　　(D)预锻

100. 制坯工步一般有镦粗、(　　)等。
(A)镦锻　　(B)拔长　　(C)滚挤　　(D)弯曲

101. 通常锻件的检验项目包括(　　)等。
(A)尺寸　　(B)形状　　(C)表面质量　　(D)内部质量

102. 拔长工步的操作要点正确的是(　　)。
(A)拔长时打击力要小
(B)双手握钳在身体左侧或右侧
(C)每次送进量与拔长模膛坎部长度相等
(D)整个长度上将一面连续推上,然后再翻转 180°,将反面连续拉后

103. 模锻预锻工步操作要点正确的有(　　)。
(A)一般预锻时打击力比终锻时要大
(B)预锻时打击次数不宜过多,不能打靠
(C)预锻时,坯料必须在模膛中放正

(D)有预锻模膛可以不使用而直接用终锻模膛

104. 模锻件质量检验内容包括(　　)。

(A)外观尺寸形状检验　　(B)外观质量检验

(C)力学性能检验　　(D)内部质量检验

105. 锻件的内在质量的检验内容有(　　)。

(A)硬度检验　　(B)低倍检验　　(C)高倍检验

(D)断口检验　　(E)超声波探伤

106. 锻件硬度检验的目的是(　　)。

(A)保证锻件在机械加工有正常的切削性能

(B)判断锻件表面脱碳情况

(C)了解锻件组织的不均匀程度

(D)锻件质量好坏的依据

107. 锻件宏观检验方法有(　　)。

(A)酸蚀　　(B)断口　　(C)硫印　　(D)切片

108. 锻件的损坏形式主要有(　　)。

(A)锻模破裂　　(B)表面层热裂　　(C)磨损　　(D)变形

109. 高温合金按基本成型方式分为(　　)。

(A)变形高温合金　　(B)铸造高温合金

(C)焊接用高温合金　　(D)粉末高温合金

110. 高温合金按基本组成元素分为(　　)。

(A)铁基高温合金　　(B)镍基高温合金　　(C)铜基高温合金　　(D)钴基高温合金

111. 高温合金的锻造工艺特点有(　　)。

(A)变形抗力比合金结构钢大3～5倍

(B)产生较大的强化引起不均匀变形,产生粗晶混合组织

(C)易偏析,导致工艺塑性提高

(D)导热性好,可快速加热

112. 热锻模钢应具备(　　)。

(A)较高强度、硬度、良好的冲击韧度,较好的耐磨性

(B)导热性差

(C)较好的耐热疲劳性能

(D)较好淬透性

113. 胎模锻造是直接采用坯料或用自由锻造方法预锻成近似于锻件形状,然后在(　　)设备上用胎模终锻成型的。

(A)自由锻锤　　(B)模锻锤或模锻水压机

(C)曲柄热模锻压力机　　(D)自由锻水压机

114. 自由锻冲孔工序中所用的冲孔冲子,其形状一般是(　　)等几种。

(A)锥形　　(B)圆柱形　　(C)鼓形　　(D)套管形

115. 在锤上自由锻造台阶轴类锻件,其常用的锻造工序为(　　)。

(A)拔长　　(B)压痕　　(C)切割　　(D)校正

116. 在水压机上自由锻造台阶轴类锻件，其常用的锻造工序为(　　)。
(A)压钳口　(B)倒棱　(C)拔长(或镦粗拔长)
(D)压痕　(E)切割　(F)校正
117. 自由锻镦粗工序镦粗锻造比的计算方法是(　　)。
(A)镦粗后坯料的截面积和镦粗前坯料截面积之比
(B)镦粗后坯料直径和镦粗前坯料直径之比
(C)镦粗后坯料半径和镦粗前坯料的高度之比
(D)镦粗前坯料的高度和镦粗后坯料的高度之比
118. 拔长工序中拔长锻造比的计算方法是(　　)。
(A)拔长后坯料长度和拔长前坯料长度之比
(B)拔长前坯料横截面积和拔长后坯料横截面积之比
(C)拔长前坯料直径和拔长后坯料直径之比
(D)拔长前坯料半径和拔长后坯料半径之比
119. 冲子扩孔适用于具有下列相互尺寸关系的壁厚不太薄的锻件：(　　)。
(A)锻件外径 D 与孔径 d 之比大于 1.5　(B)锻件外径 D 与孔径 d 之比大于 1.6
(C)锻件外径 D 与孔径 d 之比大于 1.7　(D)锻件高度 H 大于 $0.125D$
(E)锻件高度大于 $0.15D$
120. 剪切法下料的坯料端面质量与下列因素(　　)有关。
(A)剪刀刃口锐利程度　(B)刃口间隙
(C)支承情况　(D)剪切速度
121. 节约原材料的途径，主要有下列几种：(　　)。
(A)采用先进可靠的工艺，保证锻件质量，减少废品
(B)采用特殊形式钢锭，提高钢锭利用率
(C)将大件料头用来锻造小件或改成小规格坯料
(D)按材料分类回收料头、飞边、冲孔连皮等
122. 胎模锻在中小型锻造工厂中得到广泛应用，它是一种适用于(　　)生产的锻造方法。
(A)小型锻件　(B)大中型锻件　(C)中小批量　(D)大批量
123. 胎模锻通常使用的设备是(　　)。
(A)空气锤　(B)蒸汽-空气自由锻锤
(C)蒸汽-空气模锻锤　(D)热模锻压力机
124. 合模在结构上的特点是设计了(　　)装置。
(A)去除坯料氧化皮装置　(B)飞边槽
(C)导向装置　(D)锻件顶出装置
125. 合模中所用的导销与销孔的配合，一为动配合，另一为静配合。当用动配合时，其间隙量的选取原则是(　　)。
(A)间隙量越大越好　(B)间隙量越小越好
(C)保证上下模的对中要求　(D)保证上下模活动自如
126. 导锁在长方形合模平面上的布置方式有(　　)等方式。

(A)对角　(B)三只角　(C)四只角　(D)两侧

127. 胎模锻件的切边冲孔多数在锤上进行,选用冷切的锻件材质不应是(　　)。

(A)中碳钢　(B)高碳钢　(C)低合金钢

(D)高合金钢　(E)滚珠轴承钢

128. 大型自由锻件车间所用锻造桥式起重机,其主要功能是(　　)。

(A)运送坯料或锻件　(B)坯料装炉出炉　(C)吊运模具

(D)配合锻造工序(翻转坯料等)　(E)将锻件运入下道工序

129. 模锻设备附属的装出料机承担的工作是(　　)。

(A)坯料的装炉　(B)坯料的出炉　(C)翻转锻件

(D)将坯料运到模锻设备上去　(E)将锻件运入下道工序

130. 自由锻锤吨位的选择主要是按照各企业中现有的锻造设备来选用,并结合(　　)的相关资料来确定。

(A)材料牌号　(B)锻件质量　(C)锻件形状　(D)锻件尺寸

131. 在常用模锻设备中,不允许超吨位使用的设备为(　　)。

(A)蒸汽-空气模锻锤　(B)热模锻压力机

(C)平锻机　(D)螺旋压力机

132. 撬棍是自由锻辅助工具之一,其使用规则规定的禁止条目中有(　　)。

(A)锤击时撬动工件　(B)工人用腹部压撬棍

(C)工人站在撬棍和锻锤之间作业　(D)两人同时撬动工件

133. 热模锻压力机用的锻模镶块,因设备的特性,决定了镶块一般只设置(　　)。

(A)拔长模膛　(B)滚压模膛　(C)预锻模膛　(D)终锻模膛

134. 热模锻压力机用的锻模镶块,其平面形状视锻件而定,一般采用的形状是(　　)。

(A)圆形的　(B)方形的　(C)矩形的　(D)梯形的

135. 安装和调整热模锻压力机镶块过程中有一道试锻步骤,试锻的主要目的是检查锻件的(　　)。

(A)几何尺寸　(B)表面缺陷　(C)错移　(D)飞边

136. 热模锻压力机锻模中单模膛矩形镶块安装后一般须调整模锻件的前后错移,调整是通过(　　)完成的。

(A)增减垫片　(B)修理矩形镶块

(C)松紧带螺杆的斜楔　(D)修理紧固镶块的零件

137. 锻造用的工模具的损坏形式是(　　)等。

(A)模膛表面粗糙度变粗　(B)破裂　(C)表层热裂

(D)磨损　(E)变形

138. 在外力作用和温度的影响下,锻模模膛内局部由于软化而被压塌或压堆,即所谓变形。常见的模膛局部变形的情况为(　　)。

(A)内陷　(B)压堆

(C)镦粗　(D)飞边桥部压塌

(E)分模面尺寸变大　(F)模膛深度尺寸变小

139. 固体燃料和液体燃料的不可燃物质主要包括(　　)。

(A)二氧化硫　(B)灰分　(C)水分　(D)杂物

140. 铁碳合金相图是钢材在极缓慢加热(或极缓慢冷却)的情况下，表示钢材(　　)之间直接关系的图形。

(A)温度　(B)成分　(C)组织　(D)力学性能

141. 锻件在加热时会出现奥氏体晶粒长大的现象，形成晶粒粗大和(　　)有关。

(A)加热温度高　(B)加热速度快

(C)高温下保温时间长　(D)锻件含碳量高低

142. 钢材加热后奥氏体晶粒会长大，但通过锻造一般都能细化，但在(　　)情况下，粗大的晶粒会保留到室温状态。

(A)锻造时金属的变形程度不够大　(B)锻件停锻温度太低

(C)锻件停锻温度太高　(D)锻件停锻后冷却速度太慢

(E)锻件停锻后冷却速度太快

143. 钢在加热时，产生氧化皮的本质是钢表层中的铁和炉气中的(　　)气体发生剧烈化学反应的结果。

(A)O_2　(B)CO_2　(C)H_2O

(D)N_2　(E)SO_2

144. 锻件如脱碳，引起的不良后果是(　　)降低。

(A)冲击韧度　(B)表面硬度　(C)强度和耐磨性

(D)疲劳强度　(E)延伸率

145. 过烧是锻件加热的严重缺陷，过烧的钢因为(　　)而成为废品。

(A)无塑性　(B)强度低　(C)脆性极大　(D)不可锻造

146. 钢材加热时，当加热速度过快，由于(　　)综合作用，使金属内部产生裂纹，导致锻件报废。

(A)上层坯料对下层坯料的压应力　(B)组织应力

(C)温度应力　(D)拉应力

147. 热作模具钢用于制造高温金属和液态金属变形的模具，常用的热作模具包括(　　)等。

(A)热锻模　(B)热镦模　(C)热挤压模　(D)压铸模

148. 热作模具钢在工作过程中反复受热和冷却，并且承受很大的工作载荷，这些载荷的一般形式为(　　)。

(A)拉力　(B)压力　(C)冲击　(D)弯曲

149. 热锻模块锻后热处理一般采用退火工艺，其目的为(　　)。

(A)提高模具力学性能　(B)细化晶粒

(C)消除锻造应力　(D)减低模块硬度

150. 对冷作模具钢性能的要求是(　　)。

(A)高硬度　(B)高耐磨性

(C)足够的强度和韧性　(D)热处理时变形小

(E)较高的淬透性　(F)良好导热性

151. 影响自由锻件机加工余量的因素比较多，其中选用小余量的因素为(　　)。

(A)锻件形状简单 (B)锻件机加工后表面粗糙度细
(C)设备情况好 (D)生产批量小

152. 影响自由锻件机加工余量的因素比较多,其中选用大余量的因素为( )。
(A)锻件的尺寸小 (B)原材料为钢锭而不是钢坯
(C)工具质量差 (D)工人操作水平高
(E)原材料表面质量次 (F)原材料材质为一般钢号

153. 在锻造生产时,锻件在各道加工工序或运输过程中,锻件可能产生( )变形。
(A)弯曲 (B)扭转 (C)翘曲 (D)形状改变

154. 为防止锻件冷却过程中变形太大,应选择合适的冷却规范以控制冷却速度,常用的冷却方法有( )。
(A)水中冷却 (B)空气中冷却 (C)坑、砂中冷却 (D)炉中冷却

155. 选择适当的锻件冷却规范,主要根据是( )。
(A)锻件材料化学成分 (B)锻件加热和锻造变形过程
(C)锻件截面形状、尺寸 (D)锻件组织状态

156. 机加工工序对锻件的要求,总的说来,是花费( )来满足零件图样的全部要求。
(A)最少的机加工工时 (B)最少的机加工工序道数
(C)最少数量的工具 (D)最少数量的夹具

157. 机加工工序要求模锻件表面无氧化皮供货,这是因为锻件氧化皮给机加工带来下列的问题:( )。
(A)把机加工工人衣服和手弄脏 (B)加速机加工刀具刃具的磨损
(C)损害机加工机床的精度 (D)有害机加工车间的工作环境

158. 有的锻件,尤其是精锻件,其技术要求中的某些要求实质属形位公差一类,这些要求常见的内容是( )。
(A)同轴度 (B)平面翘曲 (C)弯曲度 (D)残留毛刺

159. 合金结构钢锻件中的粗晶体组织,如果锻后热处理未得到改善,则在零件最终热处理( )常会引起马氏体针粗大和性能不合格,因而导致报废。
(A)零件调质 (B)淬火 (C)零件碳、氮共渗 (D)正火

160. 锻件内部质量检验方法之一是低倍检验,该法是用( )检查锻件断面上的缺陷。
(A)低倍放大镜 (B)较高倍数放大镜
(C)人的眼睛 (D)显微镜

161. 超声波探伤时检查锻件,特别是重要锻件内部的宏观缺陷,如裂纹、夹杂、缩孔、白点以及气泡的( )。
(A)形状 (B)位置 (C)大小 (D)危害程度

162. 自由锻件锻造时坯料表面出现横向较深的裂纹,原因很多,其中常见原因是( )。
(A)钢锭浇注不当 (B)钢锭脱模后冷却不当
(C)钢锭浇注时钢水中断 (D)钢水温度过低

163. 自由锻件表面的折叠缺陷产生的原因是( )。
(A)试锻温度过高或过低 (B)坯料直径过大或过小
(C)锻模设计不合理 (D)模锻工操作不当

164. 模锻时折叠引起的粗大裂纹，其裂纹附近有严重的(　　)现象。

(A)过烧　　(B)过热　　(C)脱碳　　(D)氧化

165. 模锻件高度尺寸超过图样正公差要求的缺陷称为欠压，产生欠压的常见原因是(　　)。

(A)原坯料尺寸过大　　(B)模锻吨位过小

(C)原材料材质问题　　(D)飞边桥部阻力过大

(E)加热温度过低或没有均匀热透

166. 模锻时常出现折叠缺陷，产生折叠较常见的原因是(　　)。

(A)试锻温度过高或过低　　(B)坯料直径过大或过小

(C)锻模设计不合理　　(D)模锻工操作不当

四、判 断 题

1. 金属材料的力学性能是指金属在外力作用时表现出来的性能。(　　)
2. 金属材料在拉断前所能承受的最小应力称为抗拉强度。(　　)
3. 试样拉断后的标距长度与原始标距长度的百分比称为断后伸长率。(　　)
4. 断面收缩率ψ比断后伸长率δ能更确切地反映材料的塑性。(　　)
5. 材料的断后伸长率和断面收缩率数值越大，表明其塑性越好。(　　)
6. 做布氏硬度试验的条件相同时，其压痕直径越小，材料的硬度越低。(　　)
7. 布氏硬度试验的压头球体直径通常使用直径为1 mm的。(　　)
8. 金属材料断裂前发生不可逆永久变形的能力叫做塑性。(　　)
9. 冲击韧度值越大，表示材料的韧性越好。(　　)
10. 韧脆转变温度越低，表示材料的低温冲击韧度越好。(　　)
11. 金属材料的力学性能是由其内部组织结构决定的。(　　)
12. 晶体具有各向同性的特点。(　　)
13. 一般来说，晶粒越细小，金属材料的力学性能越好。(　　)
14. 碳溶于γ-Fe中所形成的间隙固溶体称为铁素体。(　　)
15. 珠光体碳的质量分数为6.69%。(　　)
16. Fe-Fe_3C相图中，A_1与A_3临界点在加热时用AC_1与AC_3表示。(　　)
17. 对于亚共析钢，加热到AC_1以上时，钢中的珠光体将全部转变为奥氏体。(　　)
18. 提高加热温度能加速奥氏体的形成和均匀化。(　　)
19. 马氏体的硬度主要取决于它的碳含量。(　　)
20. 由于正火较退火冷却速度快，过冷度大，转变温度较低，获得组织较细，因此同种钢正火后的强度和硬度比退火的高。(　　)
21. 钢中碳的质量分数越大，则选择淬火加热的温度越高。(　　)
22. 淬透性好的钢，其淬硬性也好。(　　)
23. 钢进行回火的加热温度在AC_1以下，因此回火过程中无组织变化。(　　)
24. T10A钢锯片淬火后应进行低温回火。(　　)
25. 在主剖面内，切削平面与刀具前刀面之间的夹角叫前角。(　　)
26. 车刀的主后角是主剖面内，主后刀面和基面之间的夹角。(　　)

27. 切削用量包括背吃刀量、进给量和切削速度，它们的单位分别是 m、$m \cdot r^{-1}$ 和 $m \cdot min^{-1}$。(　　)

28. 加工精度是零件在加工后的几何参数与图样所注几何参数的符合程度。(　　)

29. 钢液纯净度高、铸态结晶结构合理、内部和表面缺陷少的钢锭才能算优质钢锭。(　　)

30. 钢锭底部和冒口区的质量差，缺陷多，锻造时必须全部切除。(　　)

31. 钢锭内的夹杂是指在冶炼、浇注过程中化学反应形成的夹杂物，它是夹杂的主要来源。(　　)

32. 砂轮切割下料，特别不适宜用于高温合金的下料。(　　)

33. 火焰切割下料，特别适宜小截面坯料的下料。(　　)

34. 燃料中的可燃物质与氧进行剧烈氧化反应的过程，称为燃料的燃烧过程。(　　)

35. 理想的燃料燃烧是用最少量的过剩空气来保证燃料的完全燃烧。(　　)

36. 还原性火焰温度低，加热速度慢，又造成黑烟，既浪费燃料又污染环境，因此一般不宜采用。但加热金属内外温度差别小，加热温度均匀，生成氧化皮少，故适用于高合金钢和较薄的坯料加热。(　　)

37. 火焰加热燃烧气氛是通过调节燃料和空气的比例来实现的。(　　)

38. 钢料在氧化性炉气中加热，形成的氧化皮很薄。(　　)

39. 钢料加热中，当钢中碳的质量分数大于 0.3%时，随着含碳量的增加，形成氧化皮将增加。(　　)

40. 钢中含有 Cr、Ni、Al、Mo 等合金元素时，可减少加热时氧化。(　　)

41. 不稳定过热是由于单纯原高温奥氏体晶粒粗大形成的过热，这种过热用一般热处理方法不能消除。(　　)

42. 对于没有相变重结晶的钢种(奥氏体型钢 1Cr18Ni9Ti、铁素体型钢 Cr17 等)，若产生过热，锻后采用热处理是可以消除的。(　　)

43. 有些钢的奥氏体晶粒不易长大，只有加热到较高的温度(930～950℃)后才急剧长大，这样的钢称为本质粗晶粒钢。(　　)

44. 钢在具体加热条件下获得的奥氏体晶粒大小称为钢的本质晶粒度。(　　)

45. 钢的导热性是指钢在加热(或冷却)时，其内部传导热量的能力。(　　)

46. 各种钢的热导率在高温下都将趋近一致，并能较低。(　　)

47. 各种钢在高温下的热导率低，导热性差，因此只能慢速加热。(　　)

48. 对塑性较低的高合金钢，以及不发生相变的钢种(如奥氏体型钢、铁素体型钢)也可参照含碳量相同碳钢来考虑锻造温度范围。(　　)

49. 为避免锻后晶粒粗大，对大锻件最后一火无论剩余锻比大小均需加热到材料允许的最高始锻温度。(　　)

50. 一般碳钢的锻造温度范围较宽，可达 400～580℃。而合金钢，尤其是高合金钢的锻造温度范围很窄，一般仅有 200～300℃。因此高合金钢锻造最困难。(　　)

51. 冬季，应将存放于露天的钢料运入车间避风处放置 2～3 d 后再入炉加热。(　　)

52. 当始锻温度下的保温时间达到最大保温时间而因故一时不能出炉锻造时，应将炉温降至 650～750℃，在此温度下保温时间不宜过长。(　　)

53. 新安装或经大修后的水压机，在试车前必须检查安装在立柱上的限程套位置是否正确，对限程面是否在同一水平面上可不作检查，但限程套必须紧固可靠。（ ）

54. 锻造比是保证锻件内部质量和满足性能要求的重要依据。（ ）

55. 高合金钢锻造，不仅要消除它的组织缺陷，而且还要使其中的碳化物有较均匀的分布，因此必须采取较大的锻造比。（ ）

56. 镦粗的始锻温度应采用材料允许的最高始锻温度，而且加热应均匀。否则会镦不动和产生镦粗弯曲及变形不均匀。（ ）

57. 拔长带台阶或凹挡锻件，应先用压棍压痕或用三角压肩分料后再拔出台阶和凹挡，这样可使过渡面平直，减小对相邻区的拉缩。（ ）

58. 圆截面坯料端部拔长时，其拔长部分的长度应小于1/3拔前坯料直径，否则易形成端部凹陷或夹层裂纹。（ ）

59. 冲孔毛坯直径与冲孔直径之比应大于2.5～3，否则冲孔后毛坯变形严重。（ ）

60. 冲子扩孔（过孔）时毛坯上端面略有拉缩现象，因此冲孔扩孔前毛坯高度 $H_0=10.5H$（H 为锻件高度）。（ ）

61. 冲子扩孔（过孔）适用于锻件外径 D 与孔径 d 之比大于1.7和锻件高度 $H \geqslant 0.125D$ 的壁厚不太薄的锻件。（ ）

62. 马杠扩孔，不适用于锻造扩孔量大的薄壁环形锻件。（ ）

63. 宽平砧强压法（WHF），是采用较大的砧宽比、大的压下量和在始锻温度下较长的保温时间，在上、下平砧上进行强力拔长。（ ）

64. 全纤维曲轴锻造是采用专用模具将曲轴的热变形纤维沿锻件外形连续分布，使坯料中心线与曲轴的轴线基本重合，机械加工后金属纤维不被切断。（ ）

65. 高锰奥氏体钢冷变形强化效果比半热锻好，不需要很大的变形率即可获得很高的 $\sigma_{0.2}$。（ ）

66. 胎模锻是在自由锻设备上，利用不固定于设备上的专用胎模进行模锻的一种工艺方法。（ ）

67. 锤上自由锻件的锻造精度分为两个等级。F级用于一般精度，E级用于较高要求，往往需要特殊模具和附加加工费用，因此只用于大批量生产。（ ）

68. 碳素钢锻件，钢锭冒口端切除量一般为钢锭总质量的14%～25%。（ ）

69. 合金钢锻件，钢锭冒口端切除量一般为钢锭总质量的25%～30%。（ ）

70. 为防止产生镦粗弯曲，镦粗前坯料高度 H 与直径 D（或边长 B）之比应控制在3.5左右。（ ）

71. 锻锤上镦粗时，为保证锻锤有一定的冲击距离，要求镦粗前坯料高度 $H_0 > 0.75H_{行程}$（$H_{行程}$ 为锻锤最大行程）。（ ）

72. 用轧材或锻坯拔长锻制锻件时，若按主体截面计算，一般选锻造比 $Y \geqslant 1.5$；若按法兰或凸台部分计算，一般选锻造比 $Y < 1.3$。（ ）

73. 饼、块类锻件的变形工序，一般是采用镦粗成型或镦粗、冲孔成型。（ ）

74. 轴、杆类锻件的变形工序，主要采用拔长工序成型。当不能满足锻造比要求或锻件横向力学性能要求较高，以及锻件有较大法兰时，则应采用镦粗、拔长工序成型。（ ）

75. 影响锻造加热火次的主要因素有：锻造过程所需的工时，钢锭（钢坯）冷却快慢，出炉

后运送和更换工具所需时间，所用设备、工具情况和设备与工具配合使用情况等。(   )

76. 按锻后冷却规范要求，一般地说，钢的化学成分复杂、白点敏感性强、锻件截面尺寸大，其冷却速度应快。(   )

77. 大型锻件锻后冷却常与锻后热处理结合进行。(   )

78. 大型锻件和对白点敏感的合金钢锻件，为了最大限度地使钢中的氢扩散析出，防止白点的产生，锻后热处理通常采用等温退火或起伏等温退火。(   )

79. 锻热淬火是指在热锻成型后立即加入淬火介质，以获得淬火组织的一种把锻造和淬火结合在一起的工艺。(   )

80. 高合金钢含合金元素种类多，合金元素含量高，这些元素不仅对钢的使用性能有影响，而且对锻造性能也有影响。(   )

81. 高合金锻造，主变形工序应在高温下进行，应避免在低温下进行倒角、冲孔和扩孔。(   )

82. 高速钢锻造用原材料应为退火状态，其硬度为 207～285 HBS。(   )

83. 高速钢锻造应严格控制最后一火的停锻温度，若停锻温度过高，会引起晶粒重新长大和网状碳化物聚集。并应保证最后一火有足够的变形量。(   )

84. 高速钢锻件锻后应及时进行退火处理，以消除残余应力，降低硬度，细化晶粒，便于切削加工和为淬火做好准备。(   )

85. 马氏体不锈钢锻件锻后冷却后应及时进行等温退火，消除内应力，以免在存放过程中和其他工序中发生开裂。(   )

86. 马氏体不锈钢加热的始锻温度过高，会出现 δ 铁素体，使塑性降低，锻造时容易开裂。加热过程中应避免脱碳，因脱碳也促使铁素体的形成。(   )

87. 模块锻造时必须标出钢锭轴心方向，避免在垂直轴心的横截面上刻模膛，以防止模膛落入偏析区而显著降低模具寿命。(   )

88. 热作模具钢产生白点的敏感性较大，因此锻后必须缓慢冷却和等温退火处理。(   )

89. 纯铜和普通黄铜，在锻造温度范围内具有良好的塑性和低的变形抗力，锻造性能好。(   )

90. 铜合金导热性好，可直接将坯料装入高温炉中加热。(   )

91. 含氧高的铜合金不宜在还原性气氛中加热，否则会使铜合金变脆(即所谓“氢气病”)，宜用微氧化性气氛加热。(   )

92. 铝合金锻造时，冲孔较困难，铝屑粘附在冲头上不易去掉，从而使孔壁粗糙，扩孔时容易产生裂纹和折叠等缺陷。若需扩孔，应对内孔进行粗加工后再扩孔。(   )

93. 钛合金具有良好的塑性，凡是一般结构钢能锻出来的锻件，用钛合金也能锻出来。(   )

94. 因钛合金变形抗力大，并随温度降低而显著增加，因此应选用较大吨位的锻造设备。(   )

95. 采用断口检查易发现过热、过烧、白点、分层、萘状和石状断口等缺陷。(   )

96. 在水压机上冲孔时，可用上、下砧压住锻件后，再用锻造桥式起重机拔出夹在锻件中的冲头。(   )

97. 锻锤工作的特点是具有冲击性,打击速度快,变形是在很短的时间内进行的。( )

98. 模锻锤在使用过程中,锤头上下摆动是由分配装置和操纵部分来完成的。( )

99. 热模锻压力机由于设备的刚性和稳定性较好,振动和噪声小,因此锻件尺寸精度较高,加工余量小,在小批、单件生产中被广泛应用。( )

100. 摩擦离合器的作用,不仅是传递扭矩,而且可在压力机超负荷时,经摩擦后打滑而对设备起到保护作用。( )

101. 平锻机冲头的行程和凹模夹紧力的大小都是不可调节的。( )

102. 压力机类型的模锻设备,最容易出现的故障是发生"闷车",但一般都有安全保护装置。( )

103. 切边液压机只有当需要切边压力大于 10 MN 时才选用,即切边液压设备公称压力较大。( )

104. 热模锻压力机与模锻锤相比,热模锻压力机更容易充满锻模模膛。( )

105. 在锤上模锻时,随着高度的减小金属变形力越来越大,且同高度的减小成正比。( )

106. 无论是开式模锻还是闭式模锻,其锻模的承击面积皆为去除模膛之后的上、下模接触面积。( )

107. 用磁粉检验法不仅可以发现锻件表面的缺陷,也可以发现锻件内部的缺陷。( )

108. 为防止模锻时出现错移现象,一般在锻模上都设置锁扣。( )

109. 造成模膛变形的主要原因是锻模预热不当造成的。( )

110. 较好的淬透性才能保证锻模整体具有均匀的力学性能。( )

111. 为了保证锻模的使用寿命,选用模具时应使模块材料的纤维方向与锤头打击方向相平行。( )

112. 钛合金流动性较差,所以在生产中、小型钛合金锻件时,一般都在压力机上进行模锻。( )

113. 在各类设备上模锻时,终锻模膛沿分模面必须设置飞边槽。( )

114. 对复杂的计算毛坯进行简化的原则是体积不变,即减少部分的体积等于增加部分的体积。( )

115. 在提高金属强度时,加工硬化现象应该说是无关重要。( )

116. 在模锻过程中,飞边槽桥部宽度尺寸增加,金属沿分模面流出的阻力增加。( )

117. 在模锻过程中,飞边桥部高度尺寸增加,金属沿分模面流出的阻力增加。( )

118. 在模锻过程中,为了增加金属沿分模面流出的阻力,主要采取减少飞边桥部高度。( )

119. 对杆类锻件一般选用直径等于平均直径的坯料时,可以不经制坯工步,直接模锻可以将锻件头部充满。( )

120. 制坯工步的选择在相当程度上取决于将杆部的多余体积转移到头部所必须的变形。( )

121. 根据制坯工步选择图,当 $K>0.05$ 时,用拔长加开式滚挤制坯为宜。( )

122. 模锻时拔长翻转方法是,在整个长度上将一面连续打击一遍,然后再翻转 180°。( )

123. 滚挤操作不仅是要反复翻转坯料,而且要有送进和退出步骤。( )

124. 弯曲工步需要较大的打击力,否则会造成坯料横向展宽,影响成型。( )

125. 因为预锻模膛中心偏离锻模中心较远,所以预锻时打击力比终锻时要大一些。( )

126. 当模锻时,模具虽有预锻模膛,但为提高工作效率,可以不使用预锻模膛而直接终锻。这样做仅影响模具寿命,但对锻件质量没有影响。( )

127. 正确的终锻工步操作可以防止锻件错移、折叠等质量问题。( )

128. 选用合适的润滑剂和冷却剂可以保证锻件的尺寸精度。( )

129. 与模锻锤相比,热模锻压力机滑块行程一定,但速度比模锻锤快。( )

130. 锤上模锻时坯料表面的氧化皮比压力机模锻更容易被打落和吹掉。( )

131. 压力机模锻"闷车"现象是因为终锻温度低、变形力大引起的。( )

132. 在自由锻模模膛布置上,要求砧边的壁厚或两模膛间壁厚大于 20 mm。( )

133. 拔长模膛可分为能限制拔长高度和不能限制拔长高度两种。( )

134. 平锻机的主滑块带动凹模沿水平方向运动,夹紧滑块带动凸模垂直于主滑块的方向运动。( )

135. 因为平锻机有两个分模面,所以能锻出两个以上不同方向的具有凹挡的锻件。( )

136. 在模具上设置导向机构的目的是防止欠压。( )

137. 锻模的损坏形式主要是磨损。( )

138. 铝合金锻件的锻造温度范围宽,流动性也较好。( )

139. 钛合金的收缩率比钢锻件大。( )

140. 高温合金分类方式有三种:按合金基本成型方式分类;按合金基本组成元素分类;按合金主要强化特征分类。( )

141. 高温合金按强化特征分为固溶强化型合金和时效硬化型合金两种。( )

142. 高温合金塑性变形形成的粗晶粒尺寸可以用热处理来细化。( )

143. 钢加热后内部组织的变化,会引起力学性能的变化。温度愈高,其强度愈低,塑性愈好,愈易锻造。( )

144. 淬火是将钢加热到一定温度,并保温一段时间,然后快速冷却,从而获得所需要组织的过程。( )

145. 随着钢加热温度的升高,氧化扩散速度加快,氧化过程剧烈,形成较厚的氧化皮。( )

146. 钢的始锻温度和终锻温度之间的一段温度区间被称为钢的锻造温度范围。( )

147. 钢在加热时,随着温度升高,物理化学性能不会发生任何变化。( )

148. 钢坯始锻温度比同种的钢锭始锻温度要高 20~50℃。( )

149. 回火是淬火后的钢在 AC_1 以下温度加热、保温、冷却,使其转变为较稳定的符合需要的组织。( )

150. 奥氏体钢和含有粗大晶粒铁素体组织,它们的终锻温度必须严格控制,不得过高,因为这些钢在冷却时粗大的晶粒不能通过再结晶来改变。( )

151. 正火是将钢加热到上临界温度以上,保温一段时间,然后在静止或流动空气中冷却,

使其组织重新结晶细化的工艺过程。( )

152. 热处理是将金属或者合金在固态范围内,通过加热、保温、冷却的有机配合,使金属或者合金改变内部组织而得到所需性能的操作工艺。( )

153. 锻锤工作的特点是冲击性强,打击速度快,变形在很短的时间内形成的。( )

154. 用冲子冲孔时,为避免将锻件胀裂,所用冲子不能增大。( )

155. 扩孔时应一直扩到成品尺寸,然后修整到尺寸要求。( )

156. 模锻方圆类锻件必须用镦粗平台制坯,这样既可以消除氧化皮,又可以使坯料尺寸近似锻件尺寸,有助于终锻时提高成型质量。( )

157. 拔长的作用在于使坯料增大水平尺寸,去除氧化皮。( )

158. 滚挤模膛可使坯料一部分断面积减小,而另一部分断面积增大。( )

159. 各种模锻所需的毛坯,其体积应当包括锻件、飞边、连皮、烧损及钳口料几部分。( )

160. 润滑是提高锻模寿命的主要措施。( )

161. 对切向性能要求很高的锻件,应当直接拔长。( )

162. 卡压模膛用于金属轴向流动不大、坯料需要局部聚积和压扁的情况。( )

163. 锻模生产过程中,其温度不应超过 400℃,否则将产生回火软化现象,容易被压塌和磨损。( )

164. 锻模经过淬火后即可投入使用。( )

165. 较低的锻造比才能破碎工具钢中的碳化物。( )

166. 锻造高速钢的镦粗次数决定于锻件对碳化物不均匀度的要求及原材料碳化物不均匀度的级别。( )

167. 奥氏体钢经过固溶强化处理后,达到无磁性要求,强度也有提高,经过变形强化,强度进一步提高。( )

168. 强度是材料受外力而不破坏或不改变本身形状的能力。( )

169. 金属在加热过程中可能产生的缺陷有:氧化、还原、脱碳、过热、过烧及内部裂纹等。( )

170. 铁素体不锈钢的晶粒在加热中易长大,加热时温度不可过高,应尽量缩短高温下的保温时间。( )

171. 钛合金的终锻温度主要决定于变形抗力。当冷却到 700～870℃时,其变形抗力是碳素钢终锻温度时变形抗力的数倍以上。( )

172. 水压机锻造变形速度较慢,有利于提高质量。因此锻造高合金钢的效果较好,可提高塑性,降低变形抗力。( )

173. 镦粗工序的始锻温度应比拔长工序的始锻温度高,应取该钢料允许的最高始锻温度。( )

174. 燃料燃烧时进入炉中的空气量等于理论空气需要量,燃烧的火焰呈红黄色,略冒烟,这种火焰称为氧化火焰。( )

175. 碳素钢根据其含量不同分类,含碳量小于 0.6%的叫高碳钢。( )

176. 砧子上的氧化铁皮无关紧要,不影响生产和工具的使用。( )

177. 钢锭冒口可以补充锭身的收缩,容纳上浮夹渣和气体,纯净锭身质量。( )

178. 钢坯的导热性比钢锭好,退火钢比淬火钢好,有色金属及其合金又比钢好。而且各种金属的导热性都是随温度的升高而增大。( )

179. 钢加热到始锻温度,则钢的塑性愈低、强度愈高、愈易进行锻造。( )

180. 锻件的用途不同,使用过程中工作条件和受力情况不同,因而对力学性能的试验要求也不同。( )

181. 摩擦压力机是以飞轮为动力进行模锻的设备。( )

182. 套模主要用于短轴类旋转体锻件的制坯和成型。( )

183. 预热锻模应把高温钢料块放在上、下模之间。( )

184. 锻模压扁平台的作用在于使坯料增加长度尺寸,跟拔长台的作用相似。( )

185. 成型模膛可使坯料符合锻件水平图形,金属轴向滚动不大,适于带枝芽的锻件。( )

186. 模锻锻件图的绘制基本与自由锻件图绘制相同,但模膛锻件图有分模线,是用点画线表示的。( )

187. 高速钢中碳化物粗大和不均匀分布的现象可以通过热处理使之得到改善。( )

188. 高速钢的坯料加热应采用快速加热法,以提高生产效率,减少氧化。( )

189. 需调质的锻件大部分需在正火后经粗加工,清除表面缺陷以防淬火时形成应力集中而产生裂纹。( )

190. 含碳量越高的碳钢,其导热性越好。( )

191. 钢的主要性能由化学成分来决定,通常根据钢中化学成分的不同将钢分为碳素钢和合金钢两大类。( )

192. 切肩的保险量跟台阶高度成正比关系,跟台阶的长度、压痕和切肩时料温的高低、工具尺寸大小等都有关系。( )

193. 钢的加热时间越长特别是在高温时加热时间越长,形成氧化皮厚度就越薄。( )

194. 合金钢是指钢中除含有碳、硅、锰等常用元素外,还含有其他合金元素,如锰(>0.8%)、硅(>0.5%)、铬、镍、钼、钴、钨、铝、硼等,其中合金元素总含量为3.5%~10%。( )

195. 镍铬钢对白点的敏感性大,因此在锻造过程中,应采取措施加强防止。( )

196. 经过锻造或轧制的钢坯,由于内部组织得到改善,强度、塑性有所提高,因此对加热工艺要求一般都比钢锭低。( )

197. 钢在加热后,它的硬度增加,塑性变差。( )

198. 水压机上锻造高度不小于50 mm台阶时,必须先打号印、切肩再卡台。( )

199. 芯棒扩孔每次压下量应尽可能大些,速度快些,才能扩好孔。( )

200. 镦粗前坯料应加热到材料允许的最高加热温度,并进行充分的保温,使内外温度均匀,降低变形抗力,防止不均匀变形,以免出现坯料中心偏移。( )

201. 合金结构钢的导热性较差,加热应缓慢。这种钢由于合金元素的影响,过热、过烧的温度较低,具有比较明显的过热倾向性,所以应严格控制加热温度,不能使之偏高。否则,容易引起萘状断口等缺陷。( )

202. 飞边槽的作用在于:增加金属流出模膛的阻力,迫使金属充满模膛;容纳多余金属;锻造时飞边起缓冲作用,减少上下模的打击,防止模具压塌或崩裂。( )

203. 高速钢坯料加热到始锻温度就应立即出炉锻造。( )

204. 铜合金流动性差,易形成折叠,因此锻造用的上下砧子圆角半径要大,拔长送进量要大,但压下量要控制适当。( )

205. 不少铜合金在终锻温度下很快就进入了脆性区,如继续锻造就会产生裂纹。( )

206. 钢的力学性能是钢抵抗外力的能力。所受的外力叫负荷,受力后尺寸和形状的改变叫变形。( )

207. 塑性是材料产生永久变形甚至破裂的能力。( )

208. 钢料脱碳后,在锻造过程中易出现龟裂,而且脱碳的锻件表面硬度、强度和耐磨性均增加,同时零件的疲劳强度也增加,会导致长期受变载荷的零件过早断裂。( )

209. 脱碳的危害性,钢料脱碳后,在锻造过程中易出现龟裂,而且脱碳的锻件表面硬度、强度和耐磨性均增加,同时,零件的疲劳强度也增加,会导致长期受变载荷的零件过早地断裂。( )

210. 我国目前锻造用钢锭有两种规格,即普通锻件用的钢锭和特殊锻件用的钢锭,前者是锥度为40%、高径比为1.8～2.2、冒口比例为17%的钢锭;对于优质锻件,则用11%～12%锥度、高径比为1.5左右、冒口比例为20%～24%的钢锭。( )

211. 合模主要用于非旋转体类直、弯、拔叉等复杂形状锻件的制坯和成型。( )

212. 离合器的作用,不仅是传递扭矩,而且可以在压力机超负荷时,摩擦片打滑而起到保护作用。( )

213. 钢是由铁和含碳量低于2%及其他合金组成的金属材料。( )

214. 切肩深度一般为台阶高度的2/3。( )

215. 钳工对工件划好线后,必须要在线条上冲眼,但在线条的交叉转折处严禁冲眼。( )

216. 电流表必须并联在电路中使用,电压表要串联在电路中使用,不能搞错,否则电表就会烧坏。( )

五、简 答 题

1. 什么叫做抗拉强度?通过什么试验测定?
2. 布氏硬度的试验原理是什么?
3. 什么是同素异构转变?有何特点?
4. 什么是钢的热处理?常用方法有哪些?
5. 什么叫做调质处理?适于处理什么工作?
6. 什么叫金属切削加工?
7. 金属切削对刀具材料有哪些要求?常用的刀具材料有哪些?
8. 指出车刀各部分的名称及几个角度所在的平面。
9. 解释切削运动与切削用量的含义。
10. 加工余量对工件产生什么影响?
11. 什么叫总余量和工序余量?确定加工余量大小要考虑哪些因素?
12. 常见的毛坯种类有哪些?选择毛坯种类时要考虑哪些因素?
13. 保证和提高加工精度的基本途径是什么?获得尺寸精度的方法有哪些?

14. 短粗钢锭采用大锥度和大冒口有何优、缺点?

15. 何谓锻件中夹杂?锻件中通常存在的非金属夹杂物有哪些?

16. 简述氢在钢中的危害。

17. 何种类型的夹杂对锻件性能的危害最大?锻造如何改善这些夹杂对锻件性能的危害?

18. 钢锭有哪些内部缺陷和外部缺陷?

19. 简述钢中白点的危害。

20. 剪切下料有哪些优点和缺点?

21. 火焰切割下料有哪些优点和缺点?

22. 何谓燃料的低发热量?

23. 为什么在燃料燃烧时应力求实现完全燃烧?

24. 何谓燃料燃烧的理论空气需要量?

25. 弱氧化性火焰加热有何优点?

26. 简述氧化性火焰的特征和被加热坯料生成的氧化皮特征。

27. 何谓钢在加热过程中的氧化?

28. 氧化皮的主要危害有哪些?

29. 减少氧化皮生成的主要方法有哪些?

30. 什么叫过烧?

31. 坯料在加热的低温阶段,为什么容易产生内部裂纹?

32. 何谓正确的加热规范?

33. 确定锻造温度范围的原则是什么?

34. 锻锤的工作特点是什么?锻锤有何缺点?

35. 如何确定终锻温度?

36. 蒸汽-空气自由锻锤产生锤头打击无力的主要原因有哪些?

37. 何谓自由锻造?

38. 简述锻造比选取的原则。

39. 何谓相对送进量?相对送进量大小对锻件质量有何影响?

40. 简述中心压实法的变形特点。

41. 何谓 FM 锻造法?它有哪些优缺点?

42. 用凸形砧展宽锻造宽板锻件有何优点?对锻造操作有何要求?

43. 扩展镦粗有何特点?

44. 胎模锻与自由锻相比有何优点?

45. 编制自由锻工艺规程的主要内容有哪些?

46. 制定锻造工艺方案的主要内容有哪些?

47. 锻后冷却和热处理的目的是什么?

48. 高合金钢的锻造温度范围为什么比碳素钢的锻造温度范围窄?

49. 高速钢锻造的轴向反复镦拔变形方法有何优、缺点?适用于锻造何种类型的刀具?

50. 高速钢圆截面坯料拔长,在内部或两端中心的裂纹是如何产生的?

51. 在用加热钢料的普通炉加热铜合金时,如何防止在加热钢料时,残留在炉中的铜熔化渗入钢料中而导致锻造开裂?

52. 铜合金锻造与碳素结构钢锻造相比有何特点?

53. 锻件质量检验的目的是什么? 锻造质量检查包括哪两个方面?

54. 超声波探伤有何优点和缺点?

55. 简述蒸汽-空气模锻锤的工作原理。

56. 摩擦螺旋压力机有哪些特点?

57. 热模锻压力机有哪些优缺点?

58. 锤锻模损坏的原因有哪些?

59. 高温合金模锻有哪些特点?

60. 摩擦螺旋压力机上模锻的工艺特点是什么?

61. 弯曲工步有哪些操作要点?

62. 试述高温合金模锻时锻模及坯料的润滑方式。

63. 简述量具使用的一般通则是什么。

64. 简述钢在加热过程中影响氧化的因素。

65. 简述钢在加热过程中脱碳的危害是什么。

66. 热作模具钢锻后为什么必须缓慢冷却?

67. 在加热钢料的普通炉中加热铜合金时,为何需在炉底铺上薄钢板? 如果不铺钢板应如何清理炉底?

68. 影响大型锻件质量(主要是内部质量)的因素有哪些?

69. 飞边槽有几种形式? 它的作用是什么?

70. 简述噪声对人身造成的危害主要表现在哪些方面,采取的防护措施是什么。

六、综 合 题

1. 有一个直径为 10 mm 的碳素钢短试样,在静拉伸载荷增加到 21 980 N 时,出现屈服现象;载荷达到 36 110 N 时产生缩颈,随后试样被拉断。断后测量得其标距长度 $L_1=61.5$ mm,断处直径为 7.07 mm,求此试样的 σ_s、σ_b、δ、ψ 各为多少?

2. 锻造碳素钢圆轴锻件的基本尺寸为 ϕ300 mm×5 000 mm,其终锻温度为 750℃,求剁切锻件时的长度应为多少?(已知碳素钢终锻温度下的冷却收缩率为 1.0%)

3. 燃烧重油的理论空气需要量 L_0 为 10.50 m^3/kg,空气过剩系数 $a=1.2$,求实际供给的空气量 L_n 为多少?

4. 在室式加热炉中,采用多排装炉,将材质为 35CrMo 的 2 t 冷钢锭加热 1 200℃到,求加热时间为多少?(已知钢锭平均直径 $D=0.433$ m,850℃前、后的系数 K 都为 5,装炉系数 $K_1=1.5$。计算精确到小数点后两位)

5. 用 ϕ300 mm 的圆坯料拔长至 ϕ245 mm 的圆轴锻件,求锻造比 Y_L?(精确到小数点后一位)

6. 用方 ϕ200 mm 的坯料,拔长至 ϕ180 mm 的圆轴锻件,求锻造比 Y_L?(精确到小数点后两位)

7. 用 ϕ300 mm×500 mm 的坯料,镦粗至高度为 200 mm 的圆饼形锻件,求锻造比 Y_H 和圆饼形锻件的外径 D 为多少?(火耗按 2%计算,精确到小数点后 2 位)

8. 用直径 $D_0=600$ mm、内孔直径 $d_0=200$ mm 的坯料，在马杠上扩孔成直径 $D_1=800$ mm，内孔直径 $d_1=600$ mm 的环形锻件，求锻造比 Y_L 为多少？

9. 用直径 $D_0=650$ mm、内孔直径 $d_0=320$ mm 的坯料，在芯轴上拔出直径 $D_1=500$ mm、内孔直径 $d_1=300$ mm 的长筒形锻件，求锻造比 Y_L 为多少？

10. 用正方坯拔长锻造成 $\phi150$ mm 的圆轴锻件，要求最小锻造比为 1.3，求所需的最小正方坯的边长为多少？（只取整数）

11. 一材质为 45 钢的圆环零件的外径 $D_0=608$ mm，内孔直径 $d_0=453$ mm，高度 $H_0=142$ mm，并已知外径余量公差 $a=22$ mm±9 mm，高度余量公差 $b=18$ mm±8 mm，内孔余量公差 $c=27$ mm±12 mm，求锻件外径 D、内孔直径 d、高度 H 和锻件质量各为多少？（按基本尺寸计算，只取整数）

12. 一材质为 35 钢的台阶轴类锻件，中间大台直径 $D=400$ mm，两端小台直径 d 均为 150 mm，求锻件两余面的质量 m_g？（精确到小数点后一位）

13. 锻锤上拔长 35CrMo 圆轴锻件的直径 $D=200$ mm，，求端部切头的质量 m_c 为多少？（精确到小数点后一位）

14. 一材质为 25 钢的圆盘锻件，直径 $D=500$ mm，高度 $h=100$ mm，锻后不滚圆，求带鼓形的锻件质量 m 为多少？（精确到小数点后一位）

15. 水压机锻造 42CrMo 圆轴锻件的直径 $D=400$ mm，求端部切头的质量 m_c 为多少？（精确到小数点后一位）

16. 锻锤上拔长锻造材质为 35 钢的矩形截面长轴锻件，其截面宽 $B=250$ mm，高 $H=120$ mm，求端部切头质量 m_c 为多少？（精确到小数点后一位）

17. 水压机拔长锻造材质为 20 钢的矩形截面长轴锻件，其截面宽 $B=500$ mm，高 $H=300$ mm，求端部切头质量 m_c 为多少？

18. 一六角螺母锻件的边长 $a=87$ mm，高 $h=60$ mm，内孔直径 $d=60$ mm，材质为 35 钢，求锻件质量 m 为多少？（精确到小数点后一位）

19. 一材质为 25 钢的带孔园盘锻件的外径 $D=300$ mm，内孔直径 $d=120$ mm，高 $H=90$ mm，求锻件质量 m_f 和坯料质量 m_b 各为多少？（火耗按 2%计算，精确到小数点后两位）

20. 镦粗锻造一材质为 40Cr 的圆盘锻件，所需坯料质量 $m_b=62.8$ kg，求坯料直径 D 和高度 H 各为多少？（精确到小数点后两位）

21. 镦粗锻造材质为 25CrMo 钢的圆盘锻件，所需坯料质量 $m_b=7.85$ kg，若选用正方截面坯料，求正方坯料的边长 A 和坯料高度各为多少？

22. 用圆截面坯料直接拔长锻造成直径 $D=200$ mm 的圆轴锻件，要求最小锻造比 $Y_L=1.3$，求所需的最小坯料直径 D_b 为多少？

23. 用钢锭锻造材质为 45 钢的圆轴锻件其冒口切除量 $\delta_T=20\%$，底部切除量 $\delta_g=6\%$，火耗 $\delta_{hl}=4\%$，求钢锭利用率 η 为多少？

24. 用钢锭锻制轧辊锻件的质量 $m=45$ t，钢锭利用率 $\eta=60\%$，求所用钢锭质量 m_i 为多少？

25. 已知一锻件，其中一截面面积 A_f 为 7 496 mm^2，锻件飞边截面面积 A_{sg} 为 240 mm^2，试问锻件计算毛坯在该处的截面面积 A_c 直径 d_c 各为多少？

26. 已知一锻件的体积 V_f 为 500 000 mm^3，飞边体积 V_{sg} 为 115 413 mm^3，计算毛坯长度 L_c 为 328 mm，求计算毛坯的平均截面面积和平均直径各是多少？

27. 已知一锻件的体积 V_f 为 600 000 mm³，飞边体积 V_{sg} 为锻件体积的 1/5，计算毛坯长度 L_c 为 350 mm，求计算毛坯的平均截面面积和平均直径各是多少？

28. 已知一锻件计算毛坯的平均直径 d_m 为 50 mm，计算毛坯长度 L_c 为 380 mm，求计算毛坯体积为多少？若锻件飞边体积为计算毛坯体积的 1/6，则锻件的体积又为多少？

29. 已知一锻件的某一截面面积 A_f 为 8 000 mm²，锻件飞边截面面积 A_{sg} 为 280 mm²，试问锻件计算毛坯该处的截面面积 A_c 和直径 d_c 各是多少？

30. 已知一锻件的某一截面面积 A_f 为 7 500 mm²，锻件在该处飞边截面面积 A_{sg} 为 A_f 的 1/40，试问锻件计算毛坯该处的截面面积 A_c 和直径 d_c 各是多少？

31. 已知一锻件计算毛坯在某一截面直径为 100 mm，锻件在该处飞边截面面积 A_{sg} 为该处截面面积的 1/25，求锻件在该处的截面面积为多少？

32. 已知某一锻件的计算毛坯体积 V_c = 597 346 mm³，计算毛坯长度 L_c = 300 mm，，试问计算毛坯的平均截面面积和平均直径是多少？

33. 已知一锻件计算毛坯的平均直径 d_m 为 60 mm，计算毛坯长度 L_c 为 300 mm，求计算毛坯体积 V_c 为多少？

34. 已知某一锻件的计算毛坯体积 V_c = 600 000 mm³，计算毛坯长度 L_c = 360 mm，试问计算毛坯的平均直径是多少？

35. 已知一锻件的体积 V_f 为 5 800 000 mm³，飞边体积 V_{sg} 为 560 000 mm³，当考虑每次火耗为 3%时，锻件二次成型，求出锻件坯料的体积和质量各是多少？(钢密度 ρ 取 7.85 kg/dm³)

36. 已知一锻件的体积 V_f 为 805 000 mm³，飞边体积 V_{sg} 为锻件体积的 1/6，计算毛坯的平均直径 d_m = 80 mm，求计算毛坯长度 L_c 为多少？

37. 已知一锻件某一截面面积 A_f 为 7 420 mm²，计算毛坯在该处的直径 d_c = 100 mm，求锻件在该处飞边的截面面积 A_{sg} 为多少？

38. 补画下图 1 的三视图。

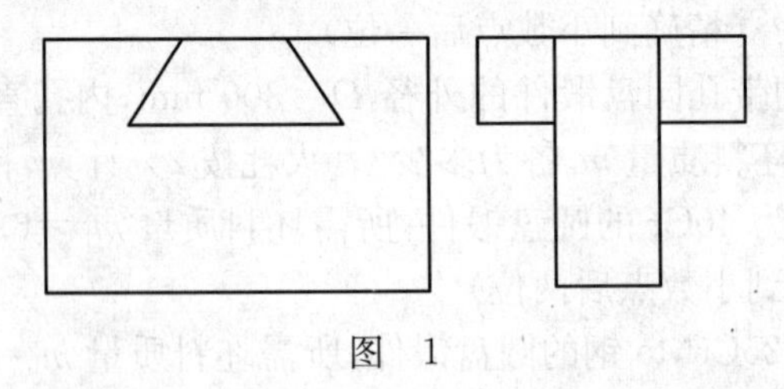

图　1

39. 补画下图 2 中的缺线。

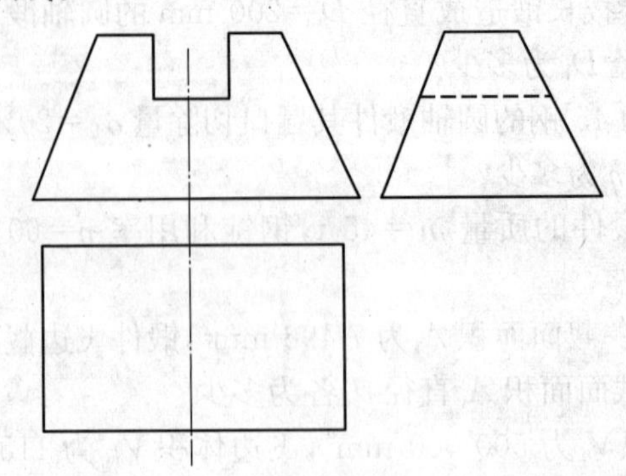

图　2

40. 补画下图 3 的三视图。

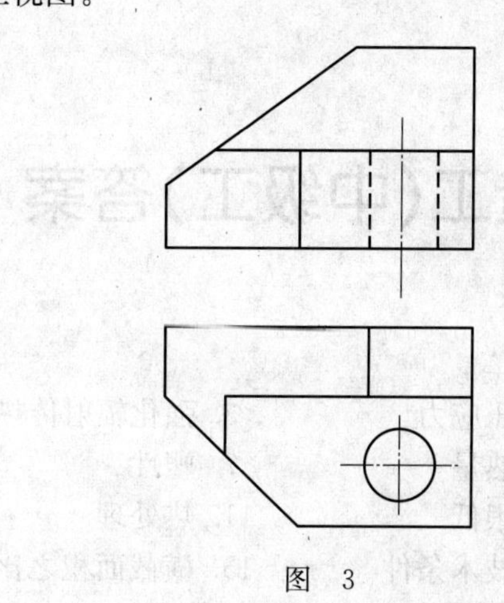

图 3

锻造工(中级工)答案

一、填 空 题

1. CO　2. 压应力　3. 强化辐射传热　4. 低
5. 再结晶组织　6. 热量　7. 塑性　8. 理论空气需要量
9. 亚共析钢　10. 很低　11. 热处理　12. 温差
13. 伸长　14. 技术条件　15. 横截面积之比　16. 水平
17. 1 150～1 180℃　18. 塑性低　19. 变形温度　20. 小于 0.125
21. 多用模锻设备　22. 直径的 10%～20%　23. 较小的变形量
24. 打击力　25. 空间尺寸　26. 模具寿命短　27. 锻模
28. 热电效应　29. ＞　30. 0.5～0.8　31. 3～4
32. 2.5　33. 3.5～6.3　34. 6.4～7.3　35. 破碎
36. 锻造比　37. 满载　38. 1.8～2　39. 细小晶粒
40. 连续扣模　41. 检查调整　42. 坯料截面尺寸　43. 坯料规格
44. 抗腐蚀性能　45. 均匀变形　46. 对流传热
47. 运输和更换工具所需时间　48. 锻造比　49. 大于 5
50. 凹心和裂纹　51. 壁厚均匀　52. 镦成圆头　53. 力学性能
54. 氧化　55. 锻合皮下气孔　56. 塑性　57. 250～350℃
58. 切断　59. 镦拔次数　60. 100～150℃　61. 局部拆卸检查
62. 150～250℃　63. 导热性好　64. 由电动机直接驱动　65. 530℃
66. 接近锻件直径　67. 钢锭　68. 最高始锻温度　69. 活动横梁
70. 快速加热　71. 技术条件要求　72. 以内的位置　73. 冲击韧性
74. 有无偏移　75. 最后一火　76. $m_{余面}=0.18(D-d)^2\cdot(D+2d)$
77. 坯料规格　78. 疲劳断裂　79. 部分解体检修　80. 碳化物偏析
81. 间隙配合　82. 切向应力　83. 炉气成分　84. 较低变形抗力
85. 介质保护加热　86. 减小　87. 降低　88. 二氧化碳
89. 800～850℃　90. 1.0%～1.2%　91. 2 500 h　92. 锤杆折断
93. 夹不住坯料　94. 节流阀　95. 时间　96. 工作压力
97. 与钢锭轴线一致　98. 冷胀孔　99. 0.75～0.80　100. 偏析
101. 0.5～0.8　102. 大于 4　103. 冷态
104. 坯料(钢锭)的冷却速度　105. $m_{余面}=0.134H^2B\rho$
106. 未加热好的坯料　107. 离合器　108. 0.5～0.7　109. 物理性能
110. 磁力探伤　111. 凹模　112. 模数　113. 压钳把
114. 热处理吊夹头　115. $(2B+H)/3$　116. 各次拔长锻造比　117. 250～350℃

118. 电阻加热炉	119. 奥氏体型	120. 碳化物偏析	121. 径向十字锻造
122. 红脆	123. 主、俯视图长对正	124. 偏析	125. 减少金属的烧损
126. 锻件重量	127. 抛丸清理	128. 心部	129. 10%
130. 中心裂纹	131. 剖面	132. 火焰切割清理	133. 液体介质
134. 开式套模	135. 功率	136. 工作机构	137. 涂防锈油
138. 上下半圆弧砧	139. 5～15 s	140. 无过烧	141. 上下V型砧
142. 锻模预热	143. 500	144. 冷锭和热锭	145. 24
146. 最高允许	147. 确定划线基准	148. 弹性变形	149. 变形程度
150. 再结晶	151. 温锻	152. 变形程度	153. 锻件性能要求
154. 速度	155. 端面偏斜	156. 燃料是否燃烧	157. 燃料消耗
158. 锻后残余	159. 500	160. 高温耐磨性	161. 工作行程
162. 斜底连皮	163. 偏心	164. 坯料加热损失	165. 最大行程
166. 卡模	167. 变形抗力大	168. 导销	169. 扣形
170. 划线盘和划针	171. 20～30	172. 小于闭合高度	173. 计算毛坯图
174. 模膛中心	175. 35%	176. 锻锤	177. 局部镦粗
178. 复合挤压	179. 曲拐轴	180. 弯曲轴线	181. 夹紧阶段
182. 25%～30%	183. 1～3倍	184. 过低或不足	185. 管类

二、单项选择题

1. B	2. B	3. B	4. A	5. A	6. C	7. C	8. B	9. C
10. A	11. C	12. B	13. A	14. C	15. C	16. B	17. B	18. A
19. C	20. A	21. A	22. A	23. A	24. B	25. B	26. A	27. B
28. D	29. B	30. A	31. C	32. B	33. C	34. D	35. A	36. B
37. C	38. D	39. A	40. B	41. C	42. A	43. B	44. B	45. B
46. A	47. C	48. C	49. B	50. A	51. A	52. B	53. C	54. A
55. B	56. C	57. D	58. C	59. B	60. A	61. B	62. B	63. A
64. B	65. B	66. B	67. C	68. A	69. A	70. C	71. B	72. C
73. A	74. A	75. B	76. C	77. C	78. C	79. B	80. C	81. A
82. C	83. C	84. B	85. D	86. C	87. B	88. A	89. C	90. D
91. B	92. C	93. C	94. A	95. B	96. D	97. B	98. C	99. C
100. A	101. B	102. C	103. B	104. A	105. C	106. B	107. B	108. A
109. B	110. C	111. C	112. B	113. B	114. C	115. C	116. C	117. C
118. C	119. B	120. C	121. C	122. C	123. A	124. C	125. C	126. A
127. C	128. A	129. B	130. B	131. A	132. C	133. C	134. C	135. C
136. A	137. C	138. A	139. B	140. A	141. B	142. B	143. C	144. C
145. B	146. B	147. A	148. C	149. D	150. B	151. C	152. C	153. A
154. C	155. D	156. A	157. C	158. A	159. D	160. A	161. D	162. A
163. B	164. B	165. B	166. A	167. D	168. B	169. C	170. A	171. D
172. C	173. A	174. D	175. A	176. A	177. A	178. B	179. C	180. B

181. A 182. C 183. D 184. A 185. C 186. D 187. A 188. B 189. A
190. D 191. B 192. A 193. D 194. B 195. A 196. B 197. A 198. C
199. B 200. B

三、多项选择题

1. ADF	2. ABDF	3. AC	4. CD	5. ABDF	6. ACDF
7. CE	8. ACDF	9. ABCF	10. ACDE	11. ACEF	12. ADE
13. CEF	14. ABCF	15. ABDE	16. CD	17. BEF	18. CE
19. ACE	20. ABE	21. ACE	22. ACE	23. BDE	24. ABDF
25. ABCD	26. BDF	27. ABEF	28. BCDE	29. BD	30. ADEF
31. BC	32. BDF	33. CD	34. ABF	35. ABC	36. BD
37. ABD	38. AC	39. BCD	40. BC	41. BCD	42. ABD
43. CD	44. ABCDE	45. BCD	46. ABC	47. BCD	48. ABCD
49. ABD	50. ABCD	51. ABCD	52. ACD	53. ABCD	54. ABCD
55. ACD	56. ABCD	57. BC	58. AB	59. BCD	60. ABD
61. BCD	62. ABC	63. ABCD	64. ABCD	65. ACD	66. AC
67. ABCD	68. BCD	69. CD	70. ABC	71. AC	72. ABD
73. BCD	74. BC	75. AC	76. AD	77. ABC	78. ABC
79. BCD	80. ABCD	81. ACD	82. BCD	83. BCD	84. BD
85. ABC	86. ABCD	87. BCD	88. ACD	89. ABC	90. BC
91. BCD	92. CD	93. ACD	94. ABD	95. BCD	96. BCD
97. ABC	98. ABCD	99. AC	100. BCD	101. ABCD	102. ABC
103. BC	104. ACD	105. ABCDE	106. ABC	107. ABC	108. ABCD
109. ABCD	110. ABD	111. AB	112. ACD	113. AD	114. ACD
115. ABCD	116. ABCDEF	117. AD	118. AB	119. CD	120. ABCD
121. ABCD	122. AC	123. AB	124. BC	125. CD	126. ABCD
127. BDE	128. ABDE	129. ABD	130. BCD	131. BC	132. ABC
133. CD	134. AC	135. AC	136. AC	137. BCDE	138. ABCD
139. BC	140. ABC	141. ACD	142. ACD	143. ABCE	144. BCD
145. ABCD	146. BC	147. ABCD	148. BC	149. BCD	150. ABCDE
151. AC	152. BCE	153. ABC	154. BCD	155. ACD	156. AB
157. BCD	158. ABC	159. BC	160. AC	161. ABC	162. ABC
163. BCD	164. CD	165. ABDE	166. CD		

四、判 断 题

1. √ 2. × 3. × 4. √ 5. √ 6. × 7. × 8. √ 9. √
10. √ 11. √ 12. × 13. √ 14. × 15. × 16. √ 17. × 18. √
19. √ 20. √ 21. × 22. × 23. × 24. √ 25. × 26. × 27. √

28.√ 29.√ 30.√ 31.√ 32.× 33.× 34.√ 35.√ 36.√
37.√ 38.× 39.× 40.√ 41.× 42.× 43.× 44.× 45.√
46.√ 47.× 48.× 49.× 50.√ 51.√ 52.× 53.× 54.√
55.√ 56.√ 57.√ 58.× 59.√ 60.√ 61.√ 62.× 63.√
64.√ 65.√ 66.√ 67.√ 68.√ 69.√ 70.× 71.× 72.×
73.√ 74.√ 75.√ 76.× 77.√ 78.√ 79.√ 80.√ 81.√
82.√ 83.√ 84.√ 85.√ 86.√ 87.√ 88.√ 89.√ 90.√
91.√ 92.√ 93.√ 94.√ 95.√ 96.× 97.√ 98.√ 99.×
100.√ 101.× 102.√ 103.√ 104.× 105.× 106.× 107.× 108.√
109.× 110.√ 111.× 112.√ 113.√ 114.√ 115.× 116.√ 117.×
118.√ 119.× 120.√ 121.× 122.× 123.× 124.× 125.× 126.×
127.√ 128.× 129.× 130.√ 131.√ 132.√ 133.√ 134.× 135.×
136.× 137.× 138.× 139.× 140.√ 141.√ 142.× 143.× 144.√
145.√ 146.√ 147.× 148.× 149.√ 150.√ 151.√ 152.√ 153.√
154.× 155.× 156.√ 157.√ 158.√ 159.√ 160.√ 161.× 162.√
163.√ 164.× 165.× 166.√ 167.× 168.× 169.× 170.√ 171.√
172.× 173.√ 174.× 175.× 176.× 177.× 178.√ 179.× 180.√
181.× 182.√ 183.× 184.× 185.√ 186.√ 187.× 188.× 189.√
190.× 191.√ 192.√ 193.× 194.√ 195.× 196.√ 197.× 198.×
199.× 200.√ 201.√ 202.√ 203.× 204.√ 205.√ 206.√ 207.×
208.× 209.× 210.√ 211.√ 212.√ 213.√ 214.√ 215.× 216.×

五、简 答 题

1. 答:材料在断裂前所能承受的最大应力值称为抗拉强度(3 分)。用符号 σ_b 表示(1 分)。它是通过拉伸试验在静力拉伸试验机上测定出来的(1 分)。

2. 答:布氏硬度试验原理是用一个一定直径的球体(淬火钢球或硬质合金球)(1 分),以相应的试验力压入被测试样的表面(1 分),保持规定时间后卸除试验力(1 分),用测量表面压痕直径来计算硬度的大小(1 分)。用球面压痕单位面积上所承受的平均压力来表示(1 分)。

3. 答:同素异构转变是指金属在固态下,随温度的改变,由一种晶格转变为另一种晶格的现象(2 分)。其特点是:(1)同素异构转变时需要较大的过冷度(1 分);(2)转变时新相晶核往往在旧相的界面或某些特定的晶面上生成(1 分);(3)同素异构转变时伴随着金属体积的变化,转变时会产生较大的内应力(1 分)。

4. 答:钢的热处理是指将钢在固态下,采用适当的方式进行加热、保温和冷却,从而获得所需组织结构和性能的工艺(3 分)。方法很多,常用的有退火、正火、淬火、回火及表面热处理等(2 分)。

5. 答:生产中习惯将淬火与高温回火的复合热处理工艺称为调质处理(2 分)。它有良好的综合力学性能,所以广泛地用于承受复杂应力的重要构件,如曲轴、螺栓、连杆和齿轮等件的热处理(3 分)。

6. 答:金属切削加工,即利用金属切削刀具和工件作一定的相对运动,从毛坯上切除多余的金属,以获得图样上所要求的几何形状、尺寸精度和表面粗糙度的零件(5分)。

7. 答:刀具切削部分材料的切削性能必须具备高硬度、高耐磨性、足够的强度和韧性、高耐热性等(写出3种即可得3分)。

常用的刀具材料有合金工具钢、高速钢、硬质合金以及陶瓷材料、金刚石等(写出2种即可得2分)。

8. 答:车刀由刀体、刀头、主刀刃、主后刀面、刀尖、副后刀面、副刀刃、前刀面等部分组成(2分)。

在基面上有主偏角 K_r、副偏角 K'_r、刀尖角 ε_r(1分);在主剖面上有前角 γ_0、后角 α_0(1分);在切削平面上有刃倾角 λ_s(1分)。

9. 答:在金属切削加工中,切削工具与工件间的相对运动称为切削运动,它包括主运动和进给运动(1分)。

切削用量是指在切削加工过程中切削速度、送进量、背吃刀量的总称(1分)。其中:切削速度指主运动的线速度(1分);送进量指工件刀具每转一圈或往复一次时,工件与刀具在进给方向上的相对位移(1分);切削深度指工件已加工表面与待加工表面间的垂直距离(1分)。

10. 答:加工余量对加工工件影响很大,当余量太大时,使机械加工工时增多,且费料、费电,工具的损耗增加,使工件的成本提高(2分)。当余量太小时,为保证规定尺寸,毛坯表面的缺陷不能完全被切除而成为废品(2分)。因此,加工余量的大小一定要合适(1分)。

11. 答:总余量是指毛坯尺寸与零件设计尺寸之差(1分),也就是同一加工表面各工序余量之和(1分)。工序余量是指某一表面在一道工序中所切除的金属层深度(1分),即相邻两道工序的基本尺寸之差(1分)。确定加工余量主要考虑工件的形状、尺寸精度、毛坯种类等因素(答对2种即可得1分)。

12. 答:常见的毛坯种类有:铸件、锻件、焊接件等(答对2种及以上得2分)。选择毛坯种类主要考虑毛坯的形状、结构及尺寸等因素(3分)。

13. 答:保证和提高加工精度的途径有直接减小和消除误差法、误差和变形转移法、就地加工法、误差分组法和误差平均法等(答对3种及以上得3分)。获得尺寸精度的主要方法有试切法、定尺寸刀具法、调整法和自动控制法(答对3种及以上得2分)。

14. 答:短粗钢锭身采用大锥度的优点是:有利于夹杂物上浮和气体逸出,减少偏析(1分)。缺点是:钢液与空气接触面增大,加速钢液氧化,因此最好采用真空浇注(1分)。短粗锭采用大冒口的优点是:钢液补缩良好,使疏松和偏析区上移到冒口部分,便于锻造时切除(1分)。缺点是材料损耗大(1分)。因此,短粗钢锭内部质量较好,用于锻造转子、冷轧辊等合金钢大锻件(1分)。

15. 答:钢锭内部不溶解于基本金属的非金属化合物,经过加热、锻造、冷却和热处理仍不能消失,则称为锻件中非金属夹杂物,简称夹杂(3分)。锻件中通常存在的非金属夹杂物有硅酸盐、硫化物和氧化物等(答对2种以上得2分)。

16. 答:氢是钢中危害最大的气体,若含量(体积分数)超过一定极限值($2\times10^{-6}\sim5\times10^{-6}$),则锻后冷却过程中在锻件内有可能产生白点和氢脆(3分)。白点和氢脆对锻件性能危害极大,都是一种无法挽救的缺陷(2分)。

17. 答:粗大夹杂和密集夹杂对锻件性能的危害最大(2 分)。锻造虽然不能消除夹杂,但利用合理的锻造工艺可使粗大的夹杂减小(1 分),使密集的夹杂分散(1 分),达到改善锻件力学性能的目的(1 分)。

18. 答:钢锭内部缺陷有偏析、夹杂、气体缩孔、疏松、穿晶等(3 分)。外部缺陷有裂纹、溅疤等(2 分)。

19. 答:白点不仅使坯料力学性能急剧下降(1 分),而且还产生高度应力集中(1 分),导致淬火锻件开裂或零件在使用过程中发生突然脆性断裂(2 分),造成严重的毁机事故。因此,白点是锻件的一种致命缺陷,一旦发现,必须报废(1 分)。

20. 答:剪切下料的优点是效率高、操作简单、断口无金属损耗、模具费用低(3 分)。它的缺点是坯料被局部压扁、端面不平整、剪断面常有毛刺和裂纹(2 分)。

21. 答:火焰切割下料的优点是灵活方便、适应性强、生产率较高、设备简单(3 分)。缺点是切割面质量差、尺寸精度低、劳动条件差(2 分)。

22. 答:将燃料燃烧产物中的水蒸气冷凝至 20℃的水蒸气状态,所得到的发热量称为低发热量(3 分)。工业上通常使用的发热量均为低发热量(2 分)。

23. 答:因为完全燃烧与不完全燃烧放出的热量相差很大。如 1 kg 碳完全燃烧可放出热量 33.7×10^6 J(2 分),而不完全燃烧放出的热量仅为 6.9×10^6 J(2 分),因此燃料燃烧时应力求实现完全燃烧(1 分)。

24. 答:为使燃料完全燃烧,必须供给燃料足够的空气(2 分)。根据热化学反应方程式计算出的单位质量(或体积)燃料完全燃烧所需的空气量,称为理论空气需要量(3 分)。

25. 答:弱氧化性火焰加热的优点是,火焰温度高(1 分),加热速度快(1 分),节约能源,生产率高(1 分),而且不至于生成过多的氧化皮,因此常用弱氧化性火焰加热一般钢(1 分)。但不宜加热大型钢锭和高合金钢(1 分)。

26. 答:氧化性火焰的特征是,火焰比较明亮,火焰较短,边界清晰(2 分)。氧化性火焰加热坯料生产的氧化皮特征是,氧化皮多,而且氧化皮内层有粗大的气孔,呈灰色,表面粗糙,起伏不平,结构松散,易脱落(答对 4 个及以上得 2 分,全答对得 3 分)。

27. 答:钢在加热过程中,表层中的铁和炉气中的氧化性气体(O_2、CO_2、H_2O 和 SO_2)发生化学反应,使钢表层变成氧化铁(即氧化皮)(2 分),又叫做火耗损失(1 分),这种现象称为氧化(2 分)。

28. 答:氧化皮的主要危害是造成钢料的烧损(1 分),影响锻件表面质量(2 分),降低模具的使用寿命(1 分),影响炉底的使用寿命(1 分)等。

29. 答:减少氧化皮生成的主要方法有:在保证加热质量的前提下尽量可能地采用快速加热(1 分);在保证完全燃烧的条件下尽量减少过剩空气量(1 分);在加热量的不同阶段采用不同的炉气成分进行加热(1 分);采用少而勤的装料方法(0.5 分);减少燃料中的水分(0.5 分);使炉内保持微正压(0.5 分);在被加热坯料表面涂敷保护层等(0.5 分)。

30. 答:钢加热的接近熔化温度(1 分),并在该温度下长时间停留(1 分),由于氧化性气体渗入到晶界,同晶界物质 Fe、C、S 发生氧化,形成易熔共晶氧化物(1 分),破坏了晶粒间的联系(1 分),使钢完全失去了塑性的现象叫过烧(1 分)。

31. 答:坯料在加热的低温阶段,因心部温度低、塑性差(1 分),而由温差引起的轴向拉应力又大(1分),当温度应力、组织应力及坯料原有的残余应力之和超过坯料的强度极限时,就会造成坯料破坏产生内部裂纹(3分)。

32. 答:正确的加热规范应保证坯料在加热过程中不产生裂纹(0.5分),不过热、过烧(0.5分),温度均匀(0.5分),氧化均匀(0.5分),氧化脱碳少(2分),加热时间短(0.5分)和节约燃料(0.5分)。

33. 答:要求钢在锻造温度范围内具有良好的塑性和较低的变形抗力(2分),在锻造温度范围内锻造能获得细晶粒组织(2分),锻造温度范围应尽可能宽一些,以便减少火次,提高锻造生产率(1分)。

34. 答:锻锤的工作特点是工作行程时间短(0.5分),打击速度快(0.5分),具有冲击性(0.5分)。锻锤的缺点是工作时振动大(0.5分)、噪声大(0.5分),周围建筑受振动影响(0.5分),工人劳动条件差(0.5分)。因此,锻锤的吨位受到限制,现最大的自由锻锤不超过5 t(1.5分)。

35. 答:终锻温度应高于再结晶温度,以保证锻后再结晶完全,以获得细晶粒组织(1分)。但温度不能过高,否则金属在冷却过程中晶粒继续长大,形成粗大晶粒组织而降低锻件的力学性能(2分)。但温度也不能过低,因为低的终锻温度,不但坯料抗力大,锻造困难,而且会使坯料锻后再结晶不完全,产生一定的加工硬化,甚至产生锻造裂纹,使锻件报废(2分)。

36. 答:产生锤头打击无力的主要原因有:

(1)活塞与汽缸间隙过大,造成漏气;或间隙过小,增大运动阻力。(1.5分)

(2)滑阀与衬套间隙过大,造成窜气。(0.5分)

(3)活塞环配合太紧。(0.5分)

(4)盘根螺钉紧固不良,致使锤杆歪斜。(0.5分)

(5)盘根润滑不良或损坏,对锤杆摩擦力太大。(1.5分)

(6)管道有异物,卡住阀口。(0.5分)

37. 答:直接利用锻压设备的上、下砧块和一些简单的通用工具,使坯料变形而获得所需的几何形状及内部质量锻件的方法,称为自由锻造。简称自由锻。(5分)

38. 答:锻造比选取的原则是,在保证锻件各种要求的前提下,应尽量选择得小些(1分)。一般可按以下情况确定锻造比:

(1)以钢锭为锻造坯料时,碳素结构钢锻件拔长锻造比一般选取2～3(1分)。合金结构钢锻件拔长锻造比一般选取3～4(1分)。

(2)以轧材和锻坯为锻造坯料时,若按主截面计算,选取拔长锻造比≥1.5(1分),若按法兰或凸台计算,选取拔长锻造比≥1.3(1分)。

39. 答:相对送进量是指送进量与坯料高度之比。若相对送进量过小,不但锻件中心部分不能锻透,而且容易引起内部横向裂纹(2分);若相对送进量过大,虽然锻件内部得到锻透,但容易引起表面横向裂纹和角裂(2分)。一般认为相对送进量在0.5～0.8较为合适(1分)。

40. 答:中心压实法的变形特点是,当坯料从始锻温度强制冷却至表面温度为终锻温度时,表面形成一层低温“硬壳”,而中心温度仍很高(2分)。当用专用小砧沿坯料轴线方向锻压时,心部处在强烈的三向压应力作用下,获得类似闭式模锻的强力变形,这样有利锻合中心孔隙缺陷(3分)。

41. 答:上用普通平砧、下用平台进行拔长的锻造方法,称为FM锻造法(1分)。其优点是变形时坯料无拉应力,为锻合中心部分孔穴性缺陷造成有利条件(1分);因上面是普通平砧,由于砧宽小,所以变形抗力小,可充分发挥水压机的锻造能力(1分)。缺点是易导致钢锭中心线与变形后坯料中心线不重合(1分)。因此,对要求钢锭中心线与锻件中心线重合的锻件不宜采用此方法,而对模块等大锻件则可采用此方法(1分)。

42. 答:凸形砧展宽锻造宽板的优点是展宽量大,展宽系数 $\Delta B/\Delta H$ 约为0.91(ΔB、ΔH 为锻坯展宽前后宽度和厚度之差值)(2分)。板端舌头(凸肚)小,减少了切头损失。锻造操作要求是压下量不宜过大,而且要求均匀(2分);应先展两侧,后展中间(1分)。

43. 答:扩展镦粗的特点是锻造比大,易镦合内部缺陷(2分);由于金属主要是沿切线流动,显著地提高了切向力学性能(2分);因扩展镦粗是使坯料的局部产生变形,因而所需水压机的压力小(1分)。

44. 答:胎模锻与自由锻相比主要有如下优点:(1)锻件表面质量、形状及尺寸精度较高(1分);(2)锻件内部组织致密,纤维连续,内在质量较好(2分);(3)操作简单,火次少,产量高(1分);(4)节约原材料,节省机械加工工时(1分)。

45. 答:编制自由锻工艺规程的主要内容有:(1)根据零件图绘制锻件图(0.5分);(2)计算锻件质量,确定坯料质量和尺寸(0.5分);(3)决定变形工艺和工具(0.5分);(4)选择设备(0.5分);(5)确定火次、锻造温度范围、加热和冷却规范(1分);(6)确定锻后热处理规范(0.5分);(7)提出锻件的技术要求和检验要求(0.5分);(8)确定工时定额(0.5分);(9)填写工艺卡片(0.5分)。

46. 答:制定锻造工艺方案的主要内容包括确定必要的基本工序(1分)、辅助工序(1分)、修整工序(1分)、确定工序尺寸(1分)、选择锻造设备和工具(1分)等。

47. 答:锻后冷却和热处理的目的是:(1)减少或消除坯料在锻造过程中的应力和降低硬度,细化晶粒和改善金属组织,提高金属的切削性能(1分);(2)减少金属中氢含量,防止白点产生(1分);(3)减小锻件冷却过程中的温度应力,预防锻件表面裂纹的产生(1分);(4)为最终热处理奠定组织基础(1分);(5)对于不再进行第二热处理锻件,保证其力学性能要求(1分)。

48. 答:由于高合金钢的成分复杂,合金含量高,在高温时常常会在钢的晶界上出现低熔点物质,因此高合金钢的始锻温度比碳素钢低(2分)。还因高合金钢的再结晶温度高和再结晶速度慢,使钢的塑性低,变形抗力大,因而高合金钢的终锻温度比碳素钢高(2分)。所以,高合金钢的锻造温度范围比碳素钢窄(1分)。

49. 答:高速钢锻造的轴向反复镦拔的优点是:坯料中心碳化物偏析严重的金属不会流到外层,保证表层碳化物细小均匀(2分);锻造时不改变方向,因而操作较容易掌握(1分)。其缺点是:对中心部分碳化物的偏析情况改善不大,而且端面与砧面接触时间长,冷却快,拔长时易产生裂纹(1分)。

此变形方法适用于锻造刃口分布在圆周,而且对刃口部位纤维方向有严格要求的刀具,如拉刀、滚齿刀、立铣刀、冲头等(1分)。

50. 答:高速钢圆截面坯料拔长中心裂纹产生的原因是:(1)坯料原有的细小中心裂纹在锻造时扩大所致,以及原坯料有严重的中心疏松(2分);(2)加热时未均匀热透(1分);(3)中心部分温度低,或者加热时已经过热(1分);(4)锻造时因温度太低,在倒角和滚圆时锤击过猛而造成的(1 分)。

51. 答:在用加热钢料的普通炉加热铜合金时,应在炉底上先垫上薄钢板,将铜料置于钢板上,防止以后再加热钢料时,残留炉中的铜熔化后渗入钢料中而导致其锻造开裂(3 分)。若不垫钢板,也可在加热完铜料后,撒些食盐在炉底上烧一下,也可达到清理炉底的目的(2 分)。

52. 答:铜合金锻造与碳素结构钢锻造相比有以下特点:(1)锻造温度范围窄,一般只有150～200℃(1 分)。因此锻造时应防止坯料的热量散失过快,需将与热料接触的工具预热到200～300℃(1 分);而且锤击要快、轻,坯料要勤翻转、拔长时要及时调头,变形要均匀(1 分)。(2)严格控制终锻温度,即要防止在脆性区锻造,终锻温度不能过高,否则会引起晶粒粗大而又不能用热处理细化(1 分)。(3)为防止产生折叠,砧子边缘应有较大的圆角,而且拔长时应采用较大的送进量(1 分)。

53. 答:锻件质量检验的目的是保证锻件质量符合锻件的技术要求,分析和研究锻件缺陷产生的原因和预防措施(3 分)。锻件质量检验包括生产过程的质量检验和锻件成品的质量检验两个方面(2 分)。

54. 答:超声波探伤的优点:(1)穿透力强,可穿透几米甚至十几米厚金属。可单面接触锻件检验,对大锻件十分方便(1 分)。(2)设备灵巧,便于携带,操作简单、安全(0.5 分)。(3)有经验的操作人员能较准确地发现缺陷的位置和大小及其性质(1 分)。(4)生产率高,成本低(0.5 分)。

超声波探伤的缺点:(1)对缺陷性质、大小不易准确判断,要求操作人员有丰富经验(0.5 分);(2)要求被测锻件表面粗糙度 Ra 值低(0.5 分);(3)对形状过于复杂或太薄、太小的锻件,均易产生假信号而造成误判(1 分)。

目前,超声波探伤是重要大型锻件内部质量检验的重要方法之一。

55. 答:蒸汽-空气模锻锤是以蒸汽或压缩空气为动力(1 分),通过操纵系统使工作介质经滑阀交替进入汽缸活塞的上、下部,推动锤头上下往复运动(2 分),实现各种动作,从而使金属坯料生产塑性变形(1 分),并达到锻件形状和尺寸的要求(1 分)。

56. 答:摩擦螺旋压力机是介于锻锤与压力机之间的一种锻压设备,它在工作时打击性质近似于锤,其工作特性又近似于压力机(1 分)。

摩擦螺旋压力机结构简单,基础简单,没有砧座,振动较小,价格较低,劳动条件较好,操作安全,维护简单(答对 3 个特点及以上得 1 分)。由于有顶出装置,不容易粘模,取件方便(1 分)。工艺性较广,可实现模锻、冲压、镦锻、精锻、挤压、精压、切边、弯曲和校正等工作(1 分)。但由于打击力不易调节,工作速度较慢,故对有高肋或异形锻件的充满较困难(1 分)。

57. 答:热模锻压力机的优点是:振动小,工作噪声低(0.5 分);设备结构刚性和稳定性好,操作安全可靠(0.5 分);行程调整精确,导轨间隙很小,锻件质量好(0.5 分);有上、下顶杆,锻件易脱模(0.5 分);每次行程完成一个工序,生产效率高,锻件尺寸准确(0.5 分);能多模膛模锻,有利于实现机械化、自动化和程序控制(0.5 分)。其缺点是:造价高(与相当的模锻锤比)(0.5 分);锻造过程中清除氧化皮比较困难(0.5 分);超负荷工作时易损坏设备(0.5 分);万能性较模锻锤小,拔长、滚压较困难(0.5 分)。

58. 答:锤锻模的工作条件繁重,承受反复冲击载荷和冷热交变的作用,产生很高的应力,因此锤锻模使用寿命有限(1 分)。其损坏的原因是:(1)在锤击过程中,外力通过变形金属在模膛内造成很大应力(高达 200 MPa),迫使模膛扩大,使模壁受到强烈的拉应力,特别是模膛底部的凹圆角处引起应力集中,而出现破裂现象(1 分);(2)模膛表面因受到高温金属流动作用而产生摩擦效应,尤其是坯料表面未清除干净的氧化皮对模膛的摩擦作用更强烈,加速模膛磨损,甚至出现剥落相象(1 分);(3)锻模与高温坯料、润滑剂反复接触,冷热交变,热应力致使模膛疲劳破裂(1 分);(4)锻模热处理或使用前预热不当,造成早期脆裂或压陷(1 分)。

59. 答:高温合金模锻特点是:(1)锻造温度范围狭窄,每次仅能完成一个工步(1 分);(2)锻件公差要求严,且变形抗力大,每个锻模的中心线应与设备中心重合(2 分);(3)锻模损坏较快,寿命低;预锻模和终锻模单独设置较为经济,便于翻新(2 分)。

60. 答:摩擦螺旋压力机上模锻的工艺特点是:摩擦螺旋压力机通常采用单模膛模锻,用其他设备(自由锻锤,辊锻机等)进行制坯(1 分);由于摩擦螺旋压力机有顶出装置,所以很适合无飞边模锻和长杆类锻件(2 分);由于摩擦螺旋压力机速度较慢,略带冲击性,故金属变形经常要在二三次打击中完成(2 分)。

61. 答:弯曲工步操作要点有:(1)弯曲工步所需要打击力很小,通常轻轻一击即可,切不可打击力过大,否则会造成坯料横向展宽而影响成型(2 分);(2)要将坯料放在前后定位支点上,如放入模膛的是原始坯料,应将坯料向前顶足(2 分);如坯料已经过拔长或滚挤,则可以利用钳口处颈部作定位(1 分)。

62. 答:高温合金模锻时的润滑选用二硫化钼、石墨悬浮液、石墨和矿物油的混合剂、玻璃润滑剂等(2 分)。

高温合金模锻时,坯料润滑采用玻璃润滑剂(2 分)。对难变形高温合金,模锻时采用包套模锻(1 分)。

63. 答:主要通则是:

(1)对于新的量具或修理后和使用中的量具,必须经鉴定合格后才允许使用。某些量具合格证书上标注的修正值,使用时,应根据测量精度在测量结果中加以修正(0.5 分)。

(2)使用量具前,应看量具是否经过周期检查并对量具做外观和相互作用检查,不应有影响使用准确度的外观缺陷;活动件应移动平稳,紧固装置应灵活可靠。是自制的内、外卡钳,必须保证转轴松紧适度,卡爪不得有变形、扭曲和其他缺陷,以保证锻造中瞬间热测量的精度(1 分)。

(3)某些量具(如卡尺),使用前要校对零值,零值不正确应及时调整和修理(0.5 分)。

(4)测量前,应擦净量具的测量面和被测表面,防止铁屑、毛刺、油污等带来的测量误差(1 分)。

(5)冷测卡钳和钢板尺、卡尺等,绝不可用以测量热锻件,以防造成各类热损伤,影响以后测量精度(1 分)。

(6)量具使用中,不得乱丢、乱放和磕碰,特别是较精密的量具,用后随时放在专用的盒子里。各种量具使用完后都要擦拭干净妥善放置(1 分)。

64. 答:影响氧化的因素主要有炉气成分、加热温度、加热时间和钢的化学成分等(1 分)。

(1)炉气成分的影响。在火焰加热炉中,在氧化性炉气中加热,促使氧化,形成较厚的氧化皮(0.5 分)。在中性或还原性炉气中加热生成的氧化皮很薄,甚至不产生氧化(0.5 分)。

(2)加热温度的影响。加热温度升高、氧化扩散速度的加快,氧化过程就越加剧烈,形成的氧化皮也就越厚(1分)。

(3)加热时间的影响。加热时间越长,氧化扩散量越大,形成氧化皮越多(1分)。

(4)钢的化学成分影响。钢中碳的质量分数大于0.3%时,随着含碳量的增加,形成氧化皮将减少(1分)。

65. 答:脱碳的危害主要表现在两方面:一是若脱碳严重会在锻造时产生龟裂(2分);二是当脱碳层厚度大于机械加工余量时,会使锻件表面硬度、强度和耐磨性降低,并可能引起零件过早断裂(2分)。因此,对重要零件和精密锻造的锻件不允许有脱碳层存在(1分)。

66. 答:因为热作模具钢产生白点的敏感性较大(1分),因此锻后必须缓慢冷却和等温退火处理(2分),以防止产生白点,使组织均匀,消除层片状结构(1分)。对用钢锭锻制的模块,通常采用锻后热送等温退火处理(1分)。

67. 答:在加热钢料的普通炉中加热铜合金时,在炉底先垫上薄钢板的目的是将铜料置于钢板上,以防再加热钢料时,残留炉中的铜熔化渗入钢料中而导致锻造开裂(3分)。

若不垫钢板,可在加热完铜料后,撒些食盐在炉底上烧一下,以达到清除炉底的目的(2分)。

68. 答:影响大型锻件质量(主要是内部质量)的因素包括冶炼(0.5分)、铸锭(0.5分)、锻前加热(0.5分)、锻造(0.5分)、锻后冷却(0.5分)、热处理(0.5分)和检验(0.5分)等整个生产过程中的每个环节。其中,锻造工艺对大型锻件质量影响尤为重要(1.5分)。

69. 答:飞边槽有5种形式(0.5分)。

飞边槽的作用是在水平方向上增加金属流出模膛的阻力,迫使金属充满模膛(2分);同时起到缓冲作用,减轻上下模的对击,防止锻模在冲击载荷作用下产生崩塌现象(2分);还可容纳多余金属(0.5分)。

70. 答:噪声的危害主要表现在:(1)损害听觉(0.5分);(2)影响人们的正常生活(0.5分);(3)引发多种疾病(0.5分);(4)减低劳动生产率、甚至引起事故(0.5分);(5)对建筑物的损害(0.5分)。

针对噪声危害的不同情况,其防治最根本的方法是从声源上治理(0.5分)。即将发声体改造或治理成不发声体或少发声体(0.5分)。其次是采取一定的消声措施,尽量减轻噪声的影响(1.5分)。

六、综合题

1. 解:$A_0=\frac{\pi d_0^2}{4}=\frac{3.14\times 10^2}{4}=78.54(\text{mm}^2)$(1分)

$A_1=\frac{\pi d_1^2}{4}=\frac{3.14\times 7.07^2}{4}=39.24(\text{mm}^2)$(1分)

$l_0=5d_0=5\times 10=50(\text{mm})$(1分)

$l_1=61.5\ \text{mm}$(1分)

$\sigma_s=\frac{F_s}{A_0}=\frac{21\ 980\ \text{N}}{78.54\ \text{mm}^2}=280\ \text{MPa}$(2分)

$\sigma_b=\frac{F_b}{A_1}=\frac{36\ 110\ \text{N}}{39.24\ \text{mm}^2}=920\ \text{MPa}$(2分)

$\delta=\frac{l_1-l_0}{l_0}\times100\%=\frac{61.5-50}{50}=23\%$(1 分)

$\psi=\frac{A_0-A_1}{A_0}\times100\%=\frac{78.54-39.24}{78.54}=50\%$(1 分)

答:此试样的 σ_s 为 280 MPa,σ_b 为 920 MPa,δ 为 23%,ψ 为 50%。(1 分)

2. 解:锻件冷却后的收缩量 $\Delta l=La=5\ 000\times1\%=50$(mm)(5 分)

剁切的长度 $L_0=L+\Delta l=5\ 000+50=5\ 050$(mm)(4 分)

答:锻件剁切时的长度应为 5 050 mm。(1 分)

3. 解:因 $L_n=aL_0=1.2\times10.50=12.6$($m^3$/kg)。(9 分)

答:燃烧重油实际供给的空气量 L_n 为 12.6 m^3/kg。(1 分)

4. 解:根据经验公式 $\tau=KK_1D\sqrt{D}$(2 分)

已知系数 K 在 850℃前、后都为 5。(2 分)

故 $\tau=2KK_1D\sqrt{D}=2\times5\times1.5\times0.433\sqrt{0.433}=4.27$(h)(5 分)

答:加热时间 τ 为 4.27 h。(1 分)

5. 解:拔长锻造比 $Y_L=\frac{D_0^2}{D^2}=\frac{300^2}{245^2}\approx1.5$(9 分)

答:锻造比 Y_L 为 1.5。(1 分)

6. 解:拔长锻造比 $Y_L=\frac{A_0}{A}=\frac{200\times200}{\pi\left(\frac{D}{2}\right)^2}=\frac{200\times200}{3.14\times\left(\frac{180}{2}\right)^2}\approx1.57$(9 分)

答:锻造比 Y_L 为 1.57。(1 分)

7. 解:镦粗锻造比 $Y_H=\frac{H_0}{H}=\frac{500}{200}=2.5$(3 分)

饼型锻件直径:$D=\sqrt{\frac{4\times0.98m_b}{\pi H\rho}}=\sqrt{\frac{4\times0.98\times\frac{\pi D_b^2H_b\rho}{4}}{\pi H\rho}}=\sqrt{\frac{0.98D_b^2H_b}{H}}=\sqrt{\frac{0.98\times3^2\times5}{2}}\approx$ 4.7(dm)=470(mm)(6 分)

答:锻造比 $Y_H=2.5$,圆饼形锻件直径 D 为 470 mm。(1 分)

8. 解:马杠扩孔锻造比 $Y_L=\frac{D_0-d_0}{D_1-d_1}=\frac{600-200}{800-600}=2$(9 分)

答:锻造比 $Y_L=2$。(1 分)

9. 解:芯轴拔长的锻造比 $Y_L=\frac{D_0^2-d_0^2}{D_1^2-d_1^2}=\frac{650^2-320^2}{500^2-300^2}\approx2$(9 分)

答:长筒形锻件的锻造比 Y_L 为 2。(1 分)

10. 解:因为 $Y_L=\frac{A_b}{A}=\frac{B^2}{\pi\left(\frac{D}{2}\right)^2}=\frac{B^2}{3.14\times\frac{150^2}{4}}=1.3$(4 分)

故　正方形边长 $B=\sqrt{1.3\times3.14\times\frac{150^2}{4}}=151.529$(mm)(4 分)

取 $B=152$ mm(1 分)

答:所需最小正方坯边长为 152 mm。(1 分)

11. 解:锻件尺寸:

$D=D_0+a=608\ mm+22\ mm\pm9\ mm=630\ mm\pm9\ mm$(2 分)

$H=H_0+b=142\ mm+18\ mm\pm8\ mm=160\ mm\pm8\ mm$(2 分)

$d=d_0+c=453\ mm+27\ mm\pm12\ mm=480\ mm\pm12\ mm$(2 分)

锻件质量 $m=\frac{\pi(D^2-d^2)}{4}H\rho=\frac{3.14\times(6.3^2-4.8^2)}{4}\times1.6\times7.85\approx164\ kg$(3 分)

答:锻件外径 D 为 630 mm±9 mm,内径 d 为 480 mm±12 mm,高度 H 为 160 mm±8 mm,锻件质量为 164 kg。(1 分)

12. 解:余面质量 $m=0.18(D-d)^2(D+2d)=0.18\times(4-1.5)^2\times(4+2\times1.5)=43.75(kg)$(5 分)

两余面质量 $m_g=2m=2\times43.75\ kg=87.5\ kg$(4 分)

答:台阶轴两余面质量 m_g 为 87.5 kg。(1 分)

13. 解:端部切头质量 $m_c=1.8D^3=1.8\times2^3=14.4(kg)$(9 分)

答:端部切头质量 m_c 为 14.4 kg。(1 分)

14. 解:$m=6.16(D+0.35h)^2h=6.16\times(5+0.35\times1)^2\times1=176.3(kg)$(9 分)

答:锻件质量 m 为 176.3 kg。(1 分)

15. 解:端部切头质量 $m_c=1.65D^3=1.65\times4^3=105.6(kg)$。(9 分)

答:端部切头质量 m_c 为 105.6 kg。(1 分)

16. 解:端部切头质量 $m_c=2.36B^2H=2.36\times2.5^2\times1.2=17.7(kg)$(9 分)

答:端部切头质量 m_c 为 17.7 kg。(1 分)

17. 解:端部切头质量 $m_c=2.2B^2H=2.2\times5^2\times3=165(kg)$(9 分)

答:端部切头质量 m_c 为 165 kg。(1 分)

18. 锻件质量 $m=\left(\frac{3}{2}a^2\tan60°-\frac{\pi}{4}d^2\right)h\rho=\left(\frac{3}{2}\times0.87^2\times\tan60°-\frac{3.14}{4}\times0.6^2\right)\times0.6\times7.85\approx7.9(kg)$(9 分)

答:六角螺帽锻件质量 m 为 7.9 kg。(1 分)

19. 解:锻件质量 $m_f=\frac{\pi H\rho}{4}(D^2-d^2)=\frac{3.14\times0.9\times7.85}{4}\times(3^2-1.2^2)\approx41.93(kg)$(3 分)

冲孔边皮质量 $m_{re}=\frac{\pi}{4}d^2\cdot\frac{H}{3}\rho=\frac{3.14}{4}\times1.2^2\times0.3\times7.85=2.66(kg)$(3 分)

坯料质量 $m_b=(m_f+m_{re})(1+2\%)=(41.93+2.66)\times(1+0.02)\approx45.48(kg)$(3 分)

答:锻件质量 m_f 为 41.93 kg,坯料质量 m_b 为 45.48 kg。(1 分)

20. 解:镦粗坯料直径:

$D=(0.8\sim1)\sqrt{\frac{m_b}{\rho}}=(0.8\sim1)\sqrt{\frac{62.8}{7.85}}=1.6\sim2=160\sim200\ mm$(3 分)

选取 $D=180\ mm$(1 分)

坯料高度 $H=\frac{4\ m_b}{\pi D^2\rho}=\frac{4\times62.8}{3.14\times1.8^2\times7.85}\approx3.15(dm)=315(mm)$(3 分)

因 $1.25\times180\ mm\leqslant315\ mm\leqslant2.5\times180\ mm$,故选取坯料直径 $D=180\ mm$,高度 $H=$

315 mm,能满足镦粗对坯料尺寸的要求。(2 分)

答:坯料直径 D 为 180 mm;高度 H 为 315 mm。(1 分)

21. 解:正方形边长:

$A=(0.75\sim0.9)^3\sqrt{\frac{m_b}{\rho}}=(0.75\sim0.9)^3\times\sqrt{\frac{7.85}{7.85}}=(0.75\sim0.9)\times1=0.75\sim0.9(\text{dm})=$ $75\sim90(\text{mm})$(4 分)

选取 $A=80$ mm(1 分)

坯料高度 $H=\frac{m_b}{\rho A^2}=\frac{7.85}{7.85\times0.8^2}=1.56(\text{dm})=156(\text{mm})$(3 分)

因 1.25×180 mm$\leqslant315$ mm$\leqslant2.5\times180$ mm,故选正方截面坯料边长 $A=80$ mm,高度 $H=156$ mm,能满足镦粗对坯料尺寸的要求。(2 分)

22. 解:最小坯料面积 $A_b=Y_LA_f=Y_L\frac{\pi D^2}{4}=1.3\times\frac{3.14\times200^2}{4}=40\ 820(\text{mm}^2)$(4 分)

坯料直径 $D_b=\sqrt{\frac{4A_b}{\pi}}=\sqrt{\frac{4\times40\ 820}{3.14}}\approx228(\text{mm})$(3 分)

选取 $D_b=230$ mm。(2 分)

答:所需最小坯料直径 D_b 为 230 mm。(1 分)

23. 解:钢锭利用率 $\eta=[100-(\delta_T+\delta_g+\delta_{hl})]\times100\%=[100-(20+6+4)]\times100\%=$ 70%(9 分)

答:钢锭利用率 η 为 70%。(1 分)

24. 解:钢锭质量 $m_i=\frac{m_f}{\eta}=\frac{45}{60\%}\times100\%=75(\text{t})$(9 分)

答:钢锭质量 m_i 为 75 t。(1 分)

25. 解:$A_c=A_f+2A_{sg}=7\ 496+2\times240=7\ 976(\text{mm}^2)$(4.5 分)

$d_c=1.13\sqrt{A_c}=1.13\sqrt{7\ 976}=100.9(\text{mm})$(4.5 分)

答:在该处计算毛坯截面积为 7 976 mm^2,直径为 100.9 mm。(1 分)

26. 解:$V_c=V_f+V_{sg}=500\ 000\ \text{mm}^3+115\ 413\ \text{mm}^3=615\ 413\ \text{mm}^3$(3 分)

$A_m=\frac{V_c}{L_c}=\frac{615\ 413\ \text{mm}^3}{328\ \text{mm}}=1\ 876.2\ \text{mm}^2$(3 分)

$d_m=1.13\sqrt{A_m}=1.13\sqrt{1\ 876.2\ \text{mm}^2}=48.9$ mm(3 分)

答:计算毛坯的平均截面积为 1 876.2 mm^2,平均直径为 48.9 mm。(1 分)

27. 解:已知 $V_{sg}=\frac{1}{5}V_f=\frac{1}{5}\times600\ 000\ \text{mm}^3=120\ 000\ \text{mm}^3$(3 分)

$V_c=V_f+V_{sg}=600\ 000\ \text{mm}^3+120\ 000\ \text{mm}^3=720\ 000\ \text{mm}^3$(2 分)

$A_m=\frac{V_c}{L_c}=\frac{720\ 000\ \text{mm}^3}{350\ \text{mm}}=2\ 057.14\ \text{mm}^2$(2 分)

$d_m=1.13\sqrt{A_m}=1.13\sqrt{2\ 057.14\ \text{mm}^2}=51.25$ mm(2 分)

答:计算毛坯的平均截面积为 2 057.14 mm^2,平均直径为 51.25 mm。(1 分)

28. 解:因 $A_m=\frac{d_m^2}{1.13^2}=\frac{50^2\ \text{mm}^2}{1.13^2}=1\ 957.86\ \text{mm}^2$(3 分)

$V_v=A_mL_c=1\ 957.86\ \text{mm}^2\times380\ \text{mm}=743\ 986.8\ \text{mm}^3$(3 分)

$V_f=V_c-\frac{1}{6}V_c=743\ 986.8\ mm^3-12\ 3997.8\ mm^3=619\ 989\ mm^3$(3分)

答:计算毛坯体积为743 986.8 mm^3,锻件的体积为619 989 mm^3。(1分)

29. 解:因 $A_c=A_f+2A_{sg}=8\ 000\ mm^2+2\times280\ mm^2=8\ 560\ mm^2$(4分)

$d_c=1.13\sqrt{A_c}=1.13\sqrt{8\ 560\ mm^2}=104.55\ mm$(5分)

答:该处计算毛坯截面积为8 560 mm^2,直径为104.55 mm。(1分)

30. 解:因 $A_c=A_f+2A_{sg}=7\ 500\ mm^2+2\times\frac{1}{40}\times7\ 500\ mm^2=7\ 875\ mm^2$(4分)

$d_c=1.13\sqrt{A_c}=1.13\sqrt{7\ 875\ mm^2}=100.3\ mm$(5分)

答:该处计算毛坯截面积为7 875 mm^2,直径为100.3 mm。(1分)

31. 解:因 $A_c=\frac{d_c^2}{1.13^2}=\frac{100^2}{1.13^2}=7\ 831.47\ mm^2$(4分)

$A_f=A_c-2A_{sg}=7\ 831.47\ mm^2-2\times\frac{1}{25}\times7\ 831.47\ mm^2=7\ 204.97\ mm^2$(5分)

答:锻件在该处的截面积为7 204.97 mm^2。(1分)

32. 解:因 $A_m=\frac{V_c}{L_c}=\frac{597\ 346\ mm^3}{300\ mm}=1\ 991.15\ mm^2$(4分)

$d_m=1.13\sqrt{A_m}=1.13\sqrt{1\ 991.15\ mm^2}=50.42\ mm$(5分)

答:计算毛坯的平均截面面积为1 991.15 mm^2,平均直径为50.42 mm。(1分)

33. 解:因 $A_m=\frac{d_m^2}{1.13^2}=\frac{60^2\ mm^2}{1.13^2}=2\ 819.3\ mm^2$(4分)

$V_c=A_mL_c=2\ 819.3\ mm^2\times300\ mm=845\ 790\ mm^3$(5分)

答:计算毛坯体积 V_c 为845 790 mm^3。(1分)

34. 解:因 $A_m=\frac{V_c}{L_c}=\frac{600\ 000\ mm^3}{360\ mm}=1\ 666.67\ mm^2$(4分)

$d_m=1.13\sqrt{A_m}=1.13\sqrt{1\ 666.67\ mm^2}=46.13\ mm$(5分)

答:计算毛坯的平均直径是46.13 mm。(1分)

35. 解:因 $V_c=V_f+V_{sg}=(5\ 800\ 000mm^3+560\ 000\ mm^3)\times(1+2\times0.03)\approx6\ 741\ 600\ mm^3=6.75\ dm^3$(5分)

$m=\rho V_c=7.85\times6.75=53(kg)$(4分)

答:锻件的坯料体积为6.75 dm^3,质量为53 kg。(1分)

36. 解:因 $V_c=V_f+V_{sg}=805\ 000\ mm^3+\frac{1}{6}\times805\ 000\ mm^3=939\ 166.67\ mm^3$(3分)

$A_m=\frac{d_m^2}{1.13^2}=\frac{80\ mm\times80\ mm}{1.13^2}=5\ 015.67\ mm^2$(3分)

$L_c=\frac{V_c}{A_m}=\frac{939\ 166.67\ mm^3}{5\ 015.67\ mm^2}=187.25\ mm$(3分)

答:计算毛坯长度为187.25 mm。(1分)

37. 解:$A_c=\frac{d_c^2}{1.13^2}=\frac{100\ mm\times100\ mm}{1.13^2}=7\ 836.99\ mm^2$(5分)

$$A_{sg}=\frac{A_c-A_f}{2}=\frac{7\ 836.99\ \text{mm}^2-7\ 420\ \text{mm}^2}{2}=208.5\ \text{mm}^2$$（4 分）

答:该处飞边的截面积 A_{sg} 为 208.5 mm^2。(1 分)

38. 答:如图 1 所示。(10 分)

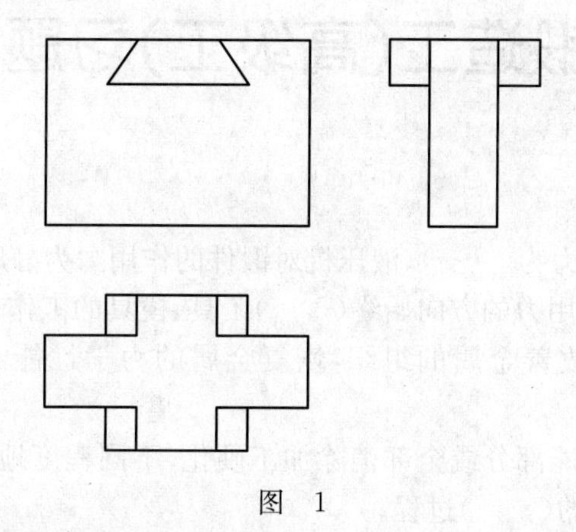

图 1

39. 答:如图 2 所示。(10 分)

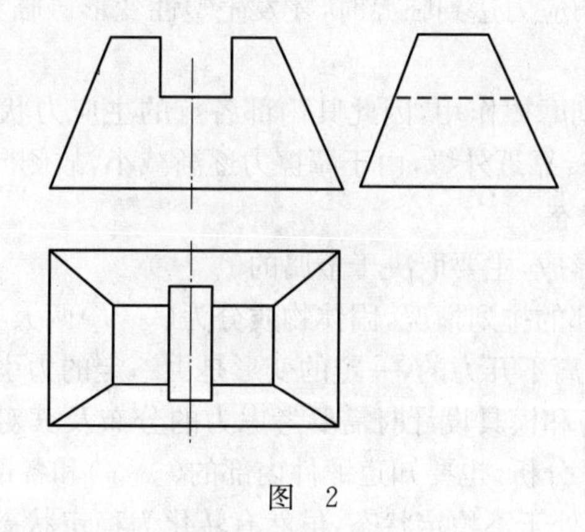

图 2

40. 答:如图 3 所示。(10 分)

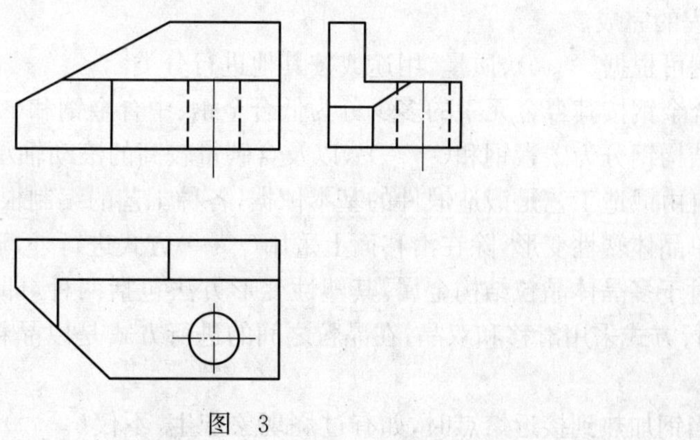

图 3

锻造工(高级工)习题

一、填 空 题

1. 锻锤对锻件的作用力为(　　),液压机对锻件的作用力为静压力。

2. 锻件对锻锤的反作用力的方向始终(　　)工具、模具的工作表面而指向金属坯料。

3. 再结晶的作用是:改善金属的组织,恢复金属的力学性能和物理性能,完全消除了(　　)所引起的不良影响。

4. 由于回复和再结晶能部分或全部消除加工硬化,不同程度地提高金属的塑性,故通常将这两个过程统称为金属的(　　)过程。

5. 当金属温度低于相变温度时,仍然对金属进行锻打,就会留下(　　)。

6. 只有当金属内部的切应力达到临界时,才发生塑性变形。临界切应力的大小决定于金属的种类和(　　)。

7. 镦粗变形时金属受到摩擦作用,因此其内部各点的主应力状态不同,中心部分具有较大的侧向压力的(　　)状态,靠近外缘,由于摩擦力逐渐减小,故侧向压应力随之减小,至表面层已看成是单向的压应力状态。

8. 热变形纤维组织的形成,主要取决于金属的(　　)。

9. 根据原子在物质内部的排列情况,固体物质分为(　　)两大类。

10. 金属塑性变形总是离不开力的,一定的变形是由一定的力引起的,力关系到锻件的成型和质量。不仅在选择设备和模具设计时需要考虑力的分布及其对锻造成形的影响,而且对锻件的工艺塑性和内部质量分析,也要知道锻件内部的(　　)和各部变形情况。

11. 加工硬化后的金属处于不稳定状态,虽然有转化为稳定状态的趋势,但在常温下由于(　　)很微弱,因此无法恢复到稳定状态,只有提高金属温度来增加原子的活动能量,才能促使这种过程的完成。

12. 钢可根据(　　)、质量、用途或按其他进行分类。

13. 合金钢按其合金元素的多少分为低合金钢、中合金钢和(　　)三种。

14. 结构钢分为碳素钢和(　　),以及含碳量较高的滚动轴承钢和弹簧钢。

15. 自由锻造工艺是锻造锻件的基本依据,各种工艺的编制根据(　　)的模式进行。

16. 单晶体塑性变形,除在滑移面上采用(　　)方式进行外,还采用双晶方式进行。

17. 对于多晶体晶粒结构金属,其塑性变形方法包括两种,即晶内变形和(　　);在晶粒内部的进行方式采用滑移和双晶;在晶粒之间的进行方式是以晶粒的相互间位移和转动的形式发生。

18. 当钢加热到接近熔点时,如有过烧现象产生,不仅(　　)显著降低,变形抗力也大大减小,轻击即碎裂。

19. 金属的塑性与变形的外部条件有很大关系,外部条件包括:变形温度、变形程度、

(　　)、应力状态和摩擦力等。

20. 坯料镦粗时可形成三个基本变形区,与上、下砧接触部位为(　　),中间部位为易变形区,周侧为较易变形区。

21. 一种金属塑性的高低,不仅取决于它本身的化学成分和(　　),还和变形的外部条件有很大关系。)

22. 当坯料变形区受拉应力的影响越小,而受压应力的影响越大时,则坯料的(　　)越高,反之亦然。

23. 利用金属塑性变形理论进行分析:塑性只是反映金属塑性变形的能力;变形抗力是反映塑性变形的(　　),塑性变形能力强,变形不一定容易。

24. 坯料拔长时,当变形部分的(　　)尺寸大于送进量时,对增长有利,反之对增宽有利。

25. 所谓偏析,就是指钢锭内部化学成分和杂质分布不均匀,从而导致钢锭的(　　)不一致,一般可以采取锻造手段消除或减轻。

26. 钢锭内白点的宏观特征是,在纵断面上呈现为银白色的斑点,而在横断面上表现为(　　),从而大大降低了钢的性能。

27. 大型锻件采用钢锭锻造时,对于合金钢或重要锻件,冒口的切除量一般为 25%～30%,底部的切除量一般为(　　)。

28. 重油燃烧时雾化的目的是:将燃油变成(　　)以增加燃烧表面,使燃料迅速而稳定地燃烧。

29. 重油燃烧时雾化的方法主要有:(　　)、低压空气雾化、高压空气雾化。

30. 影响重油雾化效果的主要因素有:重油温度和(　　),雾化剂的压力和喷速。

31. 加热炉炉温高低主要与燃料种类、(　　)及炉子结构、密封、保温条件等。

32. 确定坯料锻造温度范围的主要依据是该种材料的(　　)图、塑性－抗性图、再结晶图。

33. 实现少、无氧化加热的方法主要有:快速加热、介质保护加热、少无氧化(　　)和电加热。

34. 三段式加热主要包括:预热阶段、升温阶段和(　　)阶段三个连续加热阶段。

35. 红热锻件在冷却之前主要存在残余应力、温度应力、(　　)应力,必须采取正确的冷却方法消除。

36. 热电偶工作端应插入炉内均温区,深入炉内应大于(　　)mm,以减少测量误差。

37. 热电偶高温计是根据热电效应原理制成的,光学高温计是根据(　　)原理制成的。

38. 对锻模材料的基本要求是:应满足模具在 300～600℃条件下,具有良好的冲击韧性、导热性、高温耐磨性和(　　)性能。

39. 锻模损坏形式主要有:锻模破裂、(　　)、磨损和模槽变形等四种类型。

40. 锻模(　　)不仅是提高锻模使用寿命的有效措施,也是安全生产的重要环节。

41. 锻模使用过程中冷却方法主要有:自然降温冷却、吹风喷水雾冷却、盐水冷却、(　　)等四种冷却。

42. 常见模具润滑剂有:重油润滑剂、锯末、盐水、(　　)和水基石墨润滑剂。

43. 模锻件拔模斜度一般按 3°、5°、7°、(　　)、12°和 15°六个规定系列值选取。

44. 热锻件图主要是作为设计模具、制造模具、(　　)用,不能作为锻造生产使用。

45. 对于模锻成型锻件,在设计锻件图时,除了合理地加放余块、确定余量和公差、还要合理确定(　　)位置、模锻斜度、圆角半径、冲孔连皮等,并在设计热锻件图时合理选择收缩率。

46. 锻压加工按坯料、工具和变形方式不同可分为:自由锻造、模锻、挤压、拉拔、(　　)、板料成型和剪切七类。

47. 空气锤和蒸汽-空气自由锻锤,新安装或大修后验收试车的三大程序是:试车前准备、(　　)和负荷试车。

48. 从力学角度分析,锤杆断裂原因主要是疲劳破坏,因此要想提高锤杆寿命,根本上应从提高材质的(　　)入手,具体办法是改进锤杆的热处理工艺。

49. 大型锻件的锻造特点是优先保证其内部质量。通过锻造各工序,一是保证锻合内部缺陷,二是使(　　)均匀,三是满足锻件不同方向机械性能要求。

50. 高合金钢按常温下的基本组织可分为:铁素体钢、(　　)、奥氏体钢、马氏体钢和莱氏体钢五大类。

51. 高合金钢的锻造特点就是塑性(　　),金属流动性差,变形抗力大。

52. 锻造铜合金时,锤击要轻快,翻转要(　　),使变形量均匀,以避免锻造裂纹产生。

53. "JTS"锻造变形特点是:首先要用强力对坯料造成内外 250～350℃的温差,使表面变形抗力增加,而中心仍保持高温(　　),然后采用专用压实砧锻造。

54. 模锻模燕尾、键槽、检验角等在形状和尺寸上都是标准化的,并且为了简化制造、增强互换,规定 1～2 t 锤是相同的,3～5 t 是相同的,(　　) t 锤是相同的。

55. 采用预锻模膛的锻件,主要有:工字型断面锻件、叉形锻件、带枝芽锻件、(　　)和其他复杂难充满锻件。

56. 锁扣按功能分,可分为平衡锁扣和一般锁扣两大类,其中平衡锁扣的主要作用就是为了平行上下模的(　　)。

57. 闭口式滚挤模膛断面形状为椭圆形,聚料效果较好,而且滚挤出的坯料表面圆滑,终锻时不易产生(　　)。

58. 采用挤压工艺时,首先要根据不同材料和不同的挤压方法,对加热温度、挤压速度、(　　)和挤压力这四个主要工艺参数合理正确选定。

59. 模锻锤随着吨位的增加,锻件允许错差一般规定为:1～2 t 锤为 0.8～1 mm,3～5 t 锤为(　　)mm,10 t 以上为 1～2 mm。

60. 对于新制或翻新锻模,使用单位必须根据(　　)和制造技术条件,对照加工单位提供的合格证件进行复验,复验结果应符合锻模制造技术条件。

61. 锻造工艺规程,包括:(　　)设计和指令性工艺文件编写两个方面。

62. 编制锻造工艺规程的依据是:产品图样、(　　)、现场条件和生产批量四个方面。

63. 工艺卡片,就是把编制好的工艺规程,择其主要项目和内容填写在专用的卡片上,下达到生产班组,用以指导(　　),它是锻造生产基本的工艺文件。

64. 锻件上常见的裂纹主要包括:表面横向裂纹、表面纵向裂纹、表面龟裂和(　　)四种。

65. 自由锻件尺寸超差的原因,多是由于下料过大或对锻件各部分截面坯料(　　),卡的不准造成,

66. 锻件成品质量检验包括:锻件外观检验、(　　)和力学性能检验三个方面。

67. 锻件内部质量检验包括:(　　)、低倍组织检验、高倍组织检验和内部缺陷无损检验

四项内容。

68. 力学性能检验包括:机械性能检验和锻件(　　)两个方面。

69. 化学成分检验内容,就是通过化学分析检测原材料所含(　　)及其含量和有害成分含量是否与出厂证件相符并达到国家标准要求的范围之内。

70. 高速锤实际上是一种利用高压气体,在极短的时间内,(　　)来推动锤头高速地打击坯料使之成型的特殊模锻成形设备。

71. 辊锻按工艺用途可分为制坯辊锻和(　　)辊锻,主要适用于长杆类锻件。

72. 多向模锻是把坯料放在多向分模的组合模具内,用垂直和水平两个方向的冲头同时或依次对模具加压,使坯料在封闭模内处于三向(　　)状态下变形,从而可获得精度较高的锻件。

73. 径向锻造工艺上两个显著特点是:(　　)锻打和脉冲(多向对称、高频同步)锻打。

74. 高能螺旋压力机和摩擦压力机之所以都属于螺旋压力机一类,是由于它们不仅具有基本相同的工作机构(由飞轮或齿轮,螺杆和滑块组成),而且(　　)也是相同的。

75. 液压系统由油泵元件、(　　)、控制元件和辅助元件四种部分组成。

76. 曲柄滑块机构由曲柄、连杆、滑块和(　　)等组成。

77. P 点为弹性极限点,这时的强度称为(　　)极限,也叫弹性极限。

78. 零件在受到大小和方向(　　)变化的交变载荷的作用下,所发生的破坏现象称作疲劳。

79. 布氏硬度试验应用较广,适用于测量硬度不高的金属,多用在经过退火、正火和(　　)钢件的表面硬度测量。

80. 洛氏硬度试验,适用于测量硬度较高的金属,多用于经(　　)后的高硬度工件、表面热处理工件等。

81. 维氏硬度试验,广泛用于测量(　　)工件及化学热处理后的工件硬度。

82. Fe-Fe_3C 相图中有(　　)个单向区、7个双向区。

83. 球化退火是将钢加热到 A_{cm} 线以上 10～20℃,保温较长时间,而后随炉缓冷至略低于该钢的 A_{r3} 线以下一个温度,再保温一段时间使钢中的 Fe_3C 凝聚成球状,从而获得(　　)。

84. 设电源输出电压为 U,电阻 R_1 和 R_2 串联于电路中,则流过这两个电阻总电流 $I=$(　　),消耗在这两个电阻上的功率分别为 $P_1=I^2R_1$ 和 $P_2=I^2R_2$。

85. 发电机是根据(　　)的最基本原理制成的,它是一种把其他形式(非电能)转变为电能的装置。

86. 钳工划线的主要步骤,首先要看清图样,然后是工件清理涂色、(　　)、划线、最后在线条上冲眼。

87. 在进行锉削时,对锉刀粗细的选择,应考虑:工件加工余量大小、加工精度高低、(　　)和材料性质 4 个主要因素。

88. 一切物质都是由原子构成的。根据原子在物质内部的排列情况,固态物质分为晶体和非晶体两大类。晶体都具有规则的外形,有(　　)和各向异性,非晶体则与其相反,没有固定的熔点,并呈各向同性。

89. 金属坯料在外力作用下发生尺寸和形状改变的现象,称为变形,变形分为弹性变形和塑性变形、(　　)三种。

90. 回复不能改变加工硬化金属的晶粒形状、大小及在变形时所形成的方向性,也不能使金属晶粒之间和晶粒内部的物质破坏得到恢复,而且对金属的力学性能改善也没有多大影响,但回复可以使大部分(　　)消除。

91. 金属组织决定于所含合金成分、主要元素的晶格类别和(　　)、形状及均匀性,以及所含杂质的性质、数量分布等情况。

92. 摩擦使工具表面的温度升高,使工具的(　　)而变形,并使工具表面易磨损,因而降低了工具的使用寿命。

93. 金属和合金的性能主要决定于它的内部组织状态,也就是说,不同化学成分的金属材料具有不同的组织结构,因而具有不同的性能,但是同一化学成分的金属材料,采用不同的加工方法(包括不同条件下的塑性变形和热处理),可以改变其内部的(　　),从而改变它的性能。

94. 金属和合金常见的晶格有(　　)、面心立方晶格和密排六方晶格三种基本类型。

95. 表示金属塑性的指标有延伸率、断面收缩率、(　　)和变形程度。

96. 锻锤运转(　　)要进行一次满足规定内容要求的一级保养。

97. 由于铸造组织粗大的树枝状结晶和不可避免的铸造缺陷,致使金属材料塑性显著下降,甚至导致金属破坏,因此在锻造钢锭时,要特别小心谨慎,开坯倒棱要(　　)。

98. 如能使纤维的分布符合零件的受力要求,则(　　)所形成的纤维组织正是其一大优点,也是其他加工方法不可能获得的。

99. 为了减少变形抗力,宜采用具有异号主应力图的变形方式,但这对提高金属的(　　)是不利的。

100. 根据最小阻力定律可知,拔长用砧子越窄对坯料的增长越有利。用塑砧拔长可限制金属横向流动,迫使金属沿轴向流动与平砧相比,可使拔长效率提高 20%～40%,其原因是改变了受力状态,并且可防止中心产生(　　)而引起内部裂纹。

101. 在应力状态中,压应力个数越多,数值越大,则金属的塑性越大,反之,拉应力个数越(　　),数值越大,则金属的塑性越低。

102. 摔模是一种最简单的胎模,一般由锻造工用反印法制造。要求摔模(　　)、不卡模,坯料转动方便,摔出的锻件表面光滑。

103. 扣模的种类分为单扣模、双扣模和(　　)。

104. 各种合金元素对钢的使用性能和(　　)都有一定的影响。

105. 模膛尺寸精度应按锻件所要求的精度由制模方法来决定,其表面粗糙度决定于坯料成型的方式和(　　),模膛表面粗糙度越好,对于成型和脱模越有利。

106. 合模是有飞边的胎膜,须按照锻件形状的复杂程度、分模面(　　)、导向位置所能承受的错移力的能力以及生产批量等情况,分别选择能与之相适应的导向装置的合模结构。

107. 合模采用的装置有导销、导锁、(　　)三种形式。

108. 计算毛坯由头部、杆部和(　　)三部分组成。

109. 高合金钢按其正常温度下的基体组织可分为铁素体钢、(　　)、马氏体钢、奥氏体钢和莱氏体钢五大类。

110. 锻造高速钢选用锻造比,要根据原材料碳化物不均匀度级别和产品对碳化物不均匀度级别的要求来决定,其总的锻造比取(　　)。

111. 选择高速钢的锻造方法要根据零件的使用部位和工作要求，以及原材料内部质量情况来决定，常用的锻造方法有单向镦粗、(　　)轴向反复镦粗、径向十字锻造、综合锻造法及滚边锻造法等。

112. 高锰无磁钢的终锻温度应控制在900℃以上，通过控制热锻过程的再结晶，可使奥氏体晶粒(　　)和均匀，当变形温度为950℃，变形程度为10%～20%时，可获得比较均匀的细晶粒组织。

113. 高锰无磁钢多用于锻造护环，该钢种属(　　)，在常温及半热(630℃左右)状态下塑性高，其伸长率一般在50%以上。

114. 护环锻造过程中，镦粗锻造比应该在2.5～3范围内，冲孔时钢坯直径与冲头直径之比应(　　)，以防止冲裂。镦粗与冲孔应在高温下进行，故最好分为两火。

115. 镁合金塑性较低、(　　)、流动性差且粘度大。

116. 钛合金具有强度高、(　　)、耐腐蚀性强、密度小等优越性能，广泛应用于航空和造船工业。

117. 铜合金具有良好的导电性、(　　)性和耐腐蚀性，所以常用于国防、仪表、造船等产品制造方面，也常用于装饰品。

118. 铜合金最好在电阻炉内加热，也可以用火焰加热，但要用文火，为防止火焰直接加热坯料引起局部过烧，应用(　　)垫盖，这样还可以防止铜屑落入加热炉底影响钢料加热。

119. 镦粗后拔长锻造比小者，切向力学性能会发生显著改善，若镦粗后拔长锻造比(　　)时，将呈轴向纤维流向，镦粗对切向力学性能的影响已很小。

120. 镦粗后的高径比应尽量选用(　　)，镦粗变形程度应大于50%。

121. 叶轮锻件除了满足化学成分和力学性能的要求外，还应经过超声波探伤、酸洗、硫印、(　　)等检查。

122. 汽轮机转子和发电机转子，其钢锭利用率一般为45%～55%，冒口端锭身压除率为(　　)，水口端锭身切除率为10%～22%。

123. 液压传动中的控制阀分为压力控制阀、流量控制阀和(　　)三种。

124. 气缸按结构特点不同分为活塞式气缸、(　　)、薄膜式气缸和气-液阻尼缸四种。

125. 油缸按运动形式不同，可分为推力油缸和(　　)两大类。

126. 油缸除了应具有足够的强度和刚度外，还必须考虑到(　　)排气防尘、密封和膨胀等各方面的要求。

127. 利用(　　)作为工作介质，借助运动着的压力油来传递动力和运动的传动方式称为液压传动。

128. 对锤锻件，当锻件长度上的横截面积相差较大时，必须选用(　　)等工步，来改变坯料形状。

129. 多晶体变形方式有晶内变形和(　　)两种。

130. 温度对金属塑性的影响并非呈直线式关系变化，在某些材料的升温过程中，会出现(　　)的现象，所有金属的加热温度接近熔点时，其塑性显著降低。

131. 拔长时坯料是否锻透，这对钢锭和大断面的钢坯是至关重要的，它直接影响锻件的质量。用平砧拔长时坯料上有难变形区和易变形区，随着压力的增大，易变形区能逐渐增长，砧块越宽，变形深度(　　)。

132. 减少工具、模具与变形的接触面积，除了可以直接减少总变形力外，还由于减少了（ ）而降低单位流动压力。

133. 滚挤模膛有开口式、（ ）、闭口式、不对称闭口、不等宽闭口式等形式。

134. 高速钢最后一火锻造要有足够变形量，终锻温度不能过高，以防（ ）和堆积。

135. 镁合金对变形速度敏感，最好用工作速度慢的压力加工，一次成型的变形速度不大于（ ）。

136. 水压机锻造的镦粗和拔长工序除用于改变坯料的形状外，更重要的是改善材料的（ ）。

137. 孪晶变形与滑移相似，它也是发生在一定的晶面上，并且也需要（ ）达到一定的临界值。

138. 变形温度低于回复温度时，金属变形过程中只有加工硬化而无（ ）现象，因此已变形的金属只有加工硬化的特征，这种变形被称为冷锻。

139. 为了防止铜渗入钢的晶界，必须避免（ ）落入加热炉内，所以加热铜的时候，必须将铜料放在铁皮箱或在下面垫好钢板，加热完毕后进行彻底清除。

140. 金属的锻造成型按温度来分，有冷锻、温锻（半热锻）、（ ）。

141. 套模分无下垫套模、有下垫套模、（ ）和拼分镶块套模四种。

142. 型摔的横截面可以是（ ），也可以是菱形，还可以两者同时选用。

143. 高速钢锻造的主要目的是（ ），使其均匀分布。

144. 锻镁合金的锻模，应预热到（ ），模锻过程中应使用润滑剂。

145. 中心压实分为（ ）、二面压实和单面压实三种。

146. 油泵是液压系统的（ ），是将原动机（电动机或内燃机）输出的机械能转变为油液压力能的能力转化装置。

147. 高速钢锻造拔长时每次送进量应为(0.6～0.8)倍坯料高度，过大易产生十字裂纹，过小会造成中心（ ）。

148. 高锰无磁钢在750℃左右有碳化物析出使塑性下降，并影响强化效果，为此，一般是将终锻产品（ ）冷却，终锻温度应高于900℃。

149. 实际操作中，送进量很关键，砧“宽”还是砧“窄”，是用机械送进量来衡量的。一般认为相对送进量L/H=（ ）较合适，锻造性好，轴向出现压应力状态对锻合钢锭内部缺陷效果最佳。

150. 超声波探伤是目前对大型锻件内部缺陷检查的主要方法，其优点是（ ）、灵敏度高。

151. 变形程度对改善金属的组织状态有很大的影响。在锻造钢锭时，它可以消除铸造组织，对于无相变的合金要避开（ ），防止锻后晶粒粗大。

152. 选择胎模材料时，应考虑经济、适用，当锻件生产数量少时，应选用（ ）等来改变坯料形状。

153. 对于模锻件，当锻件长度上的横截面积相差较大时，必须选用（ ）等工步来改变坯料形状。

154. 高速钢锻造比的计算方法建议采用（ ）。

155. 锻件上两相邻台阶之间的圆角、斜面等过渡部分的金属体积，以及端部斜面的金属体积,称为(　　)。

156. 圆形锻件分模面上水平投影面积等于(　　),可用坐标纸法和求积法测量。

157. 终锻模膛是模锻(　　)的模膛,它是用来获得带有飞边的锻件,其尺寸是按照锻件图来制定的。

158. 在确定摔光的模膛横截面形状时,当金属的变形量不大或仅用于摔光和整形,模膛横截面可制成(　　)。

159. 合模制坯的胎模,当锻件形状不对称,又有较大的水平错移,或锻件的精度要求较高时,可采用没有导向装置的(　　)。

160. 在模锻温度下,锻件冷却收缩量一般可取(　　),对于细长杆件或停锻温度较低的锻件可取 1.2%。

161. 高速钢锻造始锻温度不能(　　),否则易破碎。

162. 一般采用拔长与镦粗对改善(　　)的效果显著。

163. 铜合金锻造温度范围比钢的锻造温度范围要(　　),因此要严格控制。因为铜的始锻温度受铜的低熔点限制,因此不能过高,而在终锻温度以上锻造,由于进入脆性温度区,易造成锻后晶粒长大。

164. 铝合金的锻造温度范围值较小,一般为(　　),某些高强度铝合金的锻造温度范围差值不超过 100℃。

165. WHF 法计算鼓肚率是制定 WHF 法的重要步骤,只有按照公式 $d=0.78-0.14\times10^{-3}D$($D$ 为压下前坯料直径)计算鼓肚率,才能确定压下后的直径和(　　),然后填入表格作为 WHF 法操作的依据。

166. 50Mn18Cr-4N(18-4 型)护环钢在固溶状态下的屈服点(δ_s约 400 MPa)在强化后尚能满足目前护环要求,但应力腐蚀现象存在,所以要求材料无磁性,强度和韧性都能满足设计要求,同时还应具有(　　)性能。

167. 冷轧辊用新钢种 DZ801,具有较高的耐磨性和(　　),以及具有足够的强度,平均轧钢量比 9Cr2Mo 提高 3 倍。

168. 在晶体内,原子按一定几何规律在空间排列成所谓的结晶构架,叫做(　　)。

169. 不利于金属塑性变形的应力状态是(　　)状态。

170. 在外力作用下,金属内部(晶粒之间和晶粒内部)发生了变形,但仍有恢复到原来状态的趋势,即金属内部对外力作用所引起的变形具有一种抵抗力,这种力叫做(　　)。

171. 将引起金属发生变形的作用去掉后,金属仍不能恢复到原来的尺寸和形状而产生了永久变形,这叫做(　　)。

172. 某金属的再结晶温度是 1 200℃,而在变形时的温度为 1 100℃,这种变形叫做(　　)。

173. 材料的化学成分的含量越高,所允许的(　　)范围越窄小。

174. 金属坯料在单位时间内的变形程度叫做(　　)。

175. 在锻造热变形过程中,由于杂质及化学成分的不均匀性的定向分布状态而形成的纤维组织叫做(　　)。

176. 水压机自由锻造中压钳把、倒棱、切 T 肩或切水口等工序均属于(　　)。

177. 中心压实法每次压下量为坯料高度的(　　),每锤之间需搭接 100 mm,第二面压实砧子边界。

178. 3Cr13不锈钢按基本组织分类，应属于(　　)不锈钢。

179. W6Mo5Cr4V2属于(　　)钢种。

180. 拔长低温区加热速度太快或者塑性较低的钢锭时，如果相对送进量太小(<0.5)时，会产生严重的不均匀变形，使中心部分的金属受到很大拉应力，导致内部产生(　　)。

181. 摩擦会改变作用力的分布，因而也改变了变形金属内部各点的(　　)状态。

182. 当锻造设备吨位一定时，接触面积越大，单位面积上的压力就越小，因此变形深度就(　　)。

183. 胎膜锻件上的透孔，先锻成盲孔，盲孔中间留有一层金属，待锻件成型后用锤或冲床冲掉，这块金属称为(　　)。

184. 高速钢具有很高的红硬性和耐磨性是由于(　　)在淬火加热时，一部分溶解于奥氏体，淬火后固定在马氏体内，未溶解的部分又以细小的颗粒状分布在钢中的结果。

185. 有耐高强化学腐蚀性、抗高温氧化性和高温强度的钢或合金统称为(　　)。

186. 防止网状碳化物产生，应在800℃左右使锻件所有截面都有一定的变形，最后一火的终锻温度不高于(　　)。

187. 将锻坯拔长成扁方使其砧宽比提高，以达到(　　)的目的的锻造方法，叫做SUF法，又叫正扁方法。

188. 为了防止网状碳化物的产生，可采取的措施之一是确保最后一火的拔长锻造之比不小于(　　)。

189. 锻件进行低倍检验，可以检查出锻件内部金属疏松、偏析、外来夹杂的级别程度，以及有无白点、(　　)等情况。

190. 由于摩擦力的存在，必须增加外力来克服它对金属变形的阻力，因而摩擦会增加金属的(　　)。

191. 发电机护环锻件的变形强化工艺方法的原理是利用金属塑性变形时产生(　　)现象来提高其强度的。

192. 坯料直接在终锻模膛内锻造成型，模具可不固定在锤上，这种锻造法属(　　)。

193. 由于高速钢的组织和化学成分特点，使得它具有塑性低、导热性差、易退碳和(　　)等特点，因此一般采用三段式加热。

194. 铝合金模锻时，锻模需要预热至(　　)并采用胶状石墨混合物作润滑剂，也可采用机油石墨或用动物油作润滑剂。

195. 主变形工序是决定锻件(　　)优劣的关键工序，包括镦粗、强力拔长等。

196. 综合锻造法对于设备能量较小，而砧宽比为0.5时，完全可以锻合和压实锻件内部缺陷，(　　)，均匀细化晶粒。

197. WHF法的砧宽比坯料比值应为(　　)，最小值不小于0.4，最佳值应为0.67～0.77。

198. 锻造用铝合金中的三种主要强化元素是(　　)。

199. 摩擦会使(　　)产生，它是由摩擦力不均匀变形而引起的结果。

200. 钢的分类分为按(　　)、按质量、按用途和按其他分类等几种分类法。

201. 材料的强度，常用材料单位面积上的抗拉力来表示，称为(　　)。

202. 不同的变形工序，往往由于受力方式不同使变形区内质点的(　　)不同，而使变形相差悬殊。

203. 只有(　　)不锈钢,有同素异构转变。

204. 钛合金在900℃以下锻造时,(　　)受变形速度影响较大,在900℃以上则无明显的影响,在压力机和锤上均可锻造。

205. 0Cr18Ni9按不锈钢基本组织分类应为(　　)不锈钢。

二、单项选择题

1. 在液压传动系统中,液压泵是(　　)。
(A)动力元件　(B)执行元件　(C)控制元件　(D)传动元件

2. 液压传动中,应合理的选择液压油,一般情况下,在工作环境温度较低时,应采用(　　)的液压油。
(A)高粘度　(B)较低粘度　(C)高、低粘度均可　(D)适中粘度

3. 柱塞泵中的柱塞往复运动一次,完成(　　)一次。
(A)吸油　(B)压油　(C)吸油和压油　(D)循环

4. 若改变径向柱塞泵定子和转子的偏心距的大小和方向,则可改变(　　)。
(A)流量大小和方向　(B)流量大小　(C)油流方向　(D)转子转速

5. 柱塞泵比齿轮泵及叶片泵的(　　)。
(A)工作压力低、流量小　(B)工作压力高、流量小
(C)工作压力高、流量大　(D)工作压力低、流量大

6. 液压系统中的最高工作压力等于(　　)。
(A)溢流阀的调整压力　(B)油泵额定压力
(C)油缸面积　(D)油泵最高压力

7. 一般液控单向阀的最小液控压力约为主油路压力的(　　)。
(A)10%～30%　(B)30%～50%　(C)50%～60%　(D)60%～70%

8. 大流量的液压系统所使用的换向阀一般为(　　)。
(A)手动换向阀　(B)电磁换向阀　(C)电液动换向阀　(D)电动换向阀

9. 减压阀的出口压力比进口压力(　　)。
(A)高　(B)低　(C)不高也不低　(D)高的多

10. 溢流阀是利用(　　)压力来控制主阀芯动作的。
(A)进油口　(B)出油口　(C)进、出油口　(D)设定

11. 减压阀在不工作时,进、出油口(　　)。
(A)互通　(B)不通
(C)可互通也可不通　(D)不相连

12. 顺序阀的结构和工作原理与溢流阀相似,不同处是顺序阀出油口接(　　)。
(A)油箱　(B)下级液压元件
(C)油箱和下级液压元件　(D)上级液压元件

13. 调速阀是由(　　)而成的。
(A)减压阀和节流阀串联　(B)减压阀和节流阀并联
(C)溢流阀和节流阀串联　(D)溢流阀和减压阀

14. 为保证液压系统油液清洁,应采用(　　)。

(A)油箱　(B)过滤器　(C)净化的油液　(D)密封管道

15. 扩口薄壁管接头适用于(　　)系统。

(A)中、低压　(B)中、高压　(C)高压　(D)低压

16. 当用一个液压泵驱动几个工作结构按一定的顺序动作时,应采用(　　)回路。

(A)方向控制　(B)调速　(C)顺序动作　(D)开式

17. 采用顺序阀实现的顺序动作回路,其顺序阀的调整压力应(　　)先移动的液压缸所需最大压力。

(A)小于　(B)大于　(C)等于　(D)小于等于

18. 反作用力的方向始终(　　)工、模具的工作表面,而指向金属坯料。

(A)垂直于　(B)平行于　(C)倾斜于　(D)成一定角度与

19. 当(　　)的方向与金属所要填充的方向一致时,将有助于金属充满模膛,设计锤上锻模时,多把难充满的较深的部分放在上模。

(A)作用力　(B)摩擦力　(C)惯性力　(D)正应力

20. 将引起金属发生变形的作用力去掉后,金属仍不能恢复到原来的形状和尺寸,而发生了永久变形,这叫做(　　)。

(A)弹性变形　(B)塑性变形　(C)破裂　(D)瞬间变形

21. 金属在变形过程中产生的加工硬化现象,给金属继续变形和以后的切削加工带来了一定的困难,因此在生产实践中,常采用(　　)来消除。

(A)退火　(B)正火　(C)时效处理　(D)回火

22. 再结晶的作用是改善金属的组织,恢复金属的力学性能,完全消除(　　)所引起的不良影响。

(A)残余应力　(B)塑性变形　(C)锻造　(D)加工硬化

23. 由于回复和再结晶能部分或全部消除加工硬化,不同程度的提高金属的塑性,故通常将这两个过程称为金属的(　　)。

(A)加工　(B)变形　(C)软化　(D)锻造

24. 在金属的软化过程中,回复过程使冷变形金属的(　　)大部分消除。

(A)方向性　(B)纤维组织　(C)残余应力　(D)硬化

25. 金属的回复和再结晶温度视金属材料的不同而异,与金属材料的熔点有关,对于纯金属来说,回复的温度为(0.25～0.3)$t_{熔}$;再结晶的温度为(　　)。

(A)(0.3～0.35)$t_{熔}$　(B)(0.4～0.5)$t_{熔}$　(C)(0.7～0.8)$t_{熔}$　(D)$t_{熔}$

26. 金属的(　　),其再结晶的温度越高。

(A)纯度和熔点越低　(B)熔点越高和变形程度越小

(C)原始晶粒越粗大及纯度越低　(D)熔点越高和变形程度越大

27. 金属塑性的好坏,不仅与滑移系的多少有关,还与温度、载荷等外部条件有关。而常见的几种晶格类型中,具有(　　)的材料塑性最好。

(A)体心立方晶格　(B)面心立方晶格　(C)密排立方晶格　(D)密排六方晶格

28. 变形程度对改善金属的组织状态有很大的影响,所以在锻造生产中常用(　　)来反映金属的变形程度。

(A)塑性　(B)锻造比　(C)屈服强度　(D)延伸率

29. 金属的变形温度在再结晶温度以上,并且在变形过程中硬化和软化现象同时存在,而软化又能完全抵消硬化的影响,变形后的金属具有再结晶的等轴细晶粒组织,这种变形叫(　)。

(A)冷变形　(B)温变形　(C)热变形　(D)温锻

30. 热变形纤维组织的形成,主要取决于金属的(　)。

(A)材质　(B)加热温度　(C)变形程度　(D)内在质量

31. 热变形形成的纤维组织比较稳定,只能用(　)才能改变其分布。

(A)热处理　(B)反复镦、拔　(C)挤、拔　(D)镦粗

32. 热变形形成的纤维组织越明显,金属的纵、横向力学性能的差别(　)。

(A)越小　(B)不变　(C)越大　(D)越不明显

33. 晶粒的细化,有利于(　)金属的塑性。

(A)提高　(B)降低　(C)不影响　(D)阻挠

34. 经过冷塑性变形后的金属,其变形量(　),金属的晶粒越细小。

(A)超过临界变形程度越大　(B)低于临界变形程度越小

(C)超过临界变形程度越小　(D)低于临界变形程度越大

35. 钢中的硫不溶于铁中,而常常形成化合物,其中最常见的是(　),它常分布在晶界上,熔点很低(980℃),易使金属产生红脆性。

(A)FeS 和 MnS　(B)H_2S　(C)Fe-FeS　(D)Fe_2S_3

36. 钢在(　)范围内,由于其中一些杂质从固溶体内析出,使钢的塑性明显降低,所呈现的脆性称为蓝脆性。

(A)200～350℃　(B)350～600℃　(C)700～800℃　(D)1 000℃以上

37. 金属坯料在单位时间内的变形程度,叫做(　)。

(A)工具运动速度　(B)应变速度　(C)行程速度　(D)变形速度

38. 提高金属变形速度,使其产生变形热效应,一般情况下金属的塑性提高,抗力(　)。

(A)提高　(B)减小　(C)不变　(D)变化不明显

39. 不同的变形工序往往由于受力方式不同,而使变形区质点的(　)不同,则使变形抗力相差悬殊。

(A)流动情况　(B)应力状态　(C)摩擦力　(D)附加应力

40. 在一般工艺条件下,由于摩擦力的存在,必须增加外力来克服它对金属变形的阻力,因而摩擦会增加金属的(　)。

(A)加工硬化　(B)锻造温度　(C)变形力和变形功　(D)残余应力

41. 摩擦会阻碍变形金属的流动,同时造成接触表面附近与内部的不均匀变形,使金属的塑性(　)。

(A)提高　(B)降低　(C)不变　(D)无明显变化

42. 金属的合金元素含量越多,一般来说其强度、硬度越高,而摩擦系数(　)。

(A)越大　(B)越小　(C)不变　(D)无明显变化

43. 根据最小阻力定律,不难想象矩形截面坯料在镦粗时,四周将逐渐外凸,直至趋于达到(　)为止。

(A)椭圆形　(B)圆形　(C)正方形　(D)多边形

44. 用平砧拔长圆截面坯料时，横向截面内，难变形区犹如刚性的楔子，将外力转化为横向拉应力，传递给坯料的其他部分，越靠近心部拉应力越大，故容易在心部产生（　　）。

(A)横向裂纹　(B)纵向裂纹　(C)十字裂纹　(D)中心裂纹

45. 正挤压实心零件的主应力状态是（　　）的应力状态。

(A)三向等压　(B)二压一拉　(C)三向不等压　(D)二拉一压

46. 锭料镦粗时上、下端部常易残留铸态组织，这是由于镦粗过程中的（　　）所引起的。

(A)难变形区的存在　(B)设备吨位不足　(C)温度不均匀　(D)变形速度太快

47. 用上、下V形砧拔长时，相对送进量（　　）时为窄砧锻造。

(A)<1　(B)<0.8　(C)<0.6　(D)<0.4

48. 只要钢的塑性允许，应尽量采用大压下量拔长。但为了避免锻件产生折叠，单边压下量应（　　）送进量。

(A)大于　(B)等于　(C)小于　(D)大于等于

49. 砧子形状对拔长质量影响较大，采用（　　）拔长时，坯料中心的变形程度最大，又处于强烈三向压应力状态，因此能很好的锻合心部缺陷，并且拔长效率也高，坯料轴心线不易偏移。

(A)上、下V形砧　(B)上平、下V形砧　(C)上、下平砧　(D)上、下圆弧砧

50. 实心冲头冲孔时，当D_0/d（　　）时拉缩严重，外径明显增大，出现“走样”。

(A)≤2.5　(B)为3～5　(C)>7　(D)5～7

51. 主变形工序是决定锻件（　　）优劣的关键工序，包括镦粗和强力拔长等。

(A)表面质量　(B)内在质量　(C)几何形状　(D)尺寸精度

52. 不论采用一次镦粗或两次镦粗，均应使镦粗变形程度大于50%，镦粗后的高径比应尽量选为（　　）为好。

(A)0.9　(B)0.4　(C)0.6～0.65　(D)0.2

53. WHF法的砧宽比应为（　　），最小不小于0.5，最佳值为0.67～0.77。

(A)0.4～1　(B)0.5～2.2　(C)0.6～0.8　(D)0.6～2.5

54. 自由锻造工艺是锻造锻件的基本依据，各种工艺的编制是依据（　　）的模式进行的。

(A)典型工艺　(B)实际应用　(C)需方要求　(D)工艺规范

55. 镦粗变形可以使钢锭的（　　）组织达到一定程度的破碎。

(A)网状　(B)片状　(C)树枝状铸造　(D)针叶状

56. 在平砧或上平、下V形砧间进行拔长，当相对送进量不小于（　　）时，称为宽砧锻造。

(A)0.2　(B)0.3　(C)0.4　(D)0.5

57. 宽砧强力压下拔长时，每次压下双面压缩量的变形程度，要达到（　　）才有好的效果。

(A)25%　(B)10%　(C)15%～20%　(D)30%

58. 计算鼓肚率是制定WHF法的重要步骤，只有按照公式$\alpha=0.78-0.14\times10^{-3}D$（$D$为压下前的坯料直径）计算出鼓肚率，才能确定压下后带鼓肚面的（　　）和宽度尺寸。

(A)拔长率　(B)鼓肚量　(C)送进量　(D)拉缩量

59. 按锻件图要求锻出成品锻件所采用的工序，称为（　　）工序。

(A)检验　(B)终成型　(C)校正　(D)预锻

60. 按 WHF 法压下程序计算时，若压下率为 20%，第一次鼓肚率 α 取(　　)，以后的 α 按计算公式 $\alpha_i = 0.78 - 0.14 \times 10^{-3} D_{i-1}$ 得出。

(A)0.36　　(B)0.45　　(C)0.55　　(D)0.6

61. 大锻件中心压实的基本条件有三点：良好应力状态；合适的变形量；较高的(　　)。

(A)冷却速度　　(B)变形温度　　(C)变形速度　　(D)变形程度

62. JTS 法对坯料表面温度的准确性很重要，经研究和实践表明，表面冷至(　　)为最好。

(A)800℃　　(B)750℃　　(C)700℃　　(D)600℃

63. 温差锻造法由于坯料外冷内热，金属表里的变形抗力不同，施压时近似模锻的受力状态，坯料心部受到(　　)作用，达到锻合缺陷的目的。

(A)三向压应力　　(B)三向拉应力　　(C)双向压应力　　(D)压应力

64. 宽砧强力压下拔长时，一般以砧宽的(　　)以上为坯料的送进量。

(A)70%　　(B)80%　　(C)90%　　(D)60%

65. FM 法的特点是利用坯料不对称变形，使坯料中心部位处于最大(　　)和最大等效应变状态，为锻合中心部位孔隙性缺陷创造了有利的应力-应变条件。

(A)静水压应力　　(B)三向拉应力　　(C)双向压应力　　(D)压应力

66. FM 法的缺点是坯料上下两部变形不均，塑变区集中在坯料上半部，导致(　　)与变形后坯料中心线不重合。

(A)上砧中心线　　(B)平台中心线　　(C)钢锭中心线　　(D)下砧中心线

67. 热送钢锭直接压钳口，必须创造两个条件：第一，提高铸锭的(　　)；第二，炼钢车间与锻造车间的“热线”联系要畅通。

(A)脱模温度　　(B)浇注温度　　(C)浇注速度　　(D)运送速度

68. 超长筒体的拔长完工一般采取(　　)完工的方法。

(A)整体锻压　　(B)逐节锻压　　(C)调头锻压　　(D)分体锻压

69. 对于单件小批生产的大型曲轴，主要采用(　　)的半连续纤维锻造法。

(A)错拐成型　　(B)挤拐成型　　(C)扭拐成型　　(D)弯曲镦锻

70. 锥形环的锻造成型一般采用(　　)进行扩孔的方法生产。

(A)等截面筒体　　(B)圆锥体冲孔　　(C)变截面筒体　　(D)圆柱体冲孔

71. 平砧拔长圆坯料，若压下量较小，接触面较窄、较长，金属多向横向流动，心部受到较大的拉应力，容易使锻件产生(　　)。

(A)表面纵向裂纹　　(B)表面横向裂纹　　(C)心部纵向裂纹　　(D)心部横向裂纹

72. 芯轴拔长时，特别是两端在低温区拔长时，由于端面应力和应变状态复杂多变，拉应力、切应力反复作用，导致端面内壁开裂。因此，应在高温下(　　)，可防止或减少裂纹的产生。

(A)先拔中间　　(B)先拔冒口端　　(C)先拔水口端　　(D)先拔两端

73. 结构合理、(　　)、轻便耐用的胎模是进行胎模锻造生产的重要条件。

(A)制造精密　　(B)制造粗糙　　(C)制造简单　　(D)设计合理

74. 摔子工作时，工件需不停转动，为了防止卡模或夹肉，除要求模膛表面光滑，所有开口处需要(　　)。

(A)保留尖角　　(B)进行倒角　　(C)圆弧过渡　　(D)磨平

75. 扣模主要用于(　　)工件终锻前的截面变形,使金属沿轴线方向得到合理分配,或进行弯曲,以改变轴心线方向及局部扣形等制坯工序。有时也做简单形状工件的终锻成型使用。

(A)圆锥体　(B)圆柱体　(C)非旋转体　(D)旋转体

76. 扣模从结构上分开口和闭口两种。根据(　　)不同又分为有导向和无导向两种形式。

(A)变形速度　(B)变形温度　(C)操作方式　(D)变形受力

77. 套筒模是一种应用最广的胎模形式,特别适宜(　　)工件进行镦粗、局部镦粗及镦挤等工序。

(A)旋转体　(B)非旋转体　(C)棱柱体　(D)圆锥体

78. 合模是一种(　　)的开式胎模,由上模、下模及导向定位装置三部分组成。

(A)有开口　(B)有飞边槽　(C)无飞边槽　(D)套筒式

79. 合模导销与上模孔的配合为(　　)。

(A)过盈配合　(B)过渡配合　(C)间隙配合　(D)自由公差

80. 合模导销与下模孔的配合为(　　)。

(A)过盈配合　(B)过渡配合　(C)间隙配合　(D)自由公差

81. 合模导锁的形状、尺寸和位置取决于(　　)、分模面形状(平面或曲面)、导锁作用(单纯导向或平衡错移力)等因素。

(A)锻造余量　(B)锻造公差　(C)锻件形状　(D)力学性能

82. 导套一般用在(　　)胎模上,导向效果良好,不易损坏,但模块周围表面加工精度较高。导套有矩形和圆形两种。

(A)小型　(B)中型　(C)大型　(D)特大型

83. 冷切边劳动条件好,设备利用率高,对(　　)和有色金属件比较合适,只要设备能力及生产条件许可应优先考虑冷切。

(A)高合金钢　(B)高碳钢　(C)低碳结构钢　(D)耐热钢

84. 当胎模锻件材料的含碳量或合金元素含量较高,切边后还需热校正或热弯曲或冷切设备能力不足时,则采用热切边,这时模具按(　　)设计。

(A)冷锻件图　(B)热锻件图　(C)零件图　(D)锻件图

85. 选用胎膜材料时,应优先考虑(　　),尽量选用库存或易购材料及锻造、机加工、热处理等工艺性能好的材料。

(A)经济适用　(B)技术先进　(C)经久耐用　(D)红硬性

86. 水压机的传动形式可分为三种,其中适用最广泛的是(　　)传动。

(A)水泵直接　(B)水泵带蓄势器　(C)水泵带增压器　(D)水泵带减压器

87. 碳钢锭料的拔长锻造比,通常为 2～2.5,高合金钢则应取(　　)。

(A)2～2.5　(B)<2　(C)>3　(D)<1

88. 高合金钢按其在(　　)的基体组织可分为铁素体钢、珠光体钢、马氏体钢、奥氏体钢和莱氏体钢五大类。

(A)高温下　(B)常温下　(C)低温下　(D)冷却时

89. 各种合金元素对钢的使用性能和(　　)都有一定的影响。

(A)工艺性能　(B)物理性能　(C)力学性能　(D)化学性能

90. 高速钢中含有大量的钨、铬、钒等合金元素,它们与钢中(　　)形成稳定的化合物,并以细小的颗粒均匀分布在钢中,从而使高速钢有较高的热稳定性和极高的红硬性。

(A)碳　(B)铁　(C)磷　(D)硫

91. 高速钢锻造的始锻温度(　　),否则易碎裂。

(A)不能过高　(B)不能过低　(C)要低　(D)要高

92. 锻造高速钢选用锻造比要根据原材料碳化物不均匀度级别和产品对碳化物不均匀度级别的要求来决定,其总的锻造比应取(　　)。

(A)2　(B)3　(C)4　(D)5～14

93. 圆形截面高速钢坯料锻造时,加热未均匀热透,或加热时已经过热或锻造时温度过低等,将会造成(　　)。

(A)对角线裂纹　(B)中心裂纹　(C)碎裂　(D)十字裂纹

94. W18Cr4V 钢的温度在(　　)℃ 时塑性和韧性最好,故这时应重击进行大变形量锻造。

(A)1 000　(B)1 100　(C)1 200　(D)900

95. 生产实践证明拔长比镦粗对改善(　　)的效果明显。

(A)碳化物分布　(B)力学性能　(C)工艺性能　(D)物理性能

96. 对高速钢锻造来说,随着(　　)的增加,碳化物不均匀度级别逐渐降低。

(A)加热火次　(B)镦、拔次数　(C)退火次数　(D)脱碳

97. 对莱氏体钢锻件反复镦拔时,其总锻造比等于各次(　　)之和。

(A)拔长锻造比　(B)镦粗锻造比

(C)镦粗锻造比和拔长锻造比　(D)锻造比

98. 高速钢拔长时,每次送进量应为坯料截面高度的(　　)倍,过大易产生十字裂纹,过小会造成中心横向裂纹。

(A)0.8～1.2　(B)0.6～0.8　(C)0.3～0.5　(D)0.1～0.2

99. 在高速钢锻造方法中,由于(　　)使得坯料中心部分的金属外流到表面,在圆周表面上将造成碳化物分布不均匀,因此不宜用于刃口分布在圆周表层刀具的锻造。

(A)单向拔长　(B)轴向反复镦拔　(C)径向十字锻造　(D)"FM"锻造

100. 对于冷冲模,由于其工作部位在锻件中部,宜采用(　　)锻造法。

(A)单向拔长　(B)轴向反复镦拔　(C)径向十字锻造　(D)"JTS" 锻造

101. 球墨铸铁在变形过程中自润滑性好。这是因为在球墨铸铁截面上,石墨球所占面积约为(　　),石墨球在基体上均匀弥散分布,形成许多润滑质点,故在变形过程中起到良好的润滑作用。

(A)5%～10%　(B)15%～20%　(C)25%～30%　(D)35%～40%

102. 球墨铸铁基体含碳量相当于(　　),当加热到 950℃时,呈单一奥氏体,具有较好的塑性。第二相球状石墨为脆性相,虽然在 950℃高温下其硬度有所下降,但在一般压力状态下仍被认为没有塑性。

(A)高碳钢　(B)中碳钢　(C)低碳钢　(D)合金钢

103. 高锰无磁钢多用于锻造护环,该钢种属于(　　)钢,在常温及半热(630℃左右)状态下塑性高,其伸长率一般在 50%以上。

(A)铁素体　(B)奥氏体　(C)珠光体　(D)马氏体

104. 高锰无磁钢在750℃左右有碳化物析出，使(　　)下降，并影响了强化效果。

(A)塑性　(B)冲击韧度　(C)强度　(D)磁性

105. 在碳的质量分数为0.4%～0.6%的中碳钢中，锰的质量分数达16%～19%时，可得到稳定的(　　)组织，成为无磁钢。

(A)铁素体　(B)奥氏体　(C)珠光体　(D)马氏体

106. 由于护环热锻后还需进行变形强化，并且根据护环的强度级别要求来确定(　　)，热锻是为冷锻准备坯料，热锻后锻件尺寸应满足冷胀的变形要求。

(A)变形速度　(B)变形温度　(C)变形程度　(D)变形量

107. 护环楔块扩孔强化是将环坯套在由楔块组成的模具上，用水压机压楔块中间的(　　)冲头，使楔块被迫张开，环坯被机械扩胀。

(A)圆柱形　(B)圆锥形　(C)棱柱形　(D)棱锥形

108. 护环固溶处理的目的，在于使碳化物充分固溶得到均匀的奥氏体组织，提高(　　)。

(A)强度指标　(B)工艺塑性　(C)冲击韧度　(D)延伸率

109. 不锈钢中铬的质量分数一般在(　　)以上，另外还含有一种或多种其他合金元素，因所含合金元素综合影响的结果，产生了三种基本类型的不锈钢。

(A)5%　(B)8%　(C)10%　(D)12%

110. 铁素体不锈钢中铬的质量分数一般在13%～30%范围内，为体心立方结构，铬固溶于体心立方的α-Fe固溶体中，其耐蚀性就总体而言不及奥氏体不锈钢，但在抗应力腐蚀能力方面却(　　)奥氏体不锈钢。

(A)优于　(B)差于　(C)相当于　(D)略差于

111. 马氏体不锈钢中铬的质量分数一般在12%～18%范围内，当加热到高温时组织为(　　)；冷却到室温时为马氏体，可热处理强化。

(A)奥氏体　(B)铁素体　(C)珠光体　(D)莱氏体

112. 马氏体不锈钢锻后要及时进行(　　)处理，消除内应力。

(A)淬火　(B)正火　(C)退火　(D)回火

113. 高合金钢再结晶温度高、速度低，将使其在锻造时产生的加工硬化不易消失，增大了变形抗力，锻后存在较大的(　　)。

(A)残余应力　(B)组织应力　(C)温度应力　(D)基本应力

114. 马氏体不锈钢锻后的冷却方式，应采用(　　)。

(A)空冷　(B)堆冷　(C)灰冷或炉冷　(D)强制冷却

115. (　　)不锈钢可以通过热处理方法细化晶粒，因而对最后一火的变形量无特殊要求。

(A)奥氏体　(B)铁素体　(C)马氏体　(D)莱氏体

116. 奥氏体不锈钢没有(　　)，当加热到1 000℃左右时，能获得均匀的奥氏体组织，即使在空气中或水中快速冷却，奥氏体组织仍能保持到室温。

(A)同素异构转变　(B)再结晶转变　(C)共析转变　(D)共晶转变

117. 1Cr18Ni9Ti不锈钢按其基体组织的分类方法属于(　　)不锈钢。

(A)奥氏体　(B)铁素体　(C)马氏体　(D)莱氏体

118. 钨能提高钢的(　　)和热强性，能形成特殊的碳化物而提高钢的强度。

(A)塑性 (B)冲击韧度 (C)红硬性 (D)弹性

119. 在反复镦拔高速钢坯料时，产生的(　　)易从坯料的棱角处开始产生，因此又有角裂之称。

(A)表面横向裂纹 (B)表面纵向裂纹 (C)对角线十字裂纹 (D)中心裂纹

120. 锻制 W18Cr4V 圆柱型齿轮滚刀时，最好采用(　　)法锻造。

(A)轴向反复镦拔 (B)十字镦拔 (C)三向锻造 (D)综合锻造

121. 护环坯在粗加工后必须先进行(　　)处理，然后进行变形强化。

(A)退火 (B)正火 (C)固溶 (D)淬火

122. 钢中镍含量越高，钢的强度、冲击韧度和抗蚀性等性能越高，但当镍的质量分数在6%～20%范围内，其塑性(　　)。

(A)保持不变 (B)下降 (C)提高 (D)增加

123. 为了减少对模锻锤气缸的磨损，最好选用(　　)材料的活塞环。

(A)铸铁 (B)碳钢 (C)聚四氟乙烯 (D)绝缘材料

124. 热模锻压力机在调试中，首先应注意的问题是(　　)。

(A)设备的振动 (B)离合器发热是否正常

(C)导轨的间隙 (D)设备的噪声

125. 平锻机在负荷试车时，首先应注意的问题是(　　)。

(A)主滑块行程是否符合要求 (B)设备振动大

(C)夹紧力是否足够 (D)离合器发热是否正常

126. 新安装使用的摩擦螺旋压力机，往往感到打击力不够，是(　　)造成的。

(A)操作系统不灵活 (B)螺杆与螺母磨合不理想

(C)离合器不灵活 (D)传动系统不灵活

127. 在液压系统中，系统最高液温不超过(　　)。

(A)40℃ (B)60℃ (C)65℃ (D)80℃

128. 在液压系统中，混入空气后对液压装置具有(　　)害处。

(A)降低油压 (B)油温升高 (C)损坏管路 (D)爆炸

129. 所有的模锻设备都有一个共同的装置，它就是(　　)装置。

(A)传动系统 (B)液压系统 (C)安全保护系统 (D)操作系统

130. 新型锻造设备大多采用了(　　)技术。

(A)新材料 (B)新工艺装置 (C)电子计算机控制 (D)PLC 控制

131. 影响锻造自动生产线正常生产的主要原因是(　　)。

(A)主机出故障 (B)机械手出故障

(C)生产线的自动控制系统故障 (D)生产线的辅助控制系统故障

132. 选择分模面应考虑金属充满模膛的条件，一般(　　)更易使金属充满型槽。

(A)上模比下模 (B)镦粗比挤入 (C)上、下模对称 (D)水平分模

133. 分模面选在锻件侧面的中间位置，便于发现错移，便于(　　)和减少切边残余飞边。

(A)充满成型 (B)锻件出模 (C)切边定位 (D)锻造

134. 锤上模锻件形状复杂的部分应尽量安排在(　　)，以利于金属充满成型。

(A)上模 (B)下模 (C)受力大的地方 (D)受力小的地方

135. 起模斜度分为内起模斜度和外起模斜度，一般内起模斜度比外起模斜度大(　　)。

(A)一级　(B)2°　(C)1°～2°　(D)3°

136. 在凸圆角半径确定后，相应处的内圆角半径一般按凸圆角半径的(　　)倍选取。

(A)1.5～2.5　(B)2.5～3.5　(C)3.5～4.5　(D)5以上

137. 当孔径大于(　　)，冲孔深度不大于冲孔直径时，冲孔连皮可以在切边冲孔工序中冲掉。

(A)25 mm　(B)40 mm　(C)60 mm　(D)80 mm

138. 高轮毂齿轮锻件的模锻工步一般采用(　　)。

(A)镦粗、终锻　(B)成型镦粗、终锻

(C)镦粗、预锻、终锻　(D)镦粗、预锻

139. 采用拔长、滚挤制坯时，若锻件与坯料的长度之差(　　)时，可不拔长直接进行滚挤。

(A)较小　(B)相等　(C)较大　(D)很大

140. 带叉口锻件的工步，要根据它自身的(　　)的变化大小来确定。

(A)叉口　(B)杆部长短　(C)轴线上截面　(D)枝丫

141. 饼类锻件计算坯料选用的高径比通常为(　　)。

(A)1.5～2.8　(B)1.5～2.2　(C)1.8～2.2　(D)1～1.5

142. 制定热锻件图，一般选用钢铁材料的收缩率为(　　)。

(A)1.2%～1.3%　(B)1.3%～1.4%　(C)1.2%～1.5%　(D)2.0%以上

143. 开式拔长模膛由坎部和仓部组成，其主要部分是(　　)尺寸。

(A)坎部宽度　(B)坎部高度和长度　(C)仓部长度　(D)仓部高度和长度

144. 开式滚挤模膛聚料效率较低，只在需要坯料具有(　　)截面时采用。

(A)矩形　(B)椭圆形　(C)方形　(D)圆形

145. 弯曲模膛的高度按其相应处锻件宽度的(　　)计算。

(A)0.8～0.85　(B)0.85～0.9　(C)0.8～0.9　(D)1.0以上

146. 在锻模上设置锁扣，是为了减少上、下模的(　　)。

(A)损坏　(B)偏心打击　(C)错移　(D)打击

147. 弯曲分模面由落差构成的锁扣称(　　)锁扣。

(A)侧面　(B)角　(C)平衡　(D)自然

148. 锁扣的间隙为锻件允许错移量的(　　)。

(A)1/2　(B)1/3　(C)1/4　(D)1/5

149. 若锻模中心与模块中心不能重合时，偏移量应不大于偏移方向模块尺寸的(　　)。

(A)5%　(B)10%　(C)15%　(D)25%

150. 模块的最大高度应考虑留有(　　)翻新量。

(A)2次　(B)3次　(C)3～4次　(D)5～8次

151. 冷切边比热切边所需的压力要大(　　)。

(A)2倍　(B)4倍　(C)5～6倍　(D)10倍

152. 切边凸模与锻件间在水平方向应留有(　　)间隙，以免锻件产生压痕。

(A)1.5～4 mm　(B)2～4 mm　(C)2.5～4 mm　(D)3～4 mm

153. 切边凸模与凹模之间应有一定间隙,并应由(　　)轮廓尺寸得到。

(A)减小凸模　　(B)增大凹模

(C)减小凸模或增大凹模　　(D)增大凸模或减小凹模

154. 锻件在各工序及传递过程中,可能产生(　　)等变形,因此需要校正。

(A)弯曲　　(B)扭转　　(C)弯曲或扭转　　(D)翘曲

155. 大型锻件一般采用(　　)校正。

(A)热　　(B)冷　　(C)压力机　　(D)直接

156. 校正模的承击面选取(　　)。

(A)25～30 cm^2/kN　　(B)30～40 cm^2/kN

(C)40～45 cm^2/kN　　(D)50～55 cm^2/kN

157. 在热模锻压力机上进行开式模锻,其起模斜度可比锤上模锻减小(　　)。

(A)1°　　(B)1°～2°　　(C)2°～3°　　(D)4°～5°

158. 在热模锻压力机上压制齿轮锻件时,其轮毂部分在预锻工步的体积应比终锻工步大(　　)。

(A)3%～4%　　(B)1%～3%　　(C)0.5%～1%　　(D)0.2%～0.3%

159. 在热模锻压力机上进行挤压时,一次压下量不能大于坯料高度的(　　)。

(A)1/3　　(B)1/4　　(C)1/5　　(D)1/6

160. 热模锻压力机模锻时上下模不直接接触而有一定间隙,其间隙的大小是由(　　)决定的。

(A)设备大小　　(B)滑块行程　　(C)飞边桥部厚度　　(D)飞边仓部厚度

161. 热模锻压力机模具的模膛内一般应设计排气孔,其直径为(　　)。

(A)1.2～2 mm　　(B)2.2～3 mm　　(C)3～4 mm　　(D)4.5～5 mm

162. 热模锻压力机选用镶块模具时,镶块厚度应大于模膛最大深度的(　　)倍。

(A)1.3～5.5　　(B)1.5～2.0　　(C)1.8～3.0　　(D)3.5～4.0

163. 热模锻压力机模块底部每平方毫米的承压力通常在(　　)左右为宜。

(A)400 MPa　　(B)350 MPa　　(C)300 MPa　　(D)500 MPa

164. 螺旋压力机的打击速度比模锻锤低,锻模的承击面较小,一般为相应锤锻模的(　　)左右即可。

(A)1/2　　(B)1/3　　(C)1/4　　(D)1/5

165. 平锻机可锻出(　　)个不同方向上具有凹档或凹孔的锻件。

(A)1　　(B)3　　(C)2　　(D)多

166. 平锻机起模斜度(　　)。

(A)比热模锻压力机大　　(B)比锤上模锻小

(C)较小或无起模斜度　　(D)比锤上模锻大

167. 对局部镦粗的平锻机锻件,若镦粗部分的长度与直径之比值小于或等于(　　)时,可一次镦粗到任意直径。

(A)1.8　　(B)2.2　　(C)2.5　　(D)3.5

168. 高速锤不能承受偏心打击,严禁空击,其最小变形量一般应大于(　　)。

(A)5 mm　　(B)8 mm　　(C)10 mm　　(D)3 mm

169. 深孔平锻机锻件的冲孔次数取决于孔深与冲孔直径的比值，第一次的比值为0.5，其余每次为(　　)。

(A)0.5　(B)0.5～1　(C)1～1.5　(D)2

170. 高速锤可准确控制能量，一般打击能量应控制在比锻件成型所需能量高(　　)为宜。

(A)5%～10%　(B)10%～15%　(C)15%～20%　(D)20%～25%

171. 高速锤模锻一般不需要起模斜度，或采用较小的起模斜度(　　)。

(A)2°～3°　(B)1°～3°　(C)0°30′～1°　(D)4°～5°

172. 对击锤生产的(　　)较差，适合中小批量锻件的生产。

(A)持续性　(B)稳定性　(C)持续性和稳定性　(D)耐用性

173. 由于对击锤操作不便，不宜进行(　　)锻造。

(A)大批量　(B)单模膛　(C)多模膛　(D)小批量

174. 根据挤压过程中金属流动方向与凸模运动方向的关系，可分为(　　)挤压形式。

(A)3种　(B)4种　(C)5种　(D)2种

175. 复合挤压中金属的流动方向与凸模运动方向(　　)。

(A)相同　(B)相反　(C)既相同又相反　(D)一致

176. 热挤压件的(　　)比模锻好。

(A)精度　(B)表面粗糙度　(C)精度和表面粗糙度　(D)性能

177. 粉末冷锻可使锻件的相对密度达到(　　)。

(A)80%　(B)95%　(C)98%～99%　(D)70%

178. 超塑性模锻中金属变形抗力小，其变形力是普通模锻的(　　)。

(A)几分之一　(B)几分之一到几十分之一

(C)几十分之一　(D)百分之一

179. 楔横轧影响锻件质量的主要参数是成形角α和楔展角β，α角一般选用(　　)。

(A)20°～30°　(B)20°～45°　(C)30°～45°　(D)50°～65°

180. 摆动碾压的锥形冲头的中心线和坯料中心线所成的夹角一般为(　　)。

(A)1°～2°　(B)2°～3°　(C)3°～5°　(D)5°～7°

181. 摆动碾压所需的变形力只相当于一般锻造变形力的(　　)。

(A)1/20～1/30　(B)1/5～1/20　(C)1/3～1/4　(D)1/4～1/2

182. 多向模锻的模具可以有(　　)分模面，可锻出形状更为复杂、尺寸更精确、无起模斜度和飞边的多向孔穴的锻件。

(A)2个　(B)3个　(C) 多个　(D)1个

183. 径向锻造利用垂直于坯料的(　　)锤头，对坯料进行高频率的同步打击来使锻件成型。

(A)3个或4个　(B)4个或6个　(C)6个或8个　(D)10个

184. 径向锻造可提高锻件的精度和表面粗糙度，热锻时外径公差可达(　　)。

(A)±0.5 mm　(B)±0.8 mm　(C)±1 mm　(D)±2 mm

185. 径向锻造采用热锻时，始锻温度一般比模锻低(　　)。

(A)50～100℃　(B)100～200℃　(C)200～300℃　(D)300～500℃

186. 辊锻分模面一般沿对称轴线或相等面积的分界线分模，起模斜度为(　　)。

(A)1°～3° (B)3°～10° (C)10°～12° (D)12°～15°

187. 多火次精锻时,预锻件应留有(　　)的欠压量。

(A)1.5～2 mm (B)0.5～1 mm (C)1～1.5 mm (D)0.1～0.5 mm

188. 碳钢在中温精锻时的加热温度范围为(　　)。

(A)500～600℃ (B)600～750℃ (C)750～850℃ (D)900～1 200℃

189. 精锻件尺寸精度高,表面光洁,能部分或全部不需加工,其尺寸精度可达(　　)。

(A)±0.5 mm (B)±0.3 mm (C)±0.4 mm (D)±0.2 mm

190. 精密模锻件锻后需采用(　　)冷却。

(A)空冷 (B)介质保护 (C)炉冷 (D)强制冷却

191. 热模锻压力机行程固定,一次完成(　　)个工步。

(A)4 (B)3 (C)2 (D)1

192. 锻件在锻完后实施正确的冷却的主要目的在于防止(　　)。

(A)晶粒长大 (B)进一步氧化和过热

(C)锻件变形和产生裂纹 (D)加工硬化

193. 确定坯料锻造温度范围的主要内容就是正确合理地确定(　　)。

(A)始、终锻温度 (B)加热温度和加热速度

(C)加热时间和均温时间 (D)加热温度和加热时间

194. 当坯料加热温度达到1 050～1 150℃时,其颜色呈(　　)。

(A)暗黄色 (B)亮红色 (C)黄白色 (D)橘黄色

195. 模锻模燕尾硬度之所以要比工作面低一些,主要是为了(　　)。

(A)提高锻模热疲劳性能

(B)提高燕尾韧性避免根部应力集中部位产生裂纹

(C)保护锤头和二层座燕尾面减少压陷

(D)避免模具碎裂伤人

196. 当锻模不断受到冲击载荷而产生的内应力超过材料的(　　)时,将首先从锻模应力集中处发生破裂。

(A)弹性极限 (B)屈服强度 (C)硬度 (D)强度极限

197. 锻件凸出部分圆角半径的增大,将导致该部加工余量的减少,但是可(　　)锻模相应部位的应力集中,所以既有利也有弊,要合理选择圆角半径。

(A)完全消除 (B)减小 (C)加剧 (D)抵消

198. 水压机是依靠(　　)使坯料变形的。

(A)冲击力 (B)积蓄在活动横梁上的巨大能量释放

(C)静压力 (D)积蓄能量和冲压力

199. 钢料的(　　)是确定其加热规范的主要依据。

(A)化学成分及导热性能 (B)化学成分及导热性能和截面尺寸大小

(C)截面尺寸 (D)燃料种类和炉型

200. 当坯料加热到始锻温度时,还必须要经过一段时间的(　　),以消除内、外温差和均匀组织。

(A)均温 (B)预热 (C)升温 (D)加热

三、多项选择题

1. 安全检查是为了防止(　　)的发生。
(A)伤亡事故　(B)职业病　(C)不安全操作
(D)不安全行为　(E)死亡事故

2. 电工绝缘用于每次使用前必须检查外观,发现有(　　)不准使用。
(A)变质　(B)粘连　(C)漏气
(D)龟裂　(E)破裂

3. 疏通堵塞的气焊焊枪的焊嘴时,应用(　　)
(A)钢丝　(B)铜丝　(C)铁丝
(D)竹签　(E)棉签

4. (　　)是机构按运动状态划分的主要构件。
(A)静件　(B)动件　(C)合件
(D)零件　(E)部件

5. 液压泵是提供一定(　　)的液压能源泵。
(A)流速　(B)流向　(C)功率
(D)流量　(E)压力

6. 电气系统控制线路由(　　)组成。
(A)主回路　(B)接触器　(C)熔断路
(D)继电器　(E)控制回路

7. 为了保证桥式起重机安全运行,在提升和运行机构中设有(　　)。
(A)终点挡架　(B)安全挡铁　(C)限位开关
(D)过载保护　(E)安全撞块

8. 高处作业的种类可以分为(　　)。
(A)一般高处作业　(B)特殊高处作业　(C)一级高处作业
(D)特级高处作业　(E)二级高处作业

9. 液压油混入空气的原因(　　)。
(A)油管接头松动　(B)密封纸垫破裂　(C)放气阀未开启
(D)背压调得过高　(E)系统管路过长

10. 液压系统驱动刚性差的原因是(　　)。
(A)液压泵选得太小　(B)空气混入液压系统
(C)驱动的负荷量太大　(D)液压泵内的零件严重磨损
(E)系统管路过长

11. 因为(　　),使液压系统压力损耗加大。
(A)油缸中心线与工作台移动方向不平行　(B)机床斜铁压板调得太紧
(C)油管太长、弯曲太多　(D)管道长期未清洗、造成堵塞
(E)空气混入系统

12. 液压系统机械损耗大,引起液压油发热的原因是(　　)。
(A)油缸安装不正　(B)油缸密封过紧　(C)压力调得太高

(D)油的粘度太大　(E)系统管路过长

13. (　　)是造成液压冲击的主要原因。

(A)系统压力过高　(B)油缸密封过紧

(C)节流缓冲装置失灵　(D)换向阀锥角太小

(E)液压系统管路过长

14. 液压系统节流缓冲装置失灵的主要原因有(　　)。

(A)背压阀调节不当　(B)换向阀锥角太小　(C)换向移动太快

(D)阀芯严重磨损　(E)系统压力调得太高

15. 制造精密零件的材料要有良好的(　　)。

(A)热处理性能　(B)尺寸稳定性　(C)力学性能

(D)加工性能　(E)化学性能

16. 热处理性能显著改变金属的(　　)。

(A)力学性能　(B)物理性能　(C)化学性能

(D)加工性能　(E)尺寸稳定性

17. 电接触加热是利用(　　)将工业用电的电压降至2～3 V,电流可达600～800 A。

(A)调压器　(B)阻抗器　(C)电容器

(D)变压器　(E)整流器

18. 设备电动机不能启动的主要原因是(　　)。

(A)电网电压过低　(B)未接地　(C)电动机过载

(D)接线脱落　(E)相位反接

19. (　　)造成设备电动机过热。

(A)电网电压过低　(B)缺相运行　(C)电网电压过高

(D)外壳带电　(E)未接地

20. 由于(　　)造成电动机外壳带电。

(A)缺相运行　(B)相线触及外壳　(C)接地线脱落

(D)严重过载运行　(E)相位接反

21. 电磁离合器铁心吸合时产生振动的原因是(　　)。

(A)线圈电压不足　(B)接线线头脱落　(C)严重过载运行

(D)铁心接触不良　(E)铁心卡死

22. (　　)是造成电磁离合器送电后衔铁不动作的主要原因。

(A)线圈电压不足　(B)严重过载运行　(C)接线线头脱落

(D)衔铁行程过大　(E)铁心接触不良

23. 热继电器主要用于电动机的(　　)及电流不平衡的保护。

(A)过载保护　(B)短相保护　(C)短路保护

(D)过电流保护　(E)过热保护

24. 产生接触开关触点过热或灼伤的原因是(　　)。

(A)网路电流过大　(B)网路电压过高　(C)触点有油污

(D)弹簧压力过小　(E)接触开关启动频繁

25. 由于触点(　　),使接触开关的触点熔焊。

(A)弹簧压力过小 (B)断开容量不够 (C)超行程太小
(D)有油污 (E)接触开关启动频繁

26. 接触开关衔铁吸不上是由(　　)造成的。
(A)网路电压过低 (B)线圈断线 (C)衔铁接触不良
(D)衔铁歪斜 (E)衔铁有油污

27. (　　)是继电器热元件烧断的主要原因。
(A)负载侧短路 (B)负载电流过大 (C)接线线头脱落
(D)操作频率过高 (E)网路电压过高

28. 由于(　　),使热继电器动作不稳定。
(A)动作触头接触不良 (B)动作机构卡组 (C)网路电压过低
(D)内部某些部件松动 (E)通电电流波动太大

29. (　　)是热继电器器动作太快的原因。
(A)内部部件松动 (B)整定值偏小 (C)操作频率过高
(D)负载电流过大 (E)网路电压过高

30. 时间继电器的主要故障形式是(　　)。
(A)动作延时缩短 (B)动作延时变长 (C)动作延时不稳
(D)不延时 (E)延时值与表示值不符

31. 速度继电器反接制动时由于(　　),导致电动机停车时不能制动。
(A)操作频率过高 (B)触头接触不良 (C)网路电压过高
(D)触头不动作 (E)电动机相位接错

32. 测量器具内在误差主要有原理误差、阿贝误差及(　　)。
(A)温度误差 (B)制造与装调误差 (C)校准误差
(D)读数方式误差 (E)仪器结构误差

33. 测量器具的读数方式误差由(　　)和估读误差组成。
(A)对准误差 (B)视差 (C)修正值误差
(D)装调误差 (E)校正值误差

34. 由被测工件测量基面的(　　)造成的误差,称为定位安装方法误差。
(A)定位 (B)安装方式 (C)找正
(D)对准 (E)装调方式

35. 由测量者的素质和(　　)形成了测量人员误差。
(A)文化水平 (B)业务水平 (C)责任心
(D)业务熟悉程度 (E)文化程度

36. 设备的工作精度检查,必须在设备(　　)完成后进行。
(A)外观检查 (B)几何精度检查 (C)空运转试验
(D)负荷试验 (E)超负荷试验

37. 设备工作精度检查反映了(　　)设备的几何精度。
(A)静态 (B)动态 (C)工作状态
(D)空载 (E)负载

38. 设备工作精度反映了设备工作运动中(　　)的失效情况。

(A)机床 (B)加工工件 (C)传动元件
(D)刀具 (E)夹具

39. 机械噪声可以分为(　　)和固体噪声。
(A)空气噪声 (B)气体噪声 (C)水中噪声
(D)液体噪声 (E)气流噪声

40. 测量噪声时,应避免(　　)的影响。
(A)本底噪声 (B)反射声波及气流 (C)环境温度
(D)仪器本身误差 (E)环境噪声

41. 大气压强、(　　)等对噪声测量也有影响。
(A)温度 (B)湿度 (C)风力
(D)方向 (E)风速

42. 无损检测技术是指在(　　)被测物体的前提下完成对物体的检测与评价。
(A)不修理 (B)不改变 (C)不妨碍
(D)不接触 (E)不损坏

43. 超声波检测探头主要有(　　)。
(A) 直探头 (B)斜探头 (C)竖探头
(D)平探头 (E)横探头

44. 超声波脉冲反射法可以分为(　　)。
(A)水平线检测 (B)横向检测 (C)垂直线检测
(D)斜角检测 (E)竖向检测

45. 磁粉探伤时,应根据(　　)选定磁化方法。
(A)试件材料 (B)试件尺寸 (C)缺陷特性
(D)试件形状 (E)试件结构

46. 超声波检测方法有(　　)及共振法等多种方法。
(A)脉冲反射法 (B)表面波法 (C)穿透法
(D)板波法 (E)纵波法

47. (　　)是磁粉探伤施加磁粉分方法。
(A)连续法 (B)剩磁法 (C)紫外线照射法
(D)自然光法 (E)荧光法

48. 渗透检测法的渗透时间取决于(　　)及缺陷种类的大小。
(A)预处理质量 (B)渗透方法 (C)渗透剂
(D)试件材料 (E)被测工件材料

49. 对于(　　)等凡法令、规程规定有检查期限的,都应进行定期检查。
(A)受压容器 (B)起重机械 (C)大型设备
(D)精密机床 (E)专用设备

50. 起重工使用的钢丝绳不准(　　)。
(A)断股 (B)打结 (C)锈蚀
(D)扭曲 (E)折弯

51. 常见传动装置的传动方式有(　　)和电气传动。

(A)机械传动　(B)液压传动　(C)齿轮传动
(D)带传动　(E)链传动

52. 机构由构件组成,构件按运动状态分为(　　)。
(A)硬件　(B)软件　(C)旋转件
(D)静件　(E)动件

53. 液压系统的控制部分是用来(　　)油液的方向、流量和压力的。
(A)控制　(B)调解　(C)转变
(D)改变　(E)变换

54. 液压泵是提供一定(　　)的液压能源泵。
(A)功率　(B)流量　(C)流向
(D)压力　(E)流速

55. 液压传动的主要参数是(　　)。
(A)容积　(B)效率　(C)功率
(D)压力　(E)流速和流量

56. 液压马达输入压力油后,输出的是一定(　　)的机械能。
(A)扭矩　(B)转矩　(C)转动方向
(D)功率　(E)转速

57. 液压控制阀可以分为(　　)和流量阀。
(A)节流阀　(B)调速阀　(C)开停阀
(D)方向阀　(E)压力阀

58. 减压阀多用于液压系统(　　)油路中。
(A)控制　(B)润滑　(C)换向
(D)驱动　(E)制动

59. 以改变金属性能为目的的受控的(　　)过程,称为金属热处理。
(A)淬火　(B)回火　(C)正火
(D)加热　(E)冷却

60. 测量器具误差主要是指(　　)、制造与装调误差以及读数方式误差。
(A)温度误差　(B)测量力误差　(C)原理误差
(D)阿贝误差　(E)结构误差

61. 液压元件按其功能可分为动力元件、(　　)。
(A)测量元件　(B)执行元件　(C)控制元件
(D)辅助元件　(E)电气元件

62. 液压泵要能吸油和压油,必须具备的条件有(　　)。
(A)不变的密封容积　(B)可变的密封容积　(C)配流装置
(D)吸油强与压油腔隔开　(E)吸油腔与油箱大气相通

63. 液压泵按输出的流量能否调节可分为(　　)。
(A)叶片泵　(B)定量泵　(C) 齿轮泵
(D)柱塞泵　(E) 变量泵

64. 液压泵按其结构形式的不同,可分为(　　)。

(A)高压泵　(B)齿轮泵　(C)叶片泵
(D)柱塞泵　(E)变量泵

65. 叶片泵按其排量是否可变,分为(　　)。
(A)定量叶片泵　(B)单作用叶片泵　(C)双作用叶片泵
(D)多作用叶片泵　(E)变量叶片泵

66. 液压控制阀中的方向控制阀主要有(　　)。
(A)单向阀　(B)溢流阀　(C)换向阀
(D)减压阀　(E)节流阀

67. 换向阀按阀芯运动方式不同,可分为(　　)。
(A)电磁阀　(B)手动阀　(C)转阀
(D)滑阀　(E)锥阀

68. 常用压力控制阀有(　　)。
(A)溢流阀　(B)减压阀　(C)顺序阀
(D)压力继电器　(E)热继电器

69. 液压控制阀中常用的流量阀有(　　)。
(A)溢流阀　(B)节流阀　(C)顺序阀
(D)调速阀　(E)单向阀

70. 节流阀节流口的形式有(　　)。
(A)针阀式　(B)偏心式　(C)轴向三角槽式
(D)周向缝隙式　(E)轴向缝隙式

71. 液压基本回路可分为(　　)。
(A)方向控制回路　(B)位移控制回路　(C)压力控制回路
(D)速度控制回路　(E)顺序动作回路

72. 压力控制阀是来控制油液的压力,能实现(　　)功能。
(A)调速　(B)调压　(C)减压
(D)增压　(E)卸载

73. 工时定额基本划分为(　　)。
(A)现行定额　(B)计划定额　(C)可变定额
(D)不变定额　(E)设计定额

74. 锻造设备按能力特点可分为(　　)三大类。
(A)限压设备　(B)限能设备　(C)限程设备
(D)限期设备　(E)限力设备

75. 锻造中坯料总是在受到力的作用时才产生变形,所受到的力包括(　　)。
(A)外力　(B)作用力　(C)反作用力
(D)摩擦力　(E)内力

76. 金属变形时的应力可分为(　　)。
(A)基本应力　(B)内应力　(C)附加应力
(D)残余应力　(E)外应力

77. 变形一般分为(　　)。

(A)弹性变形 (B)微观变形 (C)宏观变形
(D)塑形变形 (E)力学变形

78. 发生在单晶体内部的单晶体变形,其变形方式有( )。
(A)晶内变形 (B)滑移 (C)孪晶
(D)结晶 (E)晶间变形

79. 塑形变形分为( )。
(A)热变形 (B)冷变形 (C)超高温变形
(D)超低温变形 (E)温变形

80. 多晶体的变形主要有( )方式组成。
(A)滑移 (B)晶内变形 (C) 孪晶
(D) 晶间变形 (E) 结晶

81. 变形后的金属在加热过程中,一般依次经历( )三个阶段。
(A)回复 (B)再结晶 (C)晶粒长大
(D)晶粒缩小 (E)晶粒聚集

82. 金属塑性变形过程中,金属的流动遵循的基本规律有( )。
(A)切应力定律 (B)金属塑性变形伴随着弹性变形定律
(C)体积不变定律 (D)最小阻力定律
(E)阿基米德定律

83. 变形抗力反映塑性变形的难易程度,它们与材料的( )等因素有关。
(A)化学成分与组织 (B)变形温度 (C)变形速度
(D)变形程度 (E)力学性能

84. 压应力对塑性变形的影响,下列叙述正确的是( )。
(A)压应力会促进晶间变形,加速晶界的破坏
(B)压应力有利于消除因塑性变形引起的各种破坏
(C)压应力能抑制或全部消除变形金属体内存在的杂质、液态相或组织缺陷对塑性的危害
(D)压应力能抵消由于不均匀变形所引起的附加拉应力
(E)压应力能增加由于不均匀变形所引起的附加拉应力

85. 金属塑性变形时的摩擦分为( )。
(A)静摩擦 (B)干摩擦 (C)动摩擦
(D)流体摩擦 (E)边界摩擦

86. 镦粗时为了尽量减小鼓形,提高变形的均匀性,可采用( )措施。
(A)凹形坯料镦粗 (B)凸形坯料镦粗 (C)软金属垫镦粗
(D)坯料叠起来镦粗 (E)硬金属垫镦粗

87. 镦粗工序的作用( )。
(A)成型及改善金属组织 (B)锻合垂直于钢锭中心线的孔隙性缺陷
(C)改善轴类锻件的横向力学性能 (D)改善轴类锻件纵向力学性能
(E)减少拔长锻比

88. 拔长工序的作用( )。
(A)轴类大锻件的成型 (B)提高圆饼类锻件的锻造比

(C)改善钢锭内部金属组织　　(D)提高锻件力学性能
(E)提高锻件的化学性能

89. 拔长工序能改善大锻件内部质量,主要原因是(　　)。
(A)消除钢锭树枝状初生晶粒　　(B)改善枝晶偏析
(C)破碎钢锭中的夹杂物　　(D)锻合钢锭中的疏松组织和孔穴性缺陷
(E)破碎钢锭中的晶粒

90. 大型自由锻件的中心压实新工艺有(　　)。
(A)WHF 法　　(B)JTS 法　　(C)FM 法
(D)FML 法　　(E)SUF 法

91. 镦粗工序产生的缺陷有(　　)。
(A)双鼓形　　(B)单鼓形　　(C)弯曲
(D)镦斜　　(E)倒梯形

92. 拔长工序中产生的缺陷有(　　)。
(A)折叠　　(B)偏心　　(C)心部横向、纵向裂纹
(D)弯曲　　(E)芯轴拔长时端面及内壁裂纹

93. 冲孔过程中产生的缺陷有(　　)。
(A)冲孔后壁厚不均匀　　(B)孔冲斜　　(C)冲出夹缝
(D)折叠　　(E)缩孔

94. 扩孔过程产生的缺陷有(　　)。
(A)壁厚不均匀　　(B)内壁产生"梅花形"　　(C)孔冲斜
(D)坯料走样　　(E)折叠

95. 热处理过程中产生的缺陷(　　)。
(A)表面缺陷　　(B)内部缺陷　　(C)形状缺陷
(D)性能缺陷　　(E)尺寸缺陷

96. 热处理过程中产生的表面缺陷有(　　)。
(A)急冷裂纹　　(B)软点　　(C)淬火裂纹
(D)脱碳　　(E)白点

97. 热处理过程中产生的内部缺陷有(　　)。
(A)偏析裂纹　　(B)急冷裂纹　　(C)白点裂纹
(D)夹杂物裂纹　　(E)急热裂纹

98. 热处理过程中产生的形状缺陷有(　　)
(A)裂纹　　(B)弯曲　　(C)脱碳
(D)变形　　(E)白点

99. 大型锻件缺陷的检测方法有(　　)。
(A)目测检查　　(B)磁粉探伤　　(C)着色探伤
(D)超声波探伤　　(E)红外线检测

100. 空气锤锤杆下法兰之间漏气及漏油的故障原因是(　　)。
(A)密封圈损坏　　(B)锤杆套密封块拉力弹簧折断,压不紧封块
(C)锤杆磨损不均匀　　(D)锤杆有严重碰毛伤痕

101. 空气锤锤头上升时达不到应有的高度，打击无力故障原因是(　　)。

(A)活塞上的气孔和活塞杆上的气孔与压缩缸上下补气孔的位置对不准，气体补充不足产生压力偏低

(B)压缩气体漏损

(C)锤杆上的摩擦增大

(D)锤杆上的摩擦减少

(E)气体补充充足，产生压力偏高

102. 空气锤燕尾部分裂纹的故障原因是(　　)。

(A)燕尾部分接触不良　(B)燕尾部分硬度过高，圆角过小

(C)锻打低于终锻温度　(D)锻打低于该允许的最小厚度的锻件

(E)经常空击上、下锤砧，冷打加速燕尾开裂

103. 胎模中常用的制坯整形模有(　　)。

(A)合模　(B)漏盘　(C)摔子　(D)扣模

104. 摔子是最常用的胎模，主要用于旋转体坯料的(　　)工序。

(A)局部拔细　(B)滚圆　(C)镦粗

(D)错移　(E)弯曲

105. 摔子按用途不同分为(　　)

(A)光摔　(B)型摔　(C)整形摔

(D)毛摔　(E)卡子

106. 制造胎模的材料应具有(　　)性能。

(A)较低的强度、冲击韧度和耐磨性

(B)有较高的红硬性

(C)有较高的抗热疲劳性

(D)有较好的导热性、切削加工性和热处理性能

(E)有较高的强度、冲击韧度和耐磨性

107. 高合金钢在常温下的基本组织可分为(　　)。

(A)铁素体钢　(B)珠光体钢　(C)渗碳体钢

(D)马氏体钢　(E)奥氏体钢　(F)莱氏体钢

108. 合金元素对钢的塑形及变形抗力的影响，表现为(　　)。

(A)合金元素溶入固溶体，使晶格发生畸变，从而提高变形抗力，塑形降低

(B)合金元素与钢中的碳形成硬而脆的碳化物，使钢变形抗力提高，塑性降低

(C)合金元素与钢中的硫、氧形成氧化物、硫化物夹杂，造成钢的热脆性

(D)合金元素致使钢的再结晶温度提高，再结晶速度降低，使钢的硬化倾向速度敏感性增加

(E)合金元素致使钢的再结晶温度降低，再结晶速度提高，使钢的硬化倾向速度敏感性减弱

109. 高合金钢的锻造性能特点是(　　)。

(A)变形抗力小　(B)变形抗力大　(C)塑性高

(D)塑性低　(E)成型容易

110. 高速钢由于含有大量的 W、Cr、V 等合金元素，其铸造组织中通常还有的碳化物有(　　)。

(A)共晶碳化物　(B)共析碳化物　(C)二次碳化物
(D)三次碳化物　(E)多次碳化物

111. 莱氏体高合金工具钢锻造时，常用的锻造方法有(　　)。

(A)单相镦粗　(B)单向拔长　(C)轴向反复镦拔
(D)十字镦拔　(E)综合锻造法　(F)三向锻造法

112. 球墨铸铁的品种很多，用作铸态材料的主要有(　　)。

(A)马氏体＋石墨　(B)珠光体＋石墨　(C)铁素体＋石墨
(D)贝氏体＋石墨　(E)渗碳体＋石墨

113. 白口铸铁的锻造特点是(　　)。

(A)锻造温度范围窄　(B)工艺塑性低　(C)低温热导率低
(D)变形抗力大　(E)工艺塑性高

114. 提高高锰钢护环强度的方法有(　　)。

(A)合金化法　(B)胀形强化法　(C)沉淀硬化法
(D)漂浮硬化法　(E)变形强化法

115. 确定分模面必须考虑的主要条件有(　　)。

(A)分模面选在锻件侧面的中间位置
(B)可考虑增加余块和飞边损耗
(C)具有最佳的金属充满模膛的条件
(D)简化锻造工艺
(E)减少制模难度

116. 高锰钢护环变形强化的方法有(　　)。

(A)半热锻　(B)爆炸成型　(C)冲子胀形
(D)楔块胀形　(E)液压胀形

117. 模锻件上，凹角处的圆角称为内圆角，设置内圆角的作用是(　　)。

(A)避免锻模由于应力集中引起开裂
(B)使金属在塑性变形中易于活动，充满模膛
(C)避免产生折叠
(D)防止模膛压塌变形
(E)美观

118. 模锻件常用的连皮形式有(　　)。

(A)平底连皮　(B)斜底连皮　(C)带仓连皮　(D)拱式带仓连皮

119. 杆类锻件选择工步时，按锻件的成型特点可分为较短的锻件、直长轴锻件、带枝丫锻件(　　)等六种。

(A)带叉口的锻件　(B)有工字形截面的锻件
(C)弯曲轴线锻件　(D)双鼓形锻件

120. 飞边槽的作用有(　　)。

(A)容纳多余的金属　(B)在模膛四周形成阻力迫使金属充满模膛

(C)缓冲作用 (D)减缓上、下模之间的刚性接触

121. 预锻模膛的作用(　　)。

(A)减缓终锻模膛的磨损,提高模具寿命

(B)改善坯料在终锻模膛的流动条件,避免锻件折叠

(C)改善坯料的成型条件保证终锻时易于充满模膛

(D)可以代替终锻模膛,使锻件成型

122. 根据挤压过程中金属流动的方向与凸模运动方向的关系,可分为(　　)。

(A)正挤压 (B)反挤压 (C)复合挤压

(D)径向挤压 (E)横向挤压

123. 按热挤压时坯料的温度可分为(　　)。

(A)热挤压 (B)正挤压 (C)温挤压

(D)冷挤压 (E)反挤压

124. 粉末锻造工艺通常分为(　　)。

(A)粉末锻造 (B)烧结锻造 (C)锻造烧结 (D)粉末冷锻

125. 高锰钢与碳素结构钢相比,具有(　　)特点。

(A)变形硬化倾向大 (B)常温下及半热状态下塑性高

(C)在中温有碳化物析出 (D)热导率高

(E)过热敏感性强

126. 不锈钢与一般碳钢相比,具有(　　)特点。

(A)导热率高 (B)锻造温度范围窄 (C)过热敏感性强

(D)高温下变形抗力小 (E)塑性低

127. 不锈钢有三种基本类型,分别是(　　)。

(A)铁素体型 (B)奥氏体型 (C)马氏体型

(D)珠光体型 (E)莱氏体型

128. 精密锻造从锻造的温度来看分为(　　)。

(A)高温精密模锻 (B)低温精密模锻 (C)中温精密模锻

(D)室温精密模锻 (E)超高温精密模锻

129. 模锻件错移产生的原因是(　　)。

(A)锤头与导轨之间的间隙过大 (B)锻模安装不正

(C)锻造过程中模块或模座松动 (D)无锁扣或导柱

(E)锁扣或导柱间隙过大

130. 模锻件局部充不满的原因是(　　)。

(A)加热不足 (B)设备吨位偏小 (C)坯料过大或过少 (D)操作不当

131. 节流调速回路的三种基本形式是(　　)。

(A)进油路节流调速 (B)容积节流调速

(C)回油路节流调速 (D)旁油路节流调速

132. 液压泵过度发热,油温太高的产生原因是(　　)。

(A)电动机接错相位 (B)液压泵磨损或损坏

(C)油的粘度过高 (D)冷却不足或冷却中断

133. 液压泵吸空产生的原因主要有(　　)。
(A)液压泵进油口管路漏气　(B)吸油管径过小,管道过长
(C)邮箱不透空气　(D)油液粘度过大
134. 锻件长度尺寸的检验,可用(　　)等通用量具进行测量。
(A)直尺　(B)卡尺　(C)卡钳
(D)角度尺　(E)百分表
135. 锻件中的圆柱形与圆角半径检验,可用(　　)进行测量。
(A)半径样板　(B)内外半径极限样板　(C)游标卡尺
(D)直尺　(E)高度尺
136. 锻件孔径检验,可用(　　)进行测量。
(A)外径千分尺　(B)卡钳　(C)极限塞规
(D)游标卡尺　(E)百分表
137. 锻件表面质量检验的方法有(　　)。
(A)目视检查　(B)磁粉检验　(C)荧光检验
(D)着色渗透探伤　(E)超声波探伤
138. 磁粉检验通称为磁粉探伤或磁力探伤,只能用于(　　)等有磁性材料的检验。
(A)碳钢　(B)工具钢　(C)不锈钢
(D)合金结构钢　(E)高锰钢
139. 模锻件各项技术要求中,必不可缺少的要求是(　　)。
(A)错移　(B)圆角半径　(C)强度
(D)性能　(E)模锻斜度
140. 对于复杂的锻造模具装配图,必须标出的尺寸是(　　)。
(A)上模板厚度　(B)下模板厚度　(C)模具最大长度
(D)模具最大宽度　(E)模具封闭高度
141. 自由锻件工艺规程(工艺卡)的主要内容包括(　　)。
(A)绘制锻件图
(B)确定锻件重、坯料重和坯料尺寸
(C)选择设备制定变形工艺绘制工序变形图
(D)确定锻造火次、锻造温度、加热和冷却及锻后热处理规范
142. 锻造时,摩擦力的大小与(　　)有关。
(A)金属材料　(B)锻造温度
(C)工模具表面粗糙度　(D)锻造时的润滑情况
143. 锻造过程中,当去除外力后仍然留在坯料内部的附加应力称为残余应力,残余应力可能使已变形的工件产生(　　)。
(A)硬度变化　(B)尺寸变化　(C)扭曲变形
(D)裂纹　(E)折叠
144. 锻造时,使坯料不均匀变形而引起的应力称为附加应力,其产生主要原因是(　　)。
(A)锻造设备　(B)金属组织　(C)化学成分
(D)内外温度差　(E)模具

145. 冷变形过程中只发生金属加工硬化而无恢复再结晶的现象，冷变形的结果是(　　)。
(A)金属强度提高，硬度提高　(B)金属塑性提高，韧性提高
(C) 金属强度降低，硬度降低　(D) 金属塑性降低，韧性降低
146. 自由锻造、热模锻、热挤压、热轧制等都属于热变形方式，其最大优点是(　　)。
(A)金属塑性好　(B)金属变形抗力小
(C)改善金属组织　(D)改善金属力学性能
147. 锻造一般是在高温条件下进行热变形，存在难以避免的(　　)缺点。
(A)设备吨位大　(B)设备必须精密　(C)工件精度低
(D)工件表面粗糙　(E)劳动条件差
148. 使金属产生塑性变形的临界切应力的大小取决于(　　)。
(A)金属的成分　(B)金属的组织　(C)变形温度　(D)变形程度
149. 在碳钢中，随着碳在钢中含量增加，会引起(　　)。
(A)塑性变差　(B)变形抗力增加　(C) 塑性变好　(D) 变形抗力减少
150. 在钢加热时，对钢的晶粒长大倾向有阻止作用，使晶粒细化，提高钢的高温塑性的金属元素是(　　)。
(A)T　(B)Mo　(C)Mn
(D)V　(E)W
151. 提高金属塑性和降低变形抗力的措施之一是减小金属变形的摩擦和减少坯料的温度降低，为此，应当做到(　　)。
(A)采用较好的润滑措施　(B)改善工模具的粗糙度
(C)工模具预热良好　(D)锻造操作熟练
152. 当进行镦粗工序而选定原坯料尺寸时，原坯料高、径比等于(　　)是不适当的。
(A)0.5～1　(B)1～2　(C)2～3　(D)3～4
153. 常用拔长圆坯料用的型砧有(　　)。
(A)上平、下V形砧　(B)上V、下平形砧
(C)上V、下V形砧　(D)上半圆、下半圆形砧
154. 锻件要求大型化，所用钢锭相应大型化，大型钢锭内部缺陷较严重，需采用大锻件自由锻特殊工艺加以克服，这些内部缺陷常见的是(　　)。
(A)非金属夹杂　(B)偏析　(C)缩孔
(D)裂纹　(E)密集性疏松
155. 中心压实法锻造大型锻件时，压实前的热坯料降温常用的方法是(　　)。
(A)穿堂风空冷　(B)冷水雾化喷向坯料(即雾冷)
(C)强力电扇吹向坯料(即风冷)　(D)直接向坯料喷冷水(即水冷)
156. 高速钢锻造加热规范是分段加热法，其加热规范是(　　)。
(A)装炉之前低温预热　(B)装炉后加热到 800～850℃
(C)在 800～850℃保温　(D)保温结束后加热到始锻温度
157. 在自由锻造中，采用芯轴拔长工艺，对芯轴的要求是(　　)。
(A)芯轴表面涂润滑剂　(B)芯轴尺寸精度高
(C)芯轴做成空心，拔长时必须通水冷却　(D)芯轴外圆有很小的锥度

158. 铝合金的塑形主要受(　　)等因素的影响。

(A)锻件大小　　(B)铝合金的成分　　(C)变形温度　　(D)变形速度

159. 铝合金锻造和钢比较,主要锻造特点是(　　)。

(A)坯料表面应车削　　(B)高温下铝合金与工、模具表面摩擦系数大

(C)锻造温度范围窄小　　(D)铝合金产生裂纹的敏感性比钢强

(E)工、模具表面应圆角过渡

160. 因为铜合金锻造具有特殊性,固必须采用(　　)的锻造方案。

(A)每次变形量小　　(B)工序道数少

(C)速度快　　(D)送进量与压下量均比钢小

161. 高合金钢因为含合金元素种类多,含量高,所以高合金钢组织呈多相性,常见的组织有(　　)。

(A)珠光体　　(B)马氏体　　(C)莱氏体　　(D)铁素体

162. 高合金钢锻造时,为使金属内部的碳化物细化并均匀分布,操作中应做到(　　)。

(A)采用较大吨位的锻造设备

(B)采用镦粗和拔长交替进行以提高锻造比

(C)拔长时尽量做到变形均匀

(D)尽量降低终锻温度甚至低于工艺规定的终锻温度

163. 高合金钢锻后冷却应当采用(　　)。

(A)炉冷　　(B)冷的铁箱中冷却　　(C)热的砂中冷却　　(D)空冷

164. 在(　　)条件下,饼类高速钢锻件可用一次镦粗法锻到所要求的尺寸。

(A)选用的原材料碳化物偏析程度级别达到零件要求

(B)镦粗比大于5

(C)镦粗比大于4

(D)镦粗比大于3

165. 大型复杂锻件划线基准的选择方法是(　　)。

(A)根据划线的方便与否　　(B)根据锻件图样尺寸标注

(C)根据锻件的形状　　(D)根据锻件划线的夹持情况

166. 模锻件水平尺寸应采用交点标注法,这是因为(　　)。

(A)模锻件在厚度方向上都有模锻斜度　　(B)模锻斜度选得较大

(C)模锻件四周都用圆角(圆弧)过渡　　(D)模锻件水平尺寸公差点较紧

167. 大型自由锻件如在原钢锭冒口中心处出现纵向表面裂纹,其常见的原因是(　　)。

(A)倒棱时压下量过大

(B)钢锭加热温度不当

(C)钢锭冷却时缩孔未集中到冒口部位

(D)锻造时冒口端切头量过少使坯料近冒口端存在二次缩孔或残余缩孔。

168. 大型自由锻件内部产生横向裂纹的常见原因是(　　)。

(A)冷钢锭在低温区加热速度过快　　(B)钢锭在高温区加热速度过快

(C)材料本身属于低塑性材料　　(D)锻造操作时相对送进量过小

169. 自由锻件的强度、塑性指标和冲击韧度等力学性能不满足要求的常见原因是(　　)。

(A)锻造操作不当　　(B)钢锭冶炼杂质太多
(C)热处理方法不对　　(D)锻造比太小

170. 模锻用的热剪坯料端部出现裂纹的常见原因是(　　)。
(A)剪切温度过高　　(B)剪切温度过低
(C)刀片刃口半径过大　　(D)刀片刃口半径过小

171. 模锻件错移超差,如果模锻工调整模具工作已经到位,那么其他的产生原因可能是(　　)。
(A)模锻设备导轨间隙太大
(B) 终锻模膛中心与模锻设备的打击中心偏离太大
(C) 模具精度不够
(D)锻件本身高度落差大引起错移力过大
(E)模锻温度过高或过低
(F)导锁导向精度不够

172. 模锻件残留毛刺超差的常见原因是(　　)。
(A)切边凹模刃口尺寸与终锻模膛分模面尺寸有误差
(B)切边凸凹模间隙不合适
(C)凹模刃口不锐利
(D)锻件未放正在凹模

173. 模锻件用酸洗清理时,可能出现过腐蚀的严重质量问题,过腐蚀产生的原因是(　　)。
(A)酸溶液浓度太高　　(B)酸溶液浓度太低
(C)锻件在酸洗溶液中停留时间太长　　(D)锻件在酸洗槽中放置不当
(E)酸溶液温度太高

174. 在镦粗短而粗的坯料时,由于常见的(　　)原因而造成锻件镦歪斜。
(A)操作不当　　(B)铁砧砧面不平
(C)坯料未加热均匀　　(D)原坯料的端面不平

175. 饼类锻件中间凹陷,其产生的常见原因是(　　)。
(A)坯料镦粗过扁　　(B)滚圆时锻打过重
(C)滚圆时锻打过轻　　(D)砧面不平

176. 用芯棒和马架扩孔工艺造成扩孔件壁厚不均匀的常见原因是(　　)。
(A)坯料加热温度过低　　(B)坯料加热不均匀
(C)锤击轻重不均　　(D)坯料在芯棒上转动时送进量不均

177. 用芯棒和马架扩孔工艺造成扩孔内壁凹凸不平的常见原因是(　　)。
(A)芯棒直径太大　　(B)芯棒直径太小
(C)坯料送进量太大　　(D)坯料送进量太小

178. 模锻的始锻温度选择允许的最高始锻温度,通常可带来(　　)好处。
(A)模锻件成型容易　　(B)变形抗力小　　(C)金属塑性好
(D)锻件圆角、筋处充满良好　　(E)锻件氧化皮少　　(F)锻件粘模现象改善

179. 用小设备模锻大锻件时,常产生欠压问题,克服欠压的常见方法是(　　)。
(A)始锻温度选择允许的最高温度　　(B)操作时动作迅速尽量不使温度降低过多

(C)模膛深度尺寸负公差设计　　(D)少量磨削分模面

(E)减少飞边槽的阻力

180. 劳动生产率高的无氧化和少无氧化加热设备是(　　)。

(A)箱式电阻炉　　(B)盐浴炉　　(C)中频感应加热器　　(D)接触电加热装置

181. 由于孔和轴的实际尺寸不同,装配后一般可以产生(　　)。

(A)间隙　　(B)过盈

(C)间隙或过盈　　(D)既无间隙又无过盈

182. 空气锤(　　)会造成工作严重发热。

(A)活塞环与气缸的间隙太小　　(B)锤杆上的摩擦力增大

(C)工作活塞上顶堵盖松动　　(D)锤头长时间悬空

183. (　　)是确定加热规范的主要内容。

(A)加热温度　　(B)加热速度　　(C)加热时间　　(D)加热设备

184. 锻模预热的方法可采用(　　)加热。

(A)气体燃料喷烤　　(B)中频加热　　(C)热铁烘烤　　(D)电阻炉加热

185. 在锤上自由锻造台阶轴类锻件,其常用的锻造工序为(　　)。

(A)拔长　　(B)压痕　　(C)切割　　(D)校正

186. 拔长工序中拔长锻造比的计算方法是(　　)。

(A)拔长后坯料长度和拔长前坯料长度之比

(B)拔长前坯料横截面积和拔长后横截面积之比

(C)拔长前坯料直径和拔长后坯料直径之比

(D)拔长前坯料半径和拔长后坯料半径之比

187. 合模中所用的导销与销孔的配合,一为动配合,另一为静配合,当用动配合时,其间隙量的选取原则是(　　)。

(A)间隙量越大越好　　(B)间隙量越小越好

(C)保证上下模的对中要求　　(D)保证上下模活动自如

188. 在锻造设备的正常维护保养中,必须遵守所用设备的“五项纪律”和“四项要求”,其中“四项要求”是指(　　)。

(A)高效　　(B)节能　　(C)整齐

(D)清洁　　(E)润滑　　(F)安全

189. 热模锻压力机用的锻模镶块,因设备的特性,决定了镶块一般只设置(　　)。

(A)拔长模膛　　(B)滚压模膛　　(C)预锻模膛　　(D)终锻模膛

190. 热模锻压机锻模中的单模膛矩形镶块,安装后一般需调整模锻件的前后错移,调整是通过(　　)完成的。

(A) 增减垫片　　(B)修理矩形镶块

(C)松紧带螺杆的斜楔　　(D)修理紧固镶块的零件

191. 钢在加热时产生氧化皮的本质是钢表层中的铁和炉气中的(　　)气体发生剧烈化学反应的结果。

(A)O_2　　(B)CO_2　　(C)H_2O

(D)N_2　　(E)SO_2

192. 钢材加热时，当加热速度过快，由于(　　)综合作用，使金属内部产生裂纹，导致锻件报废。

(A)上层坯料对下层坯料的压应力　(B)组织应力

(C)温度应力　(D)拉应力

193. 在锻造生产时，锻件在各道加工工序或运输过程中，锻件可能产生(　)变形。

(A)弯曲　(B)扭转　(C)翘曲　(D)形状改变

194. 机加工工序对锻件的要求，总的说来，是花费(　　)来满足零件图样的全部要求。

(A)最少的机加工工时　(B)最少的加加工工序道数

(C)最少数量的工具　(D)最小数量的夹具

195. 自由锻件表面的折叠缺陷产生的原因是(　　)。

(A)坯料加热温度不当　(B)砧子形状不当

(C)砧子圆角半径过小　(D)操作时坯料送进量小于压下量

196. 模锻件高度尺寸超过图样正公差要求的缺陷称为欠压，产生欠压常见原因是(　)。

(A)原坯料尺寸过大　(B)模锻设备吨位太小

(C)原材料材质问题　(D)飞边桥部阻力过大

(E)加热温度过低或没有均匀热透

四、判 断 题

1. 液压泵是将机械能转变为液压能的能量输入装置。(　)

2. 国标规定，液压元件图形符号以元件的静止位置表示。(　)

3. 在液压系统工作环境温度较高时，应采用粘度较低的液压油。(　)

4. 当液压系统工作压力较高时，应采用较高粘度的液压油。(　)

5. 液压泵的工作原理是工作的密封容积由小增大而吸油；工作的密封容积由大减小而压油。(　　)

6. 柱塞泵与齿轮泵及叶片泵相比，其工作压力高、流量大，所以在锻压机械液压传动中是最常用的液压泵。(　)

7. 流量控制阀有节流阀、调速阀、溢流阀等。(　　)

8. 所有单向阀均为允许油液正向流动，若反向流动时，压力油不能通过。(　)

9. 通常在大流量的液压传动系统中，宜采用电磁换向阀。(　　)

10. 压力控制阀有调速阀、溢流阀、减压阀等。(　)

11. 先导式溢流阀一般用于中、高压液压传动系统。(　)

12. 减压阀是并联在支系统中使用的压力控制阀。(　)

13. 溢流阀是利用出油口压力控制主阀芯动作的。(　　)

14. 顺序阀的出油口接下级液压元件。(　　)

15. 流量控制阀是利用改变节流口截面大小来调节阀口的流量，从而控制执行元件运动速度的液压阀。(　　)

16. 调速阀是由减压阀和节流阀并联而组成的。(　　)

17. 网式过滤器一般作为精滤器使用。(　)

18. 采用减压回路，可获得支系统比主系统低的稳定压力。(　　)

19. 单晶体的滑移变形总是首先发生在原子密度最大的晶面上,且沿着原子排列密度最大的晶向进行。( )

20. 实验证明,多晶体金属不论发生滑移、挛晶还是晶间变形,只有切应力达到临界值时,才有实现的可能。( )

21. 晶格的滑移系越多,则塑性越好,这是因为晶格的滑移系越多,晶格的滑移面与滑移方向就越多,就越易发生滑移变形。( )

22. 单晶体的滑移,实际上是位错的移动。( )

23. 再结晶速度除与金属种类和加热温度有关外,还与变形程度有关。超过临界变形程度越大,再结晶速度越大,超过临界变形程度越小,再结晶速度就越小。( )

24. 再结晶所需要的临界变形程度,对不同的金属来说是不同的,但对同一种金属来说,始终固定不变。( )

25. 一般来说,合金化程度高的金属,再结晶速度慢,如果金属变形程度大,温度高,则再结晶速度较快。再结晶过程完成的完善与否,与变形速度有关。较慢的变形速度有利促进再结晶过程的充分完成。( )

26. 塑性是金属的固有属性,它与金属本身的内部结构有关,而与变形时的外部条件无关。( )

27. 纯金属与它的固溶体的塑性最好,而化合物的塑性较差。( )

28. 金属的塑性越高,变形抗力越小,则表明该金属材料的可锻性好,越有利于锻造生产。( )

29. 对低塑性金属只要采取改变其受力条件(应力状态),就可以使低塑性材料获得一定的变形程度。( )

30. 改善变形的受力状态,可以提高金属的塑性,因而,采用挤压变形可以得到比镦粗变形更大的变形程度。( )

31. 在金属的塑性变形过程中,不管是冷变形还是热变形,均存在加工硬化现象。( )

32. 当温度引起金属组织转变时,例如由双相状态的金属转变为单一的组织,金属的塑性将急剧提高。( )

33. 热变形纤维组织与冷变形纤维组织不同,它是由晶界上非熔物质拉长所致,不能通过再结晶消除。( )

34. 锻造后所得的粗大晶粒组织,不论什么材质,均无法使其细化。( )

35. 拉应力使变形金属的塑性大大降低,压应力会提高金属的塑性。( )

36. 多晶体金属在各个方向上的性能基本趋于一致,而单晶体的性能则具有明显的方向性。( )

37. 体积不变定律是金属塑性变形理论中的基本定律。( )

38. 金属发生塑性变形时,同时又发生弹性变形。( )

39. 根据最小阻力定律可知,镦粗矩形截面坯料,最终将变成圆饼截面坯料。( )

40. 应变速度越大,热效应越大,则金属的塑性就越高。( )

41. 摩擦导致金属产生不均匀变形,从而使金属材料的塑性降低。( )

42. 温度越高,坯料与模具间的摩擦系数就越大。反之,就越低。( )

43. 在坯料沿轴向逐次送进拔长时,变形相当于一系列镦粗工序的组合。因此,拔长具有

镦粗变形的某些特点。( )

44. 用型砧拔长而不用平砧，其主要原因是改变坯料内部的应力状态，避免裂纹的产生，而对拔长效率毫无影响。( )

45. 镦粗时，造成不均匀镦粗的直接原因是金属端面上的摩擦力所致。( )

46. 镦粗薄饼工件所需的变形力要比镦粗厚件小的多。( )

47. 镦粗时，三个变形程度不同的区域之间会产生附加应力。( )

48. 用型砧拔长圆坯仅是为了防止中心裂纹，对坯料拔长的效率不产生影响。( )

49. 开式冲孔是不稳定的塑性流动过程，所以金属的变形也是不均匀的。( )

50. 采用合理的反挤压凸模形状，可以有利于金属流动，减小变形所需的压力。( )

51. 主变形工序是使钢锭内部产生足够变形，决定锻件内在质量优劣的关键工序。( )

52. 镦粗是使毛坯横截面积增大，因此镦粗的作用只是提高拔长锻造比。( )

53. 实质上拔长是一系列的横向镦粗过程，变形相当于沿着轴向一系列的镦粗变形的组合。( )

54. 拔长时增大压下量，不但可提高生产率，还可强化心部变形，有利于锻合锻件内部缺陷。( )

55. 马杠扩孔的变形实质，相当于坯料沿圆周方向的拔长。( )

56. 对普通类锻件，若采用单纯拔长(锻造比>3)，已能获得良好的内在质量，就没有必要采用镦粗工序。( )

57. 确定钢锭镦粗次数应根据锻件的类型、技术要求、锭型大小、设备能力、钢锭的冶金质量等条件具体选择。( )

58. 对轴向力学性能要求高的锻件，应采用镦粗工序。( )

59. 对切向力学性能要求高的轴类锻件，应采用拔长工序。( )

60. 对轴向、切向力学性能都要求高的锻件，则采用镦粗—拔长或者拔长—镦粗组合工序。( )

61. 拔长操作时，每两次进砧之间要有一定的搭接长度，不能有空隔现象，每翻转一次后，要错开半砧长度并按同样要求施压，以防引起未锻透的不变形死区。( )

62. 为达到拔长工序的预期效果，必须对拔长变形的锻造比、送进量、压下量、砧子尺寸和形状、锻造温度等因素予以足够的重视。( )

63. 大锻件深层(心部)的压实，受应力、应变与变形温度等条件的制约，缺一条件则效果不佳。( )

64. 钢锭强压时，内部孔隙会逐步封闭，这种机械封闭就说明已经压实。( )

65. “WHF”是一种非常强调锻件心部变形使疏松区得到压实的方法，所以要保证压下率达到20%，不能轻易改小。( )

66. “JTS”法的压下率不易过大，它受坯料钢种、截面尺寸、表面温度及压力机能力的限制，一般四面压缩每面取高度的8%，两面垂直压缩时不宜大于13%。( )

67. “温差锻造法”的坯料表面温度若大于780℃时，在压第一面时侧面鼓肚大，发生较大塑性变形，使心部受到的压应力减小，达不到中心压实的目的。( )

68. 用宽度为1 200 mm的上平、下V形砧拔长ϕ2 800 mm坯料时，属宽砧锻造。( )

69. 在上、下V形砧中拔长，当相对送进量不小于0.6时，属于窄砧锻造。( )

70. 在上、下V形砧间拔长圆形坯料，横向拉应力可减小到零，锻透性好，能很好地锻合轴向缺陷，所以只有对高塑性的材料才适用。(　　)

71. 以不带钳口平板间镦粗作为冲孔前镦粗，冲孔后可使端面平整、不拉缩。(　　)

72. 当轴类锻件拔长锻造比已大于5时，采用镦粗工序使拔长比增大，将使切向伸长率、断面收缩率、冲击韧度增大。(　　)

73. 采用凸型砧锻造宽板，展宽时要先展压坯料中部，后压两侧，并且采用大压缩量。(　　)

74. 平砧下拔长方形坯料，可以得到较好的锻透性，但侧表面纵向拉应力较大，易形成纵向裂纹。(　　)

75. "FM"法是采用普通的上平砧和宽平台对坯料进行锻造，利用坯料不对称变形来改善心部的应力、应变状态，使心部处于三向压应力状态，避免形成拉应力。所以"FM"法又称中心无拉应力法。(　　)

76. 六方坯错拐工艺，一般适用于轴颈长度与其直径之比小于1的短轴颈曲轴，超过此范围的曲轴，因浪费材料且拐柄角度不易保证而不被采用。(　　)

77. 胎膜锻采用的是专用模具，它只具有模锻的某些特点。(　　)

78. 在设计胎膜时应充分注意它和自由锻工具及模锻模具的共性联系，以便充分应用与借鉴自由锻工具和锻膜设计中的经验来满足胎膜设计的要求。(　　)

79. 扣模主要用于旋转体工件终锻前的截面变形，使金属沿着轴线方向得到合理分配，有时也作为简单形状工件的终锻成型使用。(　　)

80. 导销与上模孔为间隙配合，单边间隙为0.2～0.4 mm，并可随锻件对错移要求放松而适当增加，以便于起模；与下模孔为过盈配合，在热态下不能因销孔热胀而松动。(　　)

81. 合模导销的位置，应使两销间距离最大，这样导销与销孔间的间隙值对锻件错移影响最小，还应便于锻造操作，便于放料取件。(　　)

82. 合模导锁平衡错移力强，不易损坏，起模方便。虽然模块耗料较多、加工麻烦，但仍普遍被采用。(　　)

83. 无垫式、有垫式和组合凹模式，这三种形式的套筒模均属于有飞边胎膜锻造。(　　)

84. 合模是一种无飞边的开式胎模，由上模、下模及导向定位装置三部分组成。(　　)

85. 导套高度的确定，与闭式套筒模外套一样，以上模进入导套15～25 mm才与坯料接触为准。(　　)

86. 合模模膛无钳口时，需要设计浇口，以便浇注低熔点合金检验模膛形状、尺寸及上、下模错移量。(　　)

87. 在选用胎膜材料时，若锻件生产数量较少，应选用合金工具钢。(　　)

88. 空气锤所用的压缩空气，只起压缩活塞与工作活塞之间的柔性连接作用，把压缩活塞的运动传给工作活塞，使锤头产生锤击动作。(　　)

89. 水压机是锻造大型锻件的主要设备，其最大特点是以无冲击的静压力作用在锻件上，使其产生塑性变形，且锻透性好，比锻锤具有明显的优越性。(　　)

90. 向钢中添加各种合金元素，能使钢的某种性能明显改善，但不能使钢的所有性能同时改善，有的性能甚至变差。(　　)

91. 高合金钢在常温下的基本组织可分为铁素体钢、珠光体钢、马氏体钢、奥氏体钢和莱

氏体钢等五大类。( )

92. 在锻造含硅量较高的中、高碳钢时应缓慢加热,并应在较高的温度下以较小的压缩量锻造,锻后缓冷。( )

93. 锰可提高钢的强度、硬度与耐磨性,减少钢的热脆性;但降低钢的韧性,易使钢的晶粒粗大,导热性降低。( )

94. 铬可提高钢的淬透性、强度、硬度、耐磨性和耐热性。铬在奥氏体钢中可以起到稳定和强化作用。铬含量达到一定值时,显著提高钢的抗氧化性和抗腐蚀能力。( )

95. 当钢中镍的质量分数大于20%时,可获得奥氏体组织,塑性提高,强度下降。一般含镍结构钢具有良好的综合力学性能。( )

96. 钼能增加钢的硬度,但含钼量增加,降低导热能力和塑性,变形抗力增高。在加热过程中,钼易与硫形成低熔点(1 100~1 200℃)的硫化钼呈网状分布于晶界,锻造时产生热脆性。( )

97. 高碳高钨合金钢中大量的共晶碳化物,降低了钢的导热性和塑性,变形抗力增大,易脱碳,所以锻造成形较困难。( )

98. 矾能提高钢的强度、韧性、热强性和淬透性,促进晶粒细化。( )

99. 钛可提高钢的热强性,可以消除和减弱晶间腐蚀现象,并可以细化晶粒,降低钢的过热敏感性,提高钢的强度。钢中钛的质量分数一般取0.02%~0.06%。( )

100. 铝能提高钢的硬度、强度和耐热性。适量铝的质量分数(0.5%以下)可细化钢的晶粒和降低钢的过热敏感性。但铝的质量分数增加到6%~7%时,钢的塑性明显降低。( )

101. 高合金钢的变形抗力大、塑性低,可以由其组织复杂、再结晶速度慢、再结晶温度高来进行解释。( )

102. 高合金钢锻造时,所有与坯料接触的工具都不需进行预热。( )

103. 钢锭的表面状态对高合金钢的塑性影响很大,用机械加工的办法去掉钢锭外层的缺陷后,压下量可以提高1.5~2倍而不致开裂。( )

104. 高速钢锻造时要重点解决碳化物不均匀性问题,以提高刀具的寿命。( )

105. Cr12MoV等高铬模具钢,除了与高速钢有类似的要求外,有时还要求一定的纤维方向。( )

106. 护环钢锻造时的重点和难点是通过变形强化解决提高强度(在残余应力不超过许可值的条件下)问题。( )

107. 锻造高速钢选用锻造比要根据原材料碳化物不均匀度级别和产品对碳化物不均匀度级别的要求来决定,其总锻造比应取5~14。( )

108. 锻造高速钢时,为了使其内部的碳化物细化和分布均匀,通常采用单向拔长的方法。( )

109. 高速钢产生碎裂的原因是,加热温度太低或低温下停留时间太长,以及始锻打击力太大所造成。( )

110. 由于高合金钢含有大量的合金元素,所以再结晶温度高,再结晶速度慢。( )

111. 高合金钢的锻造温度范围较窄,其始锻温度比碳钢高,终锻温度比碳钢低。( )

112. 球墨铸铁的品种很多,用作铸态材料的主要有珠光体+石墨、铁素体+石墨和贝氏体+石墨三种类型。( )

113. 球墨铸铁的最佳锻造温度范围为 1 050～750℃，较一般碳钢窄。始锻温度超过 1 080℃常易过烧，终锻温度低于 700℃也容易锻裂。(　　)

114. 球墨铸铁的工艺塑性较低，因此宜采用静水压力较大的工序(例如挤压、模锻等)变形。(　　)

115. 综合球墨铸铁锻造工艺特点和锻造对球墨铸铁组织性能的影响，球墨铸铁宜采用铸锭—轧制—锻造加工的工艺流程。(　　)

116. 白口铸铁的最佳锻造温度为 1 050℃。随化学成分与含量的不同，锻造温度可作适当调整，但始锻温度不超过 1 100℃，终锻温度不得低于 700℃。(　　)

117. 高锰无磁钢具有稳定的单相铁素体组织。(　　)

118. 高锰钢中高的含锰量是得到常温奥氏体组织的基本元素。碳、钨、氮的含量对奥氏体的强度起着显著作用。(　　)

119. 提高护环强度的方法较多，可分为三种方式：合金化法、沉淀硬化法、变形强化法。其中发展最快，应用最多的为变形强化法。(　　)

120. 奥氏体不锈钢锻后冷却方式是采用炉冷。(　　)

121. 马氏体不锈钢锻后冷却方式是采用空冷。(　　)

122. 铁素体不锈钢锻后冷却方式是采用空冷。(　　)

123. 碳化物偏析对高速钢性能影响很大。在实际生产中，为了达到其组织、性能要求，总是希望通过锻造使碳化物越细越好，且应分布均匀。(　　)

124. 萘状断口的特征，是断口上呈现鱼鳞状的白亮闪点，纤维组织中晶粒粗大。这是由于停锻温度过高和终锻时变形量又较小而造成。(　　)

125. 高速钢锻造时出现碎裂的原因，是因为加热温度过高或在高温下停留时间过长，使锻件发生过烧造成的。(　　)

126. 奥氏体不锈钢在高温下，奥氏体晶粒长大的倾向严重，这种粗大的晶粒只能用压力加工方法细化。(　　)

127. 高速钢中碳化物粗大和不均匀分布的现象，可以通过热处理使之得到改善。(　　)

128. 在碳的质量分数为 0.4%～0.6%的中碳钢中，锰的质量分数达 16%～19%时，可得到稳定的奥氏体组织，成为无磁钢。(　　)

129. 高速钢锻造的镦、拔次数取决于锻件对碳化物不均匀度的要求和原材料碳化物不均匀度的级别。(　　)

130. 高合金钢和其他钢种一样，在高温时为均匀的奥氏体组织，冷却到室温后是马氏体组织。(　　)

131. 不同基体组织的高合金钢，具有不同的性能，但其锻造性能相同。(　　)

132. 在钢中镍含量越高，则钢的强度、韧度、抗蚀性等性能越高，但塑性不变。(　　)

133. 模锻锤可以用“气液动力头”实现 5 t 模锻锤以下的技术改造。(　　)

134. 热模锻压力机、平锻机、切边压力机在安装过程中，都应特别注意超负荷保护装置的安全可靠性。(　　)

135. 楔式热模锻压力机是先进的锻造设备，它将取代传统的象鼻式滑块热模锻压力机。(　　)

136. 螺旋压力机的运动部分在工作过程中，与润滑系统润滑的好坏关系不大。(　　)

137. 对击锤在工作时是以对击的方式进行的，因此在安装时，对地基和设备的平行度、垂直度可以不考虑。（　　）

138. 所有模锻设备安装后的调试都应该按照空运转试车、无载荷下的单次行程、自动行程和载荷试车的步骤进行。（　　）

139. 电子计算机技术在锻压设备上没有什么应用价值。（　　）

140. 选择分模面的基本原则是便于发现错移和充满成型。（　　）

141. 模锻件的锻件图是在零件图所有尺寸上加放加工余量后得到的，也称冷锻件图。（　　）

142. 由于锻造缺陷的影响，锻件尺寸应给出允许的公差，公差的大小和缺陷大小紧密相关。（　　）

143. 起模斜度会增加金属材料的消耗和机械加工工时，起模斜度的大小和模膛深浅有关，一般浅模膛用小斜度，深模膛用大斜度。（　　）

144. 圆角半径过小会影响金属流动充满模膛和降低模具寿命，因此锻件的圆角半径愈大愈好。（　　）

145. 任何模锻方法都不能获得带通孔的锻件。（　　）

146. 锻件孔径较小时采用平底冲孔连皮，孔径较大时则采用斜底冲孔连皮；或在预锻时采用斜底冲孔连皮，终锻采用带仓冲孔连皮。（　　）

147. 有关锻件的质量及其检验问题，在图样中无法表示或不便表示时，均应在锻件图的技术要求中用文字说明。（　　）

148. 杆类锻件模锻时，金属沿坯料轴线分配形成锻件，弯曲轴线锻件是这类锻件中的一种。（　　）

149. 通常，坯料拔长后即使不需聚料也要进行滚挤或卡压。（　　）

150. 带叉口的锻件无论杆部长短和叉口大小，均应采用预锻模膛，用预锻模膛的劈料台来完成叉形部分的金属分配。（　　）

151. 校核切边和冲孔力时，剪切面积必须按飞边及冲孔连皮的实际厚度计算。（　　）

152. 热锻件图是制造和检验终锻模膛的依据，它是将锻件图各尺寸加上收缩量后得到的。（　　）

153. 飞边槽的作用是阻止金属流向分模面。（　　）

154. 利用终锻模膛可获得锻件的最后形状和尺寸。（　　）

155. 预锻模膛和终锻模膛一样，也是按热锻件图制造，只需在图上绘出与终锻热锻件图不同的那些截面尺寸。（　　）

156. 拔长模膛的作用是减小坯料局部的截面积，使坯料延伸至锻件需要的长度；截面减小的体积等于增加长度的体积。（　　）

157. 滚挤模膛可使坯料沿轴线更精确的分配，获得接近于计算毛坯的形状。（　　）

158. 弯曲模膛可按锻件在分模面上的水平投影轮廓线作图进行设计。（　　）

159. 模膛中心也就是锻模中心。（　　）

160. 通常，可近似地认为模膛中心就是模膛在分模面上投影面积的中心。（　　）

161. 具有弯曲分模面的锻件，锻模都必须设置平衡锁扣。（　　）

162. 模膛要有足够的壁厚，以保证锻模在工作中不致损坏，壁厚越大，锻模寿命越长。（　　）

163. 模块长度需伸出锤头时,其悬空部分长度应小于模块高度的 1/3。(　　)

164. 模块的最小高度应考虑留有 3～4 次翻新量。(　　)

165. 上模块的质量应不超过锻锤吨位的 35%,下模不限。(　　)

166. 检验面是制模和模锻时调模的基准。(　　)

167. 切边和冲孔时其凹模、凸模所起的作用正好相反。(　　)

168. 锻件可以冷切边和热切边,切边凸模按热锻件图制造。(　　)

169. 切边凸模承压面应根据要求按锻件或交验件修配。(　　)

170. 由于锻件存在欠压和切边毛刺,校正模的校正模膛应在高度和水平方向与锻件之间留有一定间隙,其值为锻件上偏差的一半。(　　)

171. 热模锻压力机可进行开式模锻,也可进行闭式模锻。(　　)

172. 正确分配各工步的变形量是热模锻压力机模锻工艺设计的关键。(　　)

173. 热模锻压力机不能进行制坯工步,必须借助其他设备来进行制坯工步。(　　)

174. 热模锻压力机模锻的锻件图设计与锤上模锻设计原则基本相同,同时还要根据其工艺特点选择工艺参数。(　　)

175. 热模锻压力机模锻时,没有承击面,上下模不直接接触而有一定间隙,间隙的大小是由设备大小来决定的。(　　)

176. 热模锻压力机模具的模壁厚度为模膛深度的 1.5～2 倍,但不小于 40 mm。(　　)

177. 螺旋压力机具有锤和热模锻压力机的双重工作特点,因而适合各类模锻件的批量生产。(　　)

178. 平锻机可以锻出一些锤或热模锻压力机不能或难于锻出的锻件。(　　)

179. 平锻机锻件分模面设在最大轮廓的后端时,使锻件在凸模内成型,内外直径的同心度好,所以被广泛采用。(　　)

180. 平锻机锻造时用平冲头冲孔可得到好的穿孔质量,因而通常都采用平冲头冲孔。(　　)

181. 高速锤锻造时,金属变形速度快,热效应大,摩擦系数小,能一次打击成型,所以不需强调模具的润滑。(　　)

182. 高速锤适宜锻造形状复杂、截面变化大以及高强度、低塑性的合金锻件。(　　)

183. 由于对击锤上、下锤头作相向打击,上下模膛金属充满性差异小,锻件难充满部分可放在下模。(　　)

184. 运用锻模 CAD 软件可快速、准确的进行锻模设计,便于实现多方案比较、优化、修改和存储。(　　)

185. 软件是 CAD 的核心,应用锻模 CAD 软件可以较快的完成锻模工艺设计、模具结构设计等过程。(　　)

186. 锻模 CAD 三维工件图形的输入常用图素输入法、扫描及局部变形法、体素拼合法。(　　)

187. 挤压可提高金属的塑性,增大变形程度。(　　)

188. 粉末锻造是指粉末冶金成型法。(　　)

189. 超塑性模锻能显著地提高金属材料的塑性,并获得均匀细小的晶粒组织。(　　)

190. 必须先将坯料的晶粒细化,得到细晶粒组织后方能进行超塑性模锻。(　　)

191. 楔横轧与斜轧适用于回转体工件的大批量生产。(　　)

192. 楔横轧成型角 α 过大时，工件中心部位将出现疏松或孔洞，α 角过小时，会引起颈缩。(　　)

193. 摆动碾压适合于加工轴对称盘类件，它是靠碾压头来使坯料逐渐成型的。(　　)

194. 摆动碾压能适应盘类件的冷、温、热成型，还可进行局部镦粗和正、反挤压成型。(　　)

195. 多向模锻时，垂直和水平方向的冲头同时或依次对坯料加压，可获得形状复杂的精密锻件。(　　)

196. 径向锻造可锻制轴类、管状锻件，也可锻制方形、矩形、六角形、八角形型材。(　　)

197. 径向锻造时，坯料必须加热至锻造温度。(　　)

198. 辊锻只适用于坯料截面减小的变形工步，而不适于截面增大的工步。(　　)

199. 精密模锻可采用一火次或多火次精锻，也可采用高、中室温精锻。(　　)

200. 模具设计不合理、模锻设备精度差、操作不当是造成锻件缺陷的主要原因。(　　)

五、简 答 题

1. 试述三种节流调速方式的应用场合。
2. 何谓工时定额？在生产中有什么作用？
3. 工时定额可以分为哪几种？
4. 简述工时定额制定的方法。各有哪些优缺点？
5. 劳动生产率的指标表现形式有哪几种，其意义是什么？
6. 什么是作业时间？它可以分为哪几种？
7. 在自由锻和模锻过程中，可采用哪些方法来缩短作业时间？
8. 锻造时金属坯料受到哪些外力的作用而发生变形？这些外力各是怎样产生的？
9. 何谓应力？附加应力和残余应力有什么区别？
10. 弹性变形和塑性变形有什么区别？
11. 什么是塑性、变形抗力？它们与可锻性有什么区别？
12. 何谓金属的加工硬化，在生产实际中其有何利弊？
13. 金属回复和再结晶的实质是什么？
14. 金属加工硬化和再结晶软化的速度不同将会出现哪两种情况？
15. 何谓聚集再结晶？
16. 何谓锻造比？为什么要正确地选择锻造比？
17. 金属塑性变形可分为哪几种？各具有什么特点？
18. 热变形纤维组织和冷变形纤维组织有何不同？
19. 何谓切应力定律？其影响因素有哪些？
20. 试用最小阻力定律分析矩形断面坯料在镦粗后的变形情况。
21. 试说明在拔长工序中最小阻力定律是如何运用的？
22. 影响金属塑性和变形抗力的因素有哪些？
23. 提高金属塑性和变形抗力的措施有哪些？
24. 摩擦对金属变形有哪些影响？对变形工具有哪些影响？
25. 模锻用的润滑剂应具备哪些要求？

26. 镦粗变形的区域是如何划分的？请说明其形成原因。
27. 拔长后的金属变形为什么是比较均匀的？
28. 为什么用平砧拔长圆柱形坯料容易产生纵向裂纹，而用型砧拔长则不易产生裂纹？
29. 试说明拔长时产生十字裂纹的原因。
30. 试说明在冲孔过程中坯料侧面产生裂纹的原因。
31. 模锻过程由哪两个阶段组成？
32. 摩擦力对正挤压工件有何影响？
33. 镦粗工序的作用有哪些？
34. 影响拔长质量的主要因素有哪些？
35. 拔长时为什么相对送进量应控制在0.5～0.8之间？
36. 何谓宽砧锻造？
37. 什么是“WHF”锻造法？
38. 在“WHF”法锻造操作中翻转90°后为什么要压“谷”避“峰”(即错砧施压)？
39. 什么是“JTS”锻造法？
40. 什么是“模壳效应”？
41. JTS法实施要点有哪些？
42. 管板JTS法专用砧的面积为什么不是越大越好？
43. 胎模设计的基本要求有哪些？
44. 胎模设计的主要任务有哪些？
45. 对胎模材料的基本要求有哪些？
46. 什么是热反印法？具有哪些优点？
47. 在高合金钢组织中，常有哪五种组织相存在？
48. 高合金钢按基本组织可分为哪五大类？
49. 高合金钢为什么再结晶温度高，再结晶速度低？
50. 高合金钢加热时为什么要采用低温装炉，缓慢升温？
51. 高合金钢的组织结构特点是什么？
52. 高合金钢的锻造性能特点是什么？
53. 高合金钢在锻造操作时有哪些特点？
54. 高速钢的组织特点是什么？
55. 碳化物的分布对高速钢的使用性能有何影响？
56. 莱氏体高合金工具钢锻造的目的是什么？
57. 高速钢锻件镦、拔次数主要取决于哪些方面？
58. 高速钢锻造时产生表面横向裂纹的原因是什么？
59. 高速钢锻造时产生表面纵向裂纹的原因是什么？
60. 高速钢锻件反复镦、拔时为什么只计算拔长锻造比？
61. 球墨铸铁的锻造特点有哪些？
62. 护环强化前为什么要进行固溶处理(或奥氏体化处理)？
63. 高锰钢的固溶处理是如何进行的？
64. 护环楔块扩孔强化的优缺点是什么？

65. 奥氏体不锈钢在锻造时有哪些特殊要求？
66. 奥氏体不锈钢在锻造后如何进行冷却和热处理？
67. 铁素体不锈钢锻造特点有哪些？
68. 马氏体不锈钢的加热和锻造特点有哪些？
69. 马氏体不锈钢在锻造后如何进行冷却和热处理？
70. 对模锻锤技术改造的措施有哪些？
71. 对模锻压力机的“闷车”故障应如何排除？
72. 热锻件图与锻件图有何不同？
73. 飞边槽的作用有哪些？
74. 热模锻压力机锻模模膛内为何要开排气孔？
75. 模锻操作中锻件易出现哪些缺陷？产生原因及解决方法有哪些？
76. 正确使用和维护锻模包括哪些方面？
77. 钳工划线的主要步骤有哪些？
78. 在进行锉削时，对锉刀粗细的选择应考虑哪四方面的因素？

六、综 合 题

1. 用直径 $D_1=2\ 000$ mm，内孔直径 $d_2=450$ mm 的坯料，在马架上扩孔成直径 $D_2=2\ 960$ mm，内孔直径 $d_2=2\ 400$ mm 的轮圈锻件，问该锻件的锻造比是多少？

2. 将正方形钢坯拔长锻造成直径为 250 mm 的光轴，要求锻造比为 $Y=1.5$，问正方形钢坯的边长应不小于多少毫米？

3. 采用高为 200 mm 的圆钢坯，在压力机上经过 5 s 的锻压，高度降为 150 mm，问钢坯的变形程度和应变速度各为多少？

4. 选用某厂八角钢锭一支，锭重 2 t，其大头对边尺寸为 425 mm。将其直接拔长成直径 280 mm 的圆轴，请计算其锻造比是否合适？

（注：碳素钢拔长时锻造比一般选取 $Y=3\sim4$）

5. 选用某厂 1.25 t 八角钢锭一支，其小头对边尺寸为 347 mm，在水压机上先镦粗到直径为 $\phi550$ mm，在拔长成轴类锻件，求该锻件的镦粗锻造比是多少？

6. 在锻制发电机转子锻件时，采用两次镦粗工序来提高锻造比。第一次镦粗前的坯料尺寸为 $\phi1\ 450$ mm×3 700 mm，镦粗到尺寸 $\phi2\ 250$ mm×1 500 mm 后再拔长到锻件尺寸 $\phi1\ 500$ mm×3 460 mm；第二次镦粗到 $\phi2\ 250$ mm×1 500 mm，然后再拔长到锻件尺寸。问该转子锻件的镦粗总锻造比是多少？

7. 在锻造圆环类锻件时，选用外径尺寸为 $D_1=1\ 600$ mm、内孔直径为 $d_1=450$ mm 的坯料，在马架上扩孔成外径 $D_2=2\ 100$ mm、内径 $d_2=1\ 600$ mm 的轮圈锻件，问该锻件的锻造比是多少？

8. 选用直径 $D_0=1\ 984$ mm、内孔直径 $d_0=700$ mm 的坯料，在芯轴上拔出直径 $D_1=1\ 150$ mm、内孔直径 $d_1=650$ mm 的长筒锻件，计算锻件的锻造比是多少？

9. 采用方钢坯拔长锻造成直径 $D=200$ mm 的光轴，要求锻造比 $Y=1.5$ mm，求选取合适的钢坯边长是多少？

10. 一万向轴锻件的两端扁头尺寸为：宽度 $b=280$ mm，高度 $h=125$ mm。若采用方钢坯来锻造，求方钢坯边长 a 为多少才能拔出扁头？

11. 万向轴锻件的两端扁头尺寸为：宽度 $b=280$ mm，高度 $h=125$ mm，要求锻造比 $Y\geqslant1.5$，求方钢坯边长 a 为多少才能满足要求？

12. 锻制长度为 $L=12\ 000$ mm 的 45 钢长轴类锻件，若在 800℃时停锻，问该锻件在停锻时的长度尺寸应该量取多少毫米？

13. 有一轴类锻件，其直径 $D=260$ mm，要求用八角钢锭直接拔长成型，并选取拔长锻造比 $Y=3$，问应该选用钢锭小头对边的尺寸不小于多少毫米才能满足要求？

14. 有一正方体锻件，其边长 $a=215$ mm，计算锻件的质量，并确定下料规格尺寸。

15. 有一件经过粗加工和固溶化处理的护环毛坯，其外径 $D_0=880$ mm、内径 $d_0=650$ mm。采用楔块扩孔强化后，其外径 $D_1=1\ 085$ mm、内径 $d_1=895$ mm。问该锻件冷扩时的外径和内径变形程度是多少？

16. 试计算 WHF 法的压下程序计算用图(图 1)。设坯料原始直径 $D=2\ 600$ mm，压下率 $\varepsilon=20\%$，压下量尾数以 10 为单位，压下后直径以 50 为单位，a、b 方向第一次的鼓肚率 $\alpha=0.36$，其余各次应按 $\alpha_i=0.78-0.14\times10^{-3}D_{i-1}$ 计算，将前四道次的计算结果填入压下程序表 1 中。

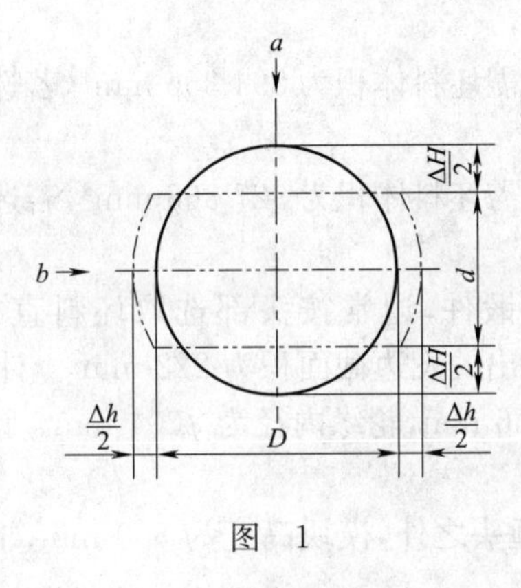

图 1

表 1 压下程序表

道 次	方 向	压前尺寸 D	压后尺寸 d	压下量 ΔH	鼓肚率 α	鼓肚量 Δh
1	a_1					
2	a_2					
3	b_2					
4	b_2					

17. 试计算 JTS 法的压下量。设坯料原始尺寸为方 1 750 mm，采用两面压实，求两面压下量 ΔH_1、ΔH_2 各为多少？

18. 高速钢进行轴向反复镦、拔锻造时，已知坯料质量 $m=1.2$ kg，密度 $\rho=8.7$ kg/dm^3，试求出工序尺寸边长 B、长度 L 与高度 H。

19. 一齿轮锻件外径为 $\phi306$ mm，飞边槽桥部宽为 15 mm，仓部宽为 60 mm，材质为 45 号钢。计算高生产率时需模锻锤吨位是多少？

20. 一锻件在分模面上的投影长为 250 mm，宽为 150 mm 的矩形，飞边槽桥部宽为 20 mm，仓部宽为 30 mm，材质为 20 钢。计算小批量生产时所需最小模锻锤吨位是多少？

21. 一锻件在分模面上的投影面积为 138 544 mm^2，按 1/2 仓部计算出的飞边投影面积为

65 738 mm^2，材质为 42CrMo。计算大批量高生产率时所需模锻锤吨位是多少？

22. 一锻件在分模面上的投影面积为 138 544mm^2，采用模锻锤模锻，计算飞边槽的桥部高度 h_s为多少？

23. 一锻件在分模面上的投影面积为 13 678 mm^2，采用模锻锤模锻，准备选用的飞边槽桥部高度为 2.2 mm，请核算是否合适。

24. 在摩擦压力机上生产一投影面积为 13 214 mm^{2}的锻件，计算其飞边槽的桥部高度为多少？

25. 一锤上模锻件在分模面上的投影面积为 253 467 mm^2，计算所选用的飞边槽的桥部高度为多少？

26. 一锻件冲孔直径为 ϕ58 mm，孔深为 20 mm，求平底冲孔连皮 δ_c的厚度是多少？

27. 一锻件冲孔直径为 ϕ80 mm，孔深为 30 mm，求斜底连皮中间最薄处的厚度是多少？

28. 一锤锻齿轮锻件所需坯料的体积为 461 814 mm^3，按通常选用的高径比计算所需圆坯料的最大直径 d_0是多少？

29. 一锤锻齿轮锻件所需坯料的体积为 563 414 mm^3，若选用高径比为 2.2 时，计算所需圆坯料的直径和长度是多少？

30. 一镦粗成型的锻件，所需坯料体积为 894 356 mm^3，若选用高径比为 1.5 时，计算所需方钢的边长是多少？

31. 一镦粗成型的锻件，所需坯料体积为 927 366 mm^3，若选用高径比为 2.2 时，计算所需方钢的边长和长度是多少？

32. 对一端由头部的杆类锻件，通常按头部选取坯料直径。一锻件头部横截面积为 11 309mm^2，按飞边 1/2 处计算出的飞边截面积为 222 mm^2。计算所需坯料的直径是多少？

33. 一齿轮锻件外径为 ϕ356 mm，轮缘内径为 ϕ304 mm。计算镦粗时坯料的直径选多大为宜？

34. 一模块长度必须伸出锤头之外，模块高度为 500 mm，求伸出锤头外的长度最大应为多少？

35. 一模块的最小高度根据模膛深度和锻锤最小封闭高度确定为 250 mm，考虑到模具的翻新，求模块的最大高度为多少？

36. 一般细长杆件在进行拔长后还要进行滚挤，但当锻件长和坯料长的差值在一定范围以内时，可不拔长而直接进行滚挤。有一锻件长 256 mm，坯料直径为 ϕ50 mm，求坯料长度为多少时可不拔长而直接进行滚挤？

37. 一 20 钢锻件切边时的剪切面积为 16 901.5 mm^2，求热切边时的最大剪切力是多少？

38. 根据已知视图（图 2）在指定剖切位置上作 A-A 移出剖面。

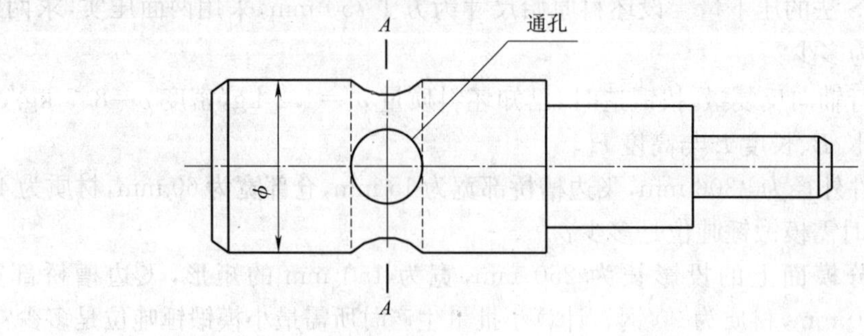

图 2

39. 补画图 3 中的缺线。

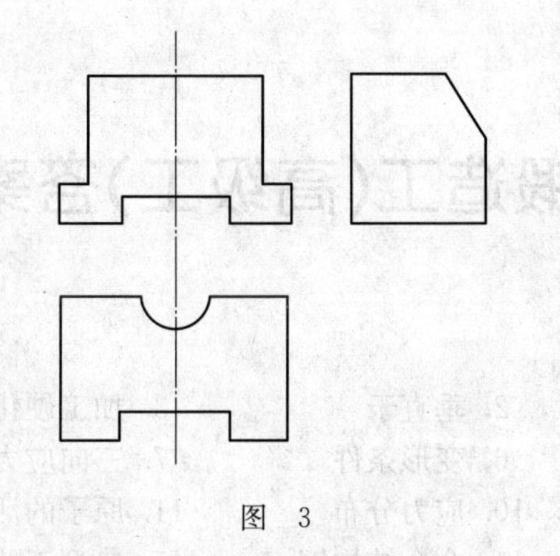

图 3

40. 补齐视图中的缺线(图 4)。

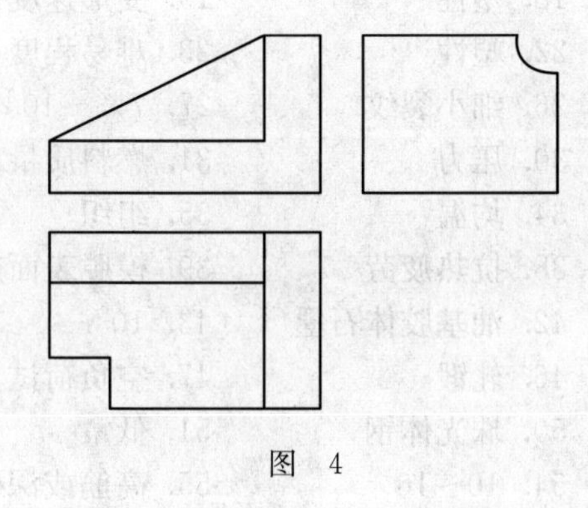

图 4

锻造工(高级工)答案

一、填 空 题

1. 冲击力　2. 垂直于　3. 加工硬化　4. 软化
5. 硬化痕迹　6. 变形条件　7. 三向应力　8. 变形程度
9. 晶体和非晶体　10. 应力分布　11. 原子的活动能量　12. 化学成分
13. 高合金钢　14. 合金结构钢　15. 典型工艺　16. 滑移
17. 晶间变形　18. 塑性　19. 变形速度　20. 难变形区
21. 组织结构　22. 塑性　23. 难易程度　24. 宽度
25. 机械性能　26. 细小裂纹　27. 7%～10%　28. 微小雾滴
29. 高压蒸汽雾化　30. 压力　31. 燃料质量　32. 铁碳平衡
33. 火焰加热　34. 均温　35. 组织　36. 100
37. 受热物发光相似　38. 抗热疲劳　39. 模膛表面热裂　40. 预热
41. 润滑冷却　42. 油基胶体石墨　43. 10°　44. 检验模具
45. 分模面　46. 轧锻　47. 空负荷试车　48. 疲劳极限
49. 内部组织　50. 珠光体钢　51. 低　52. 勤和均匀
53. 塑性　54. 10～16　55. 高筋或深孔锻件　56. 错移力
57. 折叠　58. 变形程度　59. 0.8～1.5　60. 锻模图纸
61. 工艺　62. 锻件技术标准　63. 生产操作　64. 内部裂纹
65. 分配不均　66. 内部质量检验　67. 化学成分检验　68. 残余应力检验
69. 主要化学元素　70. 突然膨胀　71. 成型　72. 压应力
73. 多向　74. 工作原理　75. 执行　76. 机架
77. 比例　78. 呈周期性　79. 调质处理　80. 淬火
81. 较小薄　82. 4　83. 球状珠光体　84. $U/(R_1+R_2)$
85. 电磁感应　86. 确定划线基准　87. 表面粗糙度　88. 一定的熔点
89. 破裂　90. 残余应力　91. 晶粒的大小　92. 硬度降低
93. 组织结构　94. 体心立方晶格　95. 冲击韧性　96. 500 h
97. 轻压快压　98. 热变形　99. 塑性　100. 拉应力
101. 多　102. 不夹料　103. 连续扣模　104. 工艺性能
105. 脱模方法　106. 形状特点　107. 外套　108. 颈部
109. 珠光体钢　110. 5～14　111. 单向拔长　112. 细化
113. 奥氏体钢　114. ≥2.5　115. 变形抗力较高　116. 耐热性高
117. 导热　118. 薄钢板　119. 大于5　120. 0.6～0.65
121. 残余应力　122. 5%～10%　123. 方向控制阀　124. 叶片式气缸

125. 摆动气缸　126. 缓冲　127. 液压油　128. 拔长或滚挤
129. 晶间变形　130. 塑性降低　131. 越大　132. 外摩擦压力
133. 半开口式　134. 碳化物析出　135. 40%　136. 性能
137. 切应力　138. 回复软化　139. 铜液　140. 热锻
141. 跳模　142. 椭圆形　143. 打碎粗大碳化物　144. 250～350℃
145. 四面压实　146. 动力元件　147. 横向裂纹　148. 直接投入水中
149. 0.5～0.8　150. 穿透能力大　151. 临界变形程度
152. 中碳钢和碳素工具钢　153. 拔长或滚挤
154. 各次拔长锻造比之和　155. 余面　156. 大径的圆面积
157. 最后成型　158. 近似椭圆形　159. 双扣模　160. 1.5%
161. 过高　162. 碳化物的分布　163. 窄　164. 150℃左右
165. 压下量　166. 抗应力腐蚀　167. 接触疲劳强度　168. 晶格
169. 三向拉应力　170. 内力　171. 塑性变形　172. 冷变形
173. 锻造温度　174. 应变速度　175. 金属热变形纤维组织
176. 预备工序　177. 8%～10%　178. 马氏体　179. 高速钢
180. 横向裂纹　181. 主应力　182. 越小　183. 连皮
184. 碳化物　185. 高速钢　186. 850℃　187. 锻合内部缺陷
188. 1.6　189. 裂纹　190. 变形抗力　191. 加工硬化
192. 胎膜锻　193. 过烧　194. 150～220℃　195. 内在质量
196. 减少偏析　197. 0.5～0.8　198. 铜、镁、锌　199. 附力应力
200. 化学成分　201. 应力　202. 应力状态　203. 马氏体
204. 工艺塑性　205. 奥氏体

二、单项选择题

1. A　2. B　3. C　4. A　5. C　6. A　7. B　8. C　9. B
10. A　11. A　12. B　13. A　14. B　15. A　16. C　17. B　18. A
19. C　20. B　21. A　22. D　23. C　24. C　25. B　26. B　27. B
28. B　29. C　30. C　31. B　32. C　33. A　34. A　35. A　36. A
37. B　38. B　39. B　40. C　41. B　42. B　43. B　44. B　45. C
46. A　47. D　48. C　49. A　50. A　51. B　52. C　53. C　54. A
55. C　56. D　57. C　58. B　59. B　60. A　61. B　62. B　63. A
64. C　65. A　66. C　67. A　68. B　69. A　70. C　71. C　72. D
73. C　74. C　75. C　76. D　77. A　78. B　79. C　80. A　81. C
82. A　83. C　84. B　85. A　86. B　87. C　88. B　89. A　90. A
91. A　92. D　93. B　94. B　95. A　96. B　97. A　98. B　99. C
100. C　101. B　102. A　103. B　104. A　105. B　106. C　107. D　108. B
109. D　110. A　111. A　112. C　113. A　114. C　115. C　116. A　117. A
118. C　119. A　120. A　121. C　122. B　123. C　124. B　125. C　126. B
127. C　128. A　129. C　130. C　131. C　132. B　133. C　134. A　135. A

136. B 137. A 138. B 139. A 140. C 141. B 142. C 143. B 144. A
145. C 146. C 147. C 148. A 149. B 150. C 151. C 152. A 153. A
154. C 155. A 156. B 157. C 158. B 159. A 160. C 161. A 162. B
163. C 164. B 165. C 166. C 167. C 168. A 169. C 170. A 171. B
172. C 173. C 174. B 175. C 176. C 177. C 178. B 179. A 180. B
181. B 182. C 183. A 184. A 185. B 186. B 187. C 188. B 189. D
190. B 191. D 192. C 193. A 194. A 195. B 196. D 197. C 198. C
199. B 200. A

三、多项选择题

1. AB 2. CE 3. BD 4. AB 5. DE 6. AE
7. CD 8. AB 9. AB 10. BD 11. CD 12. AB
13. BC 14. AE 15. CD 16. AB 17. AD 18. CD
19. AB 20. BC 21. AD 22. CD 23. AB 24. CD
25. AB 26. BD 27. AD 28. DE 29. BC 30. AB
31. BD 32. BD 33. AB 34. AB 35. BC 36. CD
37. AB 38. CD 39. AD 40. AB 41. BE 42. BE
43. AB 44. CD 45. CD 46. AC 47. AB 48. ABCDE
49. AB 50. BD 51. AB 52. DE 53. AB 54. BD
55. DE 56. AE 57. DE 58. AB 59. DE 60. CD
61. BCD 62. BCDE 63. BE 64. BCD 65. AE 66. AC
67. CDE 68. ABCD 69. BD 70. ABCDE 71. ACDE 72. BCDE
73. ABDE 74. BCE 75. BCD 76. ACD 77. AD 78. BC
79. ABE 80. BD 81. ABC 82. ABCD 83. ABCD 84. BCD
85. BDE 86. ACD 87. ABC 88. ABCD 89. ABCD 90. ABCDE
91. CDE 92. ABCE 93. ABC 94. AB 95. ABC 96. ABCD
97. ACDE 98. BD 99. ABCD 100. ABCD 101. ABC 102. ABCDE
103. BCD 104. AB 105. ABC 106. BCDE 107. ABDEF 108. ABCD
109. BD 110. ACD 111. ABCDEF 112. BCD 113. ABCD 114. ACE
115. ACDE 116. ABCDE 117. BCD 118. ABCD 119. ABC 120. ABCD
121. ABC 122. ABCD 123. ACD 124. ABCD 125. ABCE 126. BCE
127. ABC 128. ACD 129. ABCDE 130. ABCD 131. ACD 132. BCD
133. ABCD 134. ABC 135. AB 136. BCD 137. ABCD 138. ABD
139. ABD 140. CDE 141. ABCD 142. CD 143. CD 144. BCD
145. AD 146. ABCD 147. CDE 148. ABCD 149. AB 150. ADE
151. ABCD 152. AD 153. ACD 154. ABCE 155. BC 156. ABCD
157. ACD 158. BCD 159. ABCD 160. BC 161. BCD 162. ABC
163. AC 164. AD 165. BC 166. AC 167. CD 168. ACD
169. BCD 170. BC 171. ABCDF 172. ABCD 173. ACDE 174. BD

175. AC　176. BCD　177. BC　178. ABCDF　179. ABCD　180. BC
181. ABC　182. ABD　183. ABC　184. AC　185. ABCD　186. AB
187. CD　188. CDEF　189. CD　190. AC　191. ABCE　192. BC
193. ABC　194. AB　195. BCD　196. ABDE

四、判断题

1. √　2. √　3. ×　4. √　5. √　6. √　7. ×　8. ×　9. ×
10. ×　11. √　12. ×　13. ×　14. √　15. √　16. ×　17. √　18. √
19. √　20. √　21. √　22. √　23. √　24. √　25. √　26. ×　27. √
28. √　29. √　30. √　31. √　32. √　33. √　34. ×　35. √　36. √
37. √　38. √　39. √　40. ×　41. √　42. √　43. √　44. ×　45. √
46. ×　47. ×　48. ×　49. √　50. √　51. √　52. ×　53. √　54. √
55. √　56. √　57. √　58. ×　59. ×　60. √　61. √　62. √　63. √
64. ×　65. √　66. √　67. √　68. ×　69. ×　70. ×　71. ×　72. ×
73. ×　74. ×　75. √　76. √　77. ×　78. √　79. ×　80. √　81. √
82. √　83. ×　84. ×　85. √　86. √　87. ×　88. √　89. √　90. √
91. √　92. √　93. √　94. √　95. √　96. √　97. √　98. √　99. √
100. √　101. √　102. ×　103. √　104. √　105. √　106. √　107. √　108. ×
109. ×　110. √　111. ×　112. √　113. √　114. √　115. √　116. √　117. ×
118. √　119. √　120. ×　121. ×　122. √　123. √　124. √　125. √　126. √
127. ×　128. √　129. √　130. ×　131. ×　132. ×　133. √　134. √　135. ×
136. ×　137. ×　138. √　139. ×　140. ×　141. ×　142. ×　143. √　144. ×
145. ×　146. √　147. √　148. √　149. √　150. ×　151. √　152. √　153. ×
154. ×　155. √　156. √　157. √　158. √　159. ×　160. √　161. √　162. ×
163. √　164. ×　165. √　166. √　167. √　168. ×　169. ×　170. ×　171. √
172. √　173. ×　174. √　175. ×　176. √　177. ×　178. ×　179. √　180. ×
181. ×　182. √　183. ×　184. √　185. √　186. √　187. ×　188. ×　189. √
190. √　191. √　192. ×　193. √　194. √　195. √　196. √　197. ×　198. √
199. √　200. √

五、简 答 题

1. 答：进油节流调速是将节流阀串联在液压泵与液压缸之间，故便于压力控制(1 分)，适用于低速、轻载的液压系统(0.5 分)。回油路节流调速是将节流阀串联在液压缸的回油路上，故回油路上有背压(1 分)，适用于功率较小、负载变化大、要求运动平稳性好的系统(0.5 分)。旁油路节流调速是将节流阀并联在液压泵与液压缸进油口之间的支油路上，故功率应用上较合理(1 分)，适用于负载变化小、运动平稳性要求低的高速、大功率场合(1 分)。

2. 答：工时定额是指在一定生产技术和组织条件下，劳动者生产一件产品(或完成一个工作量)所需消耗的工作时间(3 分)。它是用以计算劳动成果，确定工人工资、奖金和生产劳动竞赛的重要依据(1 分)，是一项具有很强的政策性、群众性、技术性和业务性的工作(1 分)。

3. 答:工时定额基本可划分为:现行定额(1 分)、计划定额(1.5 分)、不变定额(1 分)和设计定额(1.5 分)。

4. 答:(1)经验估计法(0.25 分)。是由定额人员、技术员和老工人结合通过对产品的设计、工艺要求和生产条件的分析,同时根据以往的生产经验来制定的劳动定额(0.25 分)。这种方法的主要优点是:群众基础较好、简便易行,也便于定额的及时制定和修改(0.25 分)。缺点是易受估工人员主观因素影响,容易出现定额偏高、偏低的现象(0.25 分),不利于推广先进经验,不利于提高劳动生产率(0.25 分)。

(2)经验统计法(0.25 分)。是以过去生产同类产品或零件所需工序的实际消耗工时为依据,分析当前组织技术和生产条件的变化制定定额的方法(0.25 分)。其优点是简便易行,有据为证,说服力较强,其可靠性和准确性有所提高(0.25 分)。缺点是保守,不利于改进(0.25 分),且还可能受原始工时记录和统计资料某些不实的影响(0.25 分)。

(3)技术定额法(0.25 分)。是通过生产现场的技术测定及时生产技术、生产及劳动组织等条件的分析研究,采用最优操作方法,避免无效劳动,并取得最大效益而制定的劳动定额(0.25 分)。其优点是有技术依据作保证,定额水平保持一致,便于考核,有利于经验交流,便于查找弱点,便于解决生产中的平衡问题,有利于促进企业提高管理水平(0.25 分)。缺点是工作量较大,程序复杂,制订定额过程长(0.25 分)。

(4)类推比较法(0.25 分)。是通过对企业生产的产品按几何形状相似、材料和工艺方法相同的特点进行分析(0.5 分),找出工时消耗的影响因素,选择具有代表性的典型零件的定额内部较为平衡(0.25 分),特别是对单件小批生产较适用,方法简便,效率高,有利采用技术定额(0.25 分)。该方法的准确性虽然较高,但仍然含有估工的因素(0.25 分)。

5. 答:劳动生产率指标有两种表现形式;一种是用单位劳动时间内生产某种合格产品的数量来表示,即劳动生产率的“正指标”(2 分)。其值越高,表示劳动生产率越高(0.5 分)。另一种是用生产单位产品所消耗的劳动时间来表示,即劳动生产率的“反指标”(2 分)。其值越高,表示劳动生产率越低(0.5 分)。

6. 答:作业时间是指直接用于完成生产任务,实现工艺过程所消耗的时间(3 分)。作业时间按其作用可分为基本时间和辅助时间(2 分)。

7. 答:在模锻过程中缩短机动时间的方法有:(1)利用适当的设备组合,提高设备利用率(0.5 分);(2)在设备能力足够的条件下,增加有效行程次数(1 分);(3)提高设备的机械自动化程度(0.5 分);(4)采用一模多模膛锻造(0.5 分);(5)保证下料质量等(0.5 分)。

在自由锻造过程中,可采用以下方法来缩短辅助时间:(1)利用加热工在坯料出炉时清除掉氧化皮,再上砧锻造(0.5 分);(2)选择好合适的工、量、胎具,并有序摆放,随用随拿(0.5 分);(3)合理安排好工序步骤,工序步骤应做到少而精(0.5 分);(4)提高操作工技术水平,尽量减少测量工序尺寸的次数等(0.5 分)。

8. 答:锻造时使金属坯料发生变形的外力有作用力、反作用力和摩擦力(2 分)。作用力是由锻造设备的机械动作产生的(1 分);反作用力是工具或模具对坯料产生的一种压力(1 分);摩擦力则是由于金属和工具表面或模膛壁之间的摩擦作用所产生的(1 分)。

9. 答:单位面积上的内力叫做应力(1 分)。附加应力是由于金属组织、化学成分以及温度等原因造成坯料不均匀性变形而引起的应力(2 分)。残余应力则是去掉外力后,仍然残留在坯料内的附加应力(2 分)。

10. 答:金属材料在外力作用下,其尺寸形状都会发生改变,这种变化过程叫做变形(2分)。弹性变形和塑性变形的区别在于,将作用力去掉后,弹性变形就立即消失,金属坯料恢复到原来的尺寸和形状(1分);而塑性变形却成了永久变形,金属坯料不能恢复到原来的尺寸和形状(2分)。

11. 答:金属产生塑性变形而不发生破坏的能力叫做金属的塑性(2分)。金属材料对于产生塑性变形的外力的抵抗能力叫做变形抗力(2分)。如果金属材料的塑性越高,变形抗力越小,则表明该金属材料的可锻性越好,就越有利于锻造生产(1分)。

12. 答:金属在塑性变形过程中,随着变形程度的增加,强度和硬度提高,而塑性、冲击韧度降低的现象,叫做加工硬化(1分)。金属加工硬化的利在于:可以用作强化金属性能的重要手段,尤其对那些不产生相变的金属材料,如很多的铜合金、奥氏体钢等材料,通过冷锻、半热锻以及液压胀形等工艺措施,利用材料不易通过热处理方法强化而采用加工硬化来提高其强度和硬度(2分)。其弊在于:加工硬化会引起材料塑性降低,继续变形困难且要增加变形力。如冷拔钢丝和冷冲拉深时,随着变形程度增大,需要增加设备能力,且要增加中间退火工序,以提高材料塑性。另外,加工硬化后,材料性能出现异向性,会引起不均匀变形,还会降低抗腐蚀性能(2分)。

13. 答:回复的实质就是将变形后的金属加热到不太高的温度,在晶粒形状、大小及在变形过程中所形成的方向性尚无变化的情况下,使其大部分应力消除,力学性能和物理性能部分得到恢复的过程(3分)。再结晶的实质是将变形后的金属加热到更高的温度(与回复相比),消除了加工硬化的不良影响,使原子活动能力达到足以使原子变更位置时,就可使加工硬化后的晶粒在形状、大小和方向等方面发生变化(2分)。

14. 答:加工硬化与再结晶软化的速度不相同时,将出现下述两种情况:若硬化速度大于软化速度时,变形后的金属将留下加工硬化的痕迹(2分)。若硬化速度小于软化速度时,加工硬化将被软化完全抵消,金属在加工过程中就不会有加工硬化特征(3分)。

15. 答:当金属的再结晶完成以后,如果温度过高($\geqslant 0.8t_{熔}$)(1分)或假如时间过长(1分),就会出现晶粒粗化(1分),使力学性能相应地降低(1分)。这种再结晶后晶粒长大的过程,称为聚结再结晶(1分)。

16. 答:金属坯料锻造前的横截面积(或长度)与锻造后的横截面积(或长度)的比值,叫做锻造比(3分)。由于锻造比的大小标志着金属变形程度的大小,因此正确地选择锻造比具有重要的意义,它关系到锻件的质量、坯料规格及尺寸、设备吨位的选择、加工工时的制定等许多方面的问题(2分)。

17. (1)冷变形。其特点:制件精度高,表面质量好,劳动条件好,生产率高。但金属的塑性差,变形抗力大,并积聚有残余应力(1分)。(2)温变形。其特点:具有部分冷热变形的优点,克服了部分冷热变形的缺点。如变形抗力比冷变形小,尺寸精度比热变形高(2分)。(3)热变形。其特点:金属塑性好、变形抗力小,可用以加工尺寸大、形状复杂的锻件,并能有效地改善金属组织的力学性能。但表面质量较差,且形成氧化皮,劳动条件较差,生产效率较低(2分)。

18. 答:热变形的纤维组织多是由高熔点化合物(如氧化物、碳化物)被打碎并顺着金属变形方向呈碎粒状或链状分布(2分),晶间低熔点杂质(如硫化物)沿变形方向呈带状分布(0.5分),由于多种杂质都不能在再结晶时得到改变,只能顺着变形方向分布(0.5分)。而冷变形的纤维组织是在变形时,晶粒沿着变形方向被拉长,当进行再结晶退火时,晶粒将重新生长形成新的等轴晶粒(2分)。

19. 答:金属的塑性变形,只要当其内部最大切应力达到临界值时,才能产生塑性变形(2分)。一般来说,金属的化学成分越复杂,其切应力临界值越高,塑性较差(1分)。另外,变形温度、变形速度、变形程度等都对其有一定影响(2分)。

20. 答:由最小阻力定律可知(1分),矩形断面的变形部位大致可分为四个流动区(1分),在两两相对的四边区域内的质点向着周边沿垂线运动(1分)。而宽边方向流出金属多于窄边方向(1分),镦粗的结果将趋于椭圆形(1分)。

21. 答:利用最小阻力定律选择合适的砧宽或控制合理送进量,即采用伸长大于展宽的方法,可以提高拔长效率(3分)。若修正工件不需要大的伸长,则可采用伸长小于展宽的送进方法(2分)。

22. 答:金属材料的化学成分及组织(1分),其变形温度和变形速度(1分),其应力状态以及坯料的尺寸(1分),毛坯的表面状况和周围的介质等因素(1分),对金属塑性和变形抗力都有较大的影响(1分)。

23. 答:主要措施有:(1)提高材料化学成分和组织状态的均匀性(1分);(2)合理选择变形温度、变形速度、变形程度(1分);(3)选择最有利的变形方式(如加钢套镦粗,型砧拔长)(1分);(4)合理设计工、模具(0.5分);(5)改善操作方法(如低塑性薄件采用叠锻等)(0.5分);(6)采用良好的润滑(1分)。

24. 答:摩擦会改变作用力的效应,因而也改变了变形金属内部各点的主应力状态(1分),会阻碍金属的流动,造成接触表面附近与内部的不均匀变形,引起附加应力(1分)。另外,摩擦会增加金属变形抗力(1分)。由于摩擦力的作用,使工具表面温度增高而引起变形,同时导致工具的工作表面磨损(1分),并且由于金属变形抗力的增大,引起工具的内应力增大(1分)。

25. 答:主要应具备下述要求:(1)润滑剂应有良好的耐热性,在高温使用时不易分解(1分);(2)在高压力作用下,具有良好耐压性(1分);(3)能对工、模具起到冷却的作用(1分);(4)无毒、无污染环境,对工、模具及变形金属无腐蚀作用(1分);(5)使用和清理方便,取材来源广泛,经济合算(1分)。

26. 答:镦粗时按坯料内部变形程度的大小可划分为:Ⅰ难变形区(0.5分)、Ⅱ易变形区(0.5分)、Ⅲ小变形区(0.5分)。在Ⅰ区由于坯料直接和工具表面接触,受摩擦影响最大,形成强烈的三向压应力状态,所以变形最困难(0.5分)。Ⅱ区由于受摩擦影响较小(0.5分),且主应力值相差较大的三向压应力状态也有利于变形(0.5分),该区域金属流动处于最适宜变形的与端面成45°的切应力面,无论轴向或径向的变形都较容易(1分)。Ⅲ区受以上两区域的影响,其变形程度介于两区域之间(1分)。

27. 答:由于拔长变形相当于一系列镦粗工序的反复(1分),且不在同一处锤击(1分),坯料又反复的翻转(1分),使难、易变形区不断地交换(1分),所以拔长后的金属变形比较均匀(1分)。

28. 答:由于用平砧拔长圆坯料时,在轴向截面内,难变形区犹如刚性的楔子,通过其侧面将力传给坯料的其他部分,形成横向拉应力(2分),越靠近心部所受的拉力越大,故易在心部产生纵向裂纹(1分)。此外,由于坯料在拔长过程中需要不断地转动和压缩,使坯料内部不断地产生拉应力,则易引起中心裂纹(1分)。若用型砧拔长圆坯,由于工具的侧压力限制了金属的流动,迫使金属沿轴向流动,所以坯料内部无拉应力产生,故不易产生裂纹(1分)。

29. 答:由于用平砧拔长低塑性方坯料时,坯料不断地进行 90°翻转(1 分),使难变形区不断地重复交换(1 分),在对角线处就成了金属流动最剧烈的地方(1 分)。当产生的切应力足以使材料发生破坏时,就会沿对角线产生十字形内裂(1 分)。所以,拔长低塑性坯料时,应避免在同一部位进行多次反复锤击(1 分)。

30. 答:冲孔时,冲头下面的金属受冲头压力的作用,产生镦粗变形(1 分)。而冲头周围的金属受中部挤出金属的内压作用,产生扩胀变形(2 分)。使得冲孔时在冲头周围圆环区的坯料存在着切向拉应力(1 分),故当坯料的塑性较差或冲孔温度过低时,就易在坯料侧面产生纵向裂纹(1 分)。

31. 答:模锻的第一个阶段即为模膛充满阶段(2.5 分);第二个阶段即为上、下模闭合阶段(2.5 分)。

32. 答:由于摩擦的影响,使得正挤压时在凹模出口附近常有一部分金属不参与塑性流动,形成"死角"(2 分),其摩擦系数越大,凹模形状越不合理(如入口角成 180°时),则"死角"区域越大(1 分)。若摩擦很小,则变形区集中在凹模出口附近,金属流动比较均匀(1 分);反之,变形可能扩大到整个坯料体积,金属发生不均匀流动(1 分)。

33. 答:镦粗可将横截面面积较小的毛坯锻成横截面面积较大而高度较小的圆饼形锻件(1 分);镦粗变形可以使钢锭的树枝状铸造组织得到一定程度的破碎(0.5 分);拔长前的镦粗可以提高拔长锻造比(0.5 分);可以提高锻件的横向性能和减少力学性能的异向性(1 分);冲孔前的镦粗可以增大毛坯横截面面积和平整端面(1 分);反复进行镦、拔可以破碎合金工具钢中的碳化物,使之均匀分布,改善内部组织(1 分)。

34. 答:拔长时的锻透程度、内外部裂纹及锻件内在质量,均与拔长时的变形分布和应力状态直接有关(1 分),主要取决于相对送进量(1 分)、压下量(1 分)、砧子形状(1 分)、拔长操作(1 分)等工艺因素。

35. 答:送进量的大小不仅关系到拔长效率,而且影响锻件质量。当相对送进量 $l_0/h_0<0.5$时,拔长变形区出现双鼓形,变形集中在下表面层,中心部分非但不能锻透,并且出现轴向拉应力,容易引起内部横向裂纹(1 分),相对送进量如果小于单边压下量还会在表面形成折叠(1 分);当 $l_0/h_0>0.8$ 时,拔长变形区呈单鼓形,心部变形很大,得以锻透,但在鼓形的侧面和角部受拉应力,容易引起表面裂纹与角裂(1 分)。如果坯料在同一位置反复转动重击,还会使塑性低的坯料产生对角线裂纹,同时坯料的展宽较大也降低了拔长效率(1 分)。所以综合考虑,一般认为相对送进量控制在 0.5~0.8 之间较为合适(1 分)。

36. 答:所谓宽砧与窄砧的概念是用相对送进量来衡量的(1 分)。在平砧或上平、下 V 形砧间拔长,当相对送进量等于或大于 0.5 时(2 分),以及在上、下 V 形砧中拔长,当相对送进量等于或大于 0.4 时,则统称为宽砧锻造(2 分)。

37. 答:用特制的上、下宽平砧(1 分),在高温下对坯料进行强力拔长锻造(1 分),在操作时需要遵守一定的程序和基本原则(1 分),达到对大型钢锭内部缺陷锻合的目的和满足力学性能指标的要求,这种方法被称为 WHF 法(1 分),即宽平砧强压拔长法,简称宽砧锻造法或宽砧压实法(1 分)。

38. 答:因为经第一趟强压后,坯料翻转 90°,可发现侧面有带鼓肚的波浪形,"波峰"处表明变形程度大(1 分),真正起到压实作用的约占进砧宽 W 的 50%左右区域(1 分),而其他"波谷"处的变形程度很小,压实效果很差或没有效果(1 分)。所以,这些区域就应该在以后的施压中进行补充,形象的说法就是要压“谷”,即将砧子的中心描准波谷施压,不让在进砧边缘的搭接处出现未锻透的“变形死区”(1分),通过多道次的交错施压,才能达到变形均匀,获得整体压实的效果(1分)。

39. 答:“JTS”锻造法最初叫硬壳锻造法或中心压实法(1分),后来又称温差锻造法或表面降温锻造法(1分)。它是将经 WHF 法锻后的坯料或从高温炉取出的坯料,使其表面快速冷却至 750℃左右(1分),使坯料中心和表面形成较大的温差,然后用专用砧子强力施压,使变形集中于心部(1分),并使该区域处于强烈的三向压应力状态,以此获得对疏松区的压实效果(1分)。

40. 答:在实施“JTS”锻造法时,由于坯料外冷内热,造成表层比中心的变形抗力大得多(1分),表层的变形亦自然很小(1分),压缩时的大塑变区向中心集中(1分),表层金属就好像一层“硬壳”裹在外面(1分),而心部得到类似“模锻”的效果,这就是所谓的“模壳效应”(1分)。

41. 答:JTS 法实施要点主要有:JTS 法加热温度与通常锻造温度相同,保温时间为通常锻造温度的 1.1 倍(1分);坯料出炉后轻压一趟去除氧化皮,均匀速冷至 750℃ (1分); 温度测量要准确,应用光学高温计或红外线测温仪,在表面中部暗红色部位测定(0.5分);压实用砧应易于更换(0.5分);压实砧子中心线与坯料中心线应重合(0.5分);压下深度应符合工艺规定(0.5分);两锤之间应搭接 100 mm,且第二面压实时,砧子中心应描准第一面两砧搭接处施压(1分)。

42. 答:因为砧子与金属的接触面存在着摩擦,使锻件上下端部存在着近似锥形的粘滞区(或刚性区) (1分),砧子越大,粘滞区越大(0.5分),上下粘滞区交合的区域内,可以认为是静水应力区,而静水应力区的变形是剪切变形(0.5分)。随着变形体的 H/D 的进一步降低,剪切变形则更加剧烈,在剪切变形剧烈超过塑性极限之外出现剪切裂纹,该剪切裂纹平行于端面呈层状出现(1分)。当材料的 σ_b 与 σ_s 的差值越小,材料的夹杂、偏析严重时,剪切裂纹更容易出现,压实效果自然就较差了(1分)。所以压实砧子并非越大越好(1分)。

43. 答:(1)能获得符合质量要求的锻件(2分);(2)轻便耐用(1分);(3)制造简单,成本低廉(1分);(4)操作方便,效率高(1分)。

44. 答:(1)确定模具结构(1分);(2)确定模膛尺寸、精度和表面粗糙度(2分);(3)确定胎模外形尺寸(1分);(4)选择模具材料和确定热处理要求(1分)。

45. 答:(1)有较高的强度、冲击韧性和耐磨性(1分)。

(2)有较高的抗热疲劳,即在反复骤热骤冷时不易产生龟裂(1.5分)。

(3)有较高的红硬性,在工作时不因接触高温金属受热而降低硬度(1.5分)。

(4)有较好的导热性、良好的切削加工性能和热处理性能(1分)。

46. 答:热反印法是用与锻件形状尺寸相近的模芯作冲头压入经加热的模块毛坯表面,从而得到所需模膛的一种制模方法(1分)。它的主要优点是制造过程基本上可由锻工自己进行,周期短而实用,得到的模膛表面是挤压而成的(1分),所以金属组织致密,纤维连续,锻件容易脱模(1分),模具寿命高,制模费用低(1分),特别适用于生产批量不大、形状比较简单的胎模的制造(1分)。

47. 答:常有的五种组织相是铁素体(1分)、奥氏体(1分)、珠光体(1分)、马氏体(1分)和莱氏体(1分)。

48. 答:可分为铁素体钢(1分)、奥氏体钢(1分)、珠光体钢(1分)、马氏体钢(1分)和莱氏体钢(1分)五大类。

49. 答:由于合金元素的加入,特别是复杂相的形成,对基体金属原子的扩散起阻碍作用(2分),因而金属需在较高温度下才能再结晶,且再结晶速度缓慢(3分)。

50. 答:由于合金元素改变了钢内部原子排列的规则性(1分),使热的传导困难,所以钢的导热性随着合金元素的种类和含量增加而降低(1分),加热速度高易引起开裂(特别是当大尺寸时)(1分)。尤其是低温时高合金钢的导热性特别低,塑性较差(1分)。所以高合金钢加热应采用低温装炉、缓慢升温的方法(1分)。

51. 答:高合金钢组织结构复杂,具有多相性,在不同温度下存在不同的相组织,往往使钢的锻造性能下降。其特点是:(1)具有较高塑性的均匀相,如奥氏体固溶体(1分);(2)能使材料强化但塑性下降不多的相,如弥散的碳化物及金属间化合物(1分);(3)能使材料塑性剧烈下降的脆性相,如在晶界上呈封闭骨架状、块状和粗针状的共晶碳化物(1分);(4)有非金属夹杂及粗大的析出相,如奥氏体钢中的α相及铁素体钢中的γ相(1分);(5)低熔点相,如硫化铁和铁的共晶体(1分)。

52. 答:(1)变形抗力大(1分)。高合金钢在锻造温度下的变形抗力较碳素钢和低合金钢的变形抗力高好几倍,且随着变形程度的增加而显著增大,即所谓硬化倾向大(0.5分)。此外,在变形速度高比变形速度低时,高合金钢的变形抗力要大得多(1分)。

(2)塑性低(1分)。在锻造温度范围内,碳素钢的塑性相当高,镦粗时允许变形量仅由设备能力限制(0.5分)。而对于某些高合金钢来说,变形量偏大就将产生裂纹。如镦粗某些耐热钢允许变形量为60%,而对于某些高温合金,仅允许40%。因此,在制定高合金钢锻件工艺规程时,应参考塑性图、抗力图和三向再结晶立体图(1分)。

53. 答:其特点有:(1)钢锭加热前应清除表面缺陷(1分);(2)掌握"轻—重—轻"原则,钢锭开始锻造时应轻击快锻,待铸造组织初步破碎、皮下气泡锻合、塑性得到改善后再重击,使之锻透;至接近终锻温度时又必须轻击(1分);(3)采用上、下V形砧改善坯料的应力状态(1分);(4)锻造比一般应比碳素钢大,应取在3以上(1分);(5)主变形工序应在高温下均匀进行。应避免在低温下进行倒角、冲孔和扩孔等操作(1分)。

54. 答:高速钢由于含有大量的钨、铬、钒等合金元素(1分),它们在钢中形成大量的复合碳化物,此外还有少量的Cr23C6型碳化物,渗碳体型和VC型碳化物(1分)。其铸造组织中通常有三种碳化物;共晶初生碳化物,呈粗大鱼骨状,其塑性较低,脆性很大(1分);二次碳化物,往往呈网络存在于晶界,分割基体金属,使钢塑性降低(1分);三次共析碳化物,其颗粒细小,分散分布,具有较高的力学性能(1分)。

55. 答:试验和实践证明,钢中碳化物的分布状况对高速钢的使用性能影响较大(1分),只有当碳化物呈细小颗粒并均匀分布(碳化物不均匀度级别低)时,高速钢的良好使用性能才能充分地表现出来(1分)。碳化物均匀度级别好的钢,无论室温力学性能、热处理后的红硬性和耐磨性能,都比碳化物粗大、偏析严重的高速钢为好(1分)。另外,在热处理过程中,大块的碳化物处容易过热,或回火不充分,残留奥氏体较多,直接影响刀具的使用寿命和尺寸精度(1分)。当碳化物呈带状或网状分布时,不仅起着分割金属基本作用,而且使得淬火后晶粒大小不均匀,从而降低了钢的强度和冲击韧度(1分)。

56. 答:除了首先要满足锻件的形状尺寸要求之外(2分),其另外一个重要目的就是把粗大的共晶碳化物打碎(1分),降低碳化物不均匀度的级别(1分),以满足锻件性能方面的要求

(1分)。

57. 答:(1)取决于原材料碳化物不均匀级别(2分);(2)取决于锻件对碳化物不均匀度级别的要求(3分)。

58. 答:主要原因是:(1)锤击印痕未锻平,在随后的镦粗时沿锤印痕折叠引起裂纹(1分);(2)锤砧圆角半径太小,拔长送进量过小、压下量大而产生折叠等引起裂纹(2分);(3)因棱角处冷却快、温度小、压下量大而产生折叠等引起裂纹(1分);(4)因棱角处冷却快、温度低、塑性低,故多沿棱角处开裂(1分)。

59. 答:主要原因有:(1)原材料表面存在细微的纵向裂纹或折叠经加热和锻造被扩大(1分);(2)镦粗时变形量过大、温度过低或冷却太快(2分);(3)拔扁方坯料时,宽度超过厚度的3倍,使得翻转拔长时出现卷曲,而发展成折叠,如冷却再快时便形成裂纹(2分)。

60. 答:通过生产实践证明,拔长比镦粗对改善碳化分布的实际效果明显(1分)。因此,高速钢锻件反复镦、拔时,建议只计算拔长锻造比(2分),反复镦、拔的总锻造比等于各次拔长锻造比之和(2分)。

61. 答:主要特点有:(1)锻造温度范围较一般碳素钢窄,最佳温度范围在1 050~750℃(1分);(2)工艺塑性较低,锻造时易开裂,宜采用静水压力较大的工序(挤压、模锻等)变形(1分);(3)变形过程中的自润滑性好(1分);(4)不宜采用铸锭—轧制—锻造加工的工艺流程,只宜采用铸坯—精锻联合的新工艺(2分)。

62. 答:因为高锰护环钢在750℃左右析出碳化物(1分),使塑性降低,而且由于固溶体中含碳量的下降,也降低了强化效果(1分)。为了防止碳化物析出,目前通常的作法是将热锻件冷却后进行固溶处理(有些工厂称为奥氏体化处理)(3分)。

63. 答:将坯料加热到1 050~1 060℃保温一段时间,使碳化物溶于奥氏体基体中(1分),然后自炉中取出立即在水中和空气中交替冷却(1分),目的是迅速通过碳化物析出的温度区间,在空冷阶段可使锻件各部分温度比较均匀(3分)。

64. 答:护环楔块扩孔工艺具有省力、尺寸容易控制,可以进行温胀和裂纹敏感性小等优点(3分)。缺点是生产效率较低,模具结构复杂和制造费用较高等(2分)。

65. 答:其特殊的要求是:(1)在加热前必须用剥皮或铲除方法将表面缺陷清除干净;否则会在锻造过程中扩大,造成锻件报废(1分);(2)始锻时应以小变形量轻击,将钢锭的皮下气泡锻合,塑性提高后重击锻透(1分);(3)设备吨位的选择较普通钢材大一级,以克服较高的变形抗力,达到锻透和细化晶粒的目的(1分);(4)由于不能用热处理方法细化晶粒,应有足够的锻造比,钢锭可选锻造比为6~8,一般钢坯的锻造比应≥2(1分);(5)终锻成型时的变形量,不允许在临界变形程度范围内(ε为7.5%~20%),以避免晶粒粗大(1分)。

66. 答:采用空冷(1分)。为了使锻件在冷却过程中析出的碳化物全部溶解于奥氏体中,获得单相奥氏体,提高抗腐蚀能力,还必须进行"固溶处理"(2分),即加热到1 000~1 100℃,均温后在水中快速冷却,使碳化物全部溶解在奥氏体中(2分)。

67. 答:其锻造特点有:(1)加热时晶粒特别容易长大,在加热和冷却过程中无同素异晶转变,不能通过热处理细化晶粒(1分);(2)锻造必须有足够变形量和均匀变形,将粗大的晶粒击碎,使之细小并均匀分布,这是锻件获得良好性能的关键(1分);(3)特别是最后一火锻造的变形程度不得低于12%~20%,终锻温度不应高于800℃,不低于700℃(1分);(4)这种钢的导热性差,不宜用砂轮打磨表面缺陷,应采用机械切削或风铲清除(1分);(5)这种钢在475℃左右保持的时间过长,会出现所谓的475℃脆性,因此锻后必须空冷或水冷(1分)。

68. 答:其锻造特点是:(1)加热温度过高时,有δ铁素体形成,锻造易开裂,始锻温度为1 100～1 150℃(1分);终锻温度不低于900℃,低了不仅变形困难,而且内应力也要增大(1分);加热过程中应避免脱碳,因为表面脱碳会促成铁素体形成(1分);(2)这种钢在高温下是单相奥氏体组织,塑性好,锻造无特殊困难(1分);由于可用热处理方法细化晶粒,因而最后一火对变形量也无特殊要求(1分)。

69. 答:马氏体不锈钢对冷却速度特别敏感,锻后空冷,则已处于淬火状态,其组织转变为马氏体,内应力较大,容易产生裂纹(2分)。这类钢锻后必须缓慢冷却(炉冷、砂冷、灰冷或坑冷)(1分),并且要及时进行等温退火(1分),消除内应力,降低锻件硬度,以利于机械加工(1分)。

70. 答:对5 t以下模锻锤,可用液压动力头更换该设备的气缸部分,从而实现程序控制,使操作更方便(1分)。另外可用橡胶减振垫代替原砧座下面的枕木层(1分);用F_4塑料活塞环代替钢活塞环(1分);用F_4塑料盘根代替石棉、橡胶盘根(1分);对锤头的结构尺寸、滑阀密封装置、锤杆热处理工艺等都可进行相应的技术改造,从而提高设备的使用寿命(1分)。

71. 答:无论因何种原因造成"闷车"后,首先要判断"闷车"发生在什么位置(1分),然后才根据不同的情况采取相应的解决措施(1分)。一般"闷车"多发生在下止点前几度的地方(1分)。采取的措施是可松开调节螺母,降低工作台的高度来解决(1分)。也可采取增大离合器进气压力,按回程按钮使滑块向上运动而脱离"闷车"(1分)。

72. 答:热锻件图和锻件图最主要不同是设计依据不同(1分)。锻件图的设计依据是产品零件图(1分),而热锻件图的依据是锻件图,它是在锻件图的尺寸上加上1.2%～1.5%的冷却收缩量后得到的(1分)。另外,热锻件图还有以下不同:利用小设备锻大锻件时,热锻件厚度尺寸应适当减小,减小量在负公差范围内(1分);利用大设备锻小锻件时,热锻件厚度尺寸应适当加大,加大量在锻件正公差范围内(1分)。

73. 答:飞边槽有以下作用:(1)容纳多余的金属(1分);(2)由于飞边槽桥部很薄,流入桥部的金属冷却很快从而在终锻模膛四周形成阻力,减小金属沿分模面流出,迫使金属充满模膛(2分);(3)锻造过程中,飞边可起缓冲作用,减缓模具的刚性接触,避免锻模早期开裂(2分)。

74. 答:在热模锻压力机模锻开始时,坯料覆盖在模膛上,模膛内的空气在金属流入时无法逸出,占据了模膛空间,从而造成金属不能完全充满模膛而流入飞边(3分),因此应在模膛最后被充满的部位设置排气孔。如模膛底部有顶出器或排气缝隙时则不需另设排气孔(2分)。

75. 答:在模锻过程中,锻件易产生的缺陷主要有错移、局部充不满、折叠、欠压、氧化皮凹坑和流线分布不当(1分)。发现后应找出原因并予以解决后再继续锻造。解决方法如下:

(1)错移。因锤头与导轨之间的间隙过大、锻模安装不正、锻模松动或模座松动以及锁扣间隙过大等都会产生错移(0.5分)。发现错移后应分别采用调整设备、调正锻模、紧固锻模或模座以及修复锁扣间隙等方法解决(0.5分)。

(2)局部充不满。由于加热不足、制坯或预锻模膛不合理、设备偏小、坯料过大或过小以及操作、润滑不当、制坯不到位或料摆偏等均会造成充不满(0.5分)。发现充不满应分别针对上述原因采用相应措施予以解决(0.5分)。

(3)折叠。折叠主要是因设计不合理如圆角过小、预、终锻模不适应以及操作不当造成的

(0.5 分)。可分别采用改进设计或改进操作方法予以解决(0.5 分)。

(4)欠压。因坯料过大、设备偏小,加热温度偏低可造成欠压(0.25 分)。应采用改变下料尺寸、增加火次和按工艺加热予以解决(0.25 分)。

(5)氧化坑应随时用压缩空气清除模膛和分模面上的氧化皮(0.25 分)。

(6)流线分布不当可用改进坯料形状尺寸及改进锻造方法予以解决(0.25 分)。

76. 答:正确使用和维护模具提高锻模寿命的重要环节,它包括:(1)正确安装/调整锻模,保证锻模各接触面接触良好,而燕尾台肩处有一定间隙,以及严禁空模重击(1 分);(2)锻造前应均匀预热至 150~350℃,中途停锻时间较长时也应预热(1 分);(3)禁止低温锻造(0.5 分);(4)锻造时要不断对模膛进行合理冷却(0.5 分);(5)使用适合的润滑剂润滑模膛(0.5 分);(6)注意清除模膛和分模面上的氧化皮(0.5 分);(7)认真对模具进行维护保养,模具在使用后应及时对模膛进行打磨、抛光、涂防锈油后入库保管(0.5 分),局部如有损坏,应及时修复(0.5 分)。

77. 答:(1)首先要看清图样(1 分);(2)工件清理涂色(1 分);(3)确定划线基准(1 分);(4)划线(1 分);(5)最后在线条上冲眼(1 分)。

78. 答:(1)工件加工余量的大小(2 分);(2)加工精度高低(1 分);(3)表面粗糙度(1 分);(4)材料性质(1 分)。

六、综 合 题

1. 解:坯料的壁厚为:$t_1=\frac{D_1-d_1}{2}=\frac{2\ 000\ \text{mm}-450\ \text{mm}}{2}=775\ \text{mm}$(3 分)

轮圈锻件的壁厚为:$t_2=\frac{D_2-d_2}{2}=\frac{2\ 960\ \text{mm}-2\ 400\ \text{mm}}{2}=280\ \text{mm}$(3 分)

轮圈锻件的锻造比为:$Y=t_1/t_2=775\ \text{mm}/280\ \text{mm}=2.77$(3 分)

答:该锻件的锻造比为 2.77。(1 分)

2. 解:因为 $y=A_b/A_f$,即 $A_b=yA_f$(2 分)

则 $F_b=a^2=Y\frac{\pi D^2}{4}$(2 分)

故 $a=\sqrt{Y\frac{\pi D^2}{4}}$(2 分)

$=\sqrt{1.5\times\frac{\pi\times 250^2}{4}}$(1 分)

$=271.35(\text{mm})$(1 分)

则正方形钢坯边长应不小于 280 mm。(1 分)

答:正方形钢坯边长应不小于 280 mm。(1 分)

3. 解:变形程度为:

$\varepsilon=\frac{H_0-H_1}{H_0}\times 100\%$(3 分)

$=\frac{200-150}{200}\times 100\%=25\%$(3 分)

则应变速度为:$\upsilon=\varepsilon/t=0.25/5=0.05(\text{s}^{-1})$(3 分)

答:钢坯的变形程度为25%;其应变速度为0.05 s^{-1}。(1分)

4. 解:拔长锻造比

$Y=\frac{D_1^2}{D_2^2}=\frac{425^2}{280^2}=2.3$(5分)

因锻造比$Y=2.3<3$,故用该钢锭直接拔长锻造比不合适。(4分)

答:用该钢锭直接拔长时锻造比不合适。(1分)

5. 解:镦粗锻造比:

$Y=\frac{D_2^2}{D_1^2}=\frac{550^2}{347^2}=2.51$(9分)

答:该锻件的镦粗锻造比为2.51。(1分)

6. 解:第一次镦粗时的锻造比为:$Y_1=\frac{L_0}{L_1}=\frac{3\ 700}{1\ 500}=2.47$(3分)

第二次镦粗时的锻造比为:$Y_2=\frac{L_2}{L_3}=\frac{3\ 460}{1\ 500}=2.31$ (3分)

则总锻造比为:2.47+2.31=4.78(3分)

答:该转子的镦粗总锻造比为4.78。(1分)

7. 解:扩孔锻造比为:$Y=\frac{D_1-d_1}{D_2-d_2}=\frac{1\ 600-450}{2\ 100-1\ 600}=2.3$ (9分)

答:轮圈锻件的锻造比为2.3。(1分)

8. 解: 芯轴拔长的锻造比为:

$Y=\frac{D_0^2-d_0^2}{D_1^2-d_1^2}=\frac{1\ 984^2-700^2}{1\ 105^2-650^2}=4.32$(9分)

答:长筒锻件的锻造比为4.32。(1分)

9. 解: 因为锻造比$Y=A_b/A_f$,即$A_b=YA_f$。(2分)

设方钢坯边长为a,则

$A_b=a^2$ (2分)

$a^2=Y\frac{\pi}{4}D^2$(2分)

$a=\sqrt{Y\frac{\pi}{4}D^2}=\sqrt{1.5\times\frac{3.14}{4}\times200^2}\approx217$(mm)(2分)

选取钢坯边长为220 mm。(1分)

答:合适的钢坯边长为220 mm。(1分)

10. 解:根据由方变扁拔长时的截面变换经验公式,坯料边长为a,因为

$a\geqslant1.5h\left(\sqrt{1+1.8\frac{b}{h}}-1\right)$(3分)

则 $a\geqslant1.5\times125\times\left(\sqrt{1+1.8\times\frac{280}{125}}-1\right)\approx233$(mm)(结果2分,步骤3分)

选取方钢坯边长$a=250$ mm。(1分)

答:选方钢边长为250 mm可拔出扁头。(1分)

11. 解: 设方钢边长为a,由锻造比公式可得:(1分)

$a=\sqrt{Ybh}$(3分)

则 $a=\sqrt{1.75\times280\times125}\approx247.5$(mm)(3 分)

选取 $a=250$ mm(2 分)

答:选用方钢坯边长为 250 mm 能满足要求。(1 分)

12. 解:长轴类锻件在热态时需加放冷收缩率,按 1%考虑(1 分),则量取长度为:

$L_热=L(1+1\%)$(3 分)

$=12\ 000\times(1+1\%)$(3 分)

$=12\ 120$(mm)(2 分)

答:该长轴在停锻时的量取长度为 12 120 mm。(1 分)

13. 解:设钢锭小头对边尺寸为 D_0(1 分),由锻造比公式可得:

$D_0=\sqrt{YD^2}$(3 分)

$=\sqrt{3\times260^2}$(3 分)

≈450(mm)(2 分)

答:选用钢锭小头对边尺寸应不小于 450 mm 才能满足要求。(1 分)

14. 解:锻件质量:$m=V\rho=2.15^3\times7.85\approx78$(kg)(1 分)

计算下料规格尺寸:烧损量取 4%,则下料质量为:

$m_料=78\times(1+4\%)=81.1$(kg)(1 分)

因改锻坯料时锻造比一般选用 $Y=1.5$,由锻造比计算公式可得:

$Y=\dfrac{L_2}{L_1}$(1 分)

$L_2=YL_1=1.5\times2.15=3.23$(dm)(公式 1 分,结果 1 分)

由 $m=\dfrac{\pi d^2}{4}L_2\rho$ 可得:

$d=\sqrt{\dfrac{4m}{\pi L_2\rho}}=\sqrt{\dfrac{4\times81.1}{3.14\times3.23\times7.85}}\approx2.02$(dm)(公式 1 分,结果 0.5 分)

选取 $d=200$ mm。(1 分)

坯料长度 $L=\dfrac{4m}{\pi d^2\rho}=\dfrac{4\times81.1}{3.14\times2^2\times7.85}\approx3.29$(dm)(公式 1 分,结果 1 分)

取 $L=330$ mm。(0.5 分)

答:该锻件的质量为 78 kg(0.5 分),下料规格尺寸为 $\phi200$ mm×330 mm(0.5 分)。

15. 解: 由护环强化前尺寸计算公式 $D_0=D_1/(1+\varepsilon_D)$ 可推出:(2 分)

$\varepsilon_D=\dfrac{D_1-D_0}{D_0}\times100\%=\dfrac{1\ 085-880}{880}\times100\%\approx23.3\%$。(公式 2 分,过程 1 分,结果 1 分)

$\varepsilon_d=\dfrac{895-650}{650}\times100\%=37.7\%$。(过程 2 分,结果 1 分)

答:该护环冷扩时的外径变形程度为 23.3%(0.5 分);内径变形程度为 37.7%(0.5 分)。

16. 解:

(1)第 1 道次,方向 a_1:

①压前尺寸 $D_1=D=2\ 600$ mm(已知)(0.2 分)

②压后尺寸 $d_1=(1-0.2)\times D$(0.2 分)

$=0.8\times2\ 600$ mm

$=2\ 080$ mm(0.2 分)

③压下量 $\Delta H_1=D-d_1$(0.2 分)

$=2\ 600$ mm$-2\ 080$ mm

$=520$ mm(0.2 分)

④鼓肚率 $\alpha_1=0.36$(已知)(0.2 分)

⑤鼓肚量 $\Delta h_1=\Delta H_1\alpha_1$(0.2 分)

$=520$ mm$\times0.36$

$=187.2$ mm(0.2 分)

选取 190 mm。(0.2 分)

(2)第 2 道次,方向 b_1:

①压前尺寸 $D_1=D+\Delta h_1$(0.2 分)

$=2\ 600$ mm$+190$ mm

$=2\ 790$ mm(0.2 分)

选取 2 800 mm。(0.2 分)

②压后尺寸 $d_2=(1-0.2)\times D_1$(0.2 分)

$=0.8\times2\ 800$ mm

$=2\ 240$ mm(0.2 分)

③压下量 $\Delta H_2=D_1-d_2$(0.2 分)

$=2\ 800$ mm$-2\ 240$ mm

$=560$ mm(0.2 分)

④鼓肚率 $\alpha_2=0.78-0.14\times10^{-3}\times D_1=0.78-0.14\times10^{-3}\times2\ 800$

≈0.39 (0.2 分)

⑤鼓肚量 $\Delta h_2=\Delta H_2\alpha_2$(0.2 分)

$=560$ mm$\times0.39$

$=218.4$ mm(0.2 分)

选取 220 mm。(0.2 分)

(3)第 3 道次,方向 a_2:

①压前尺寸 $D_2=d_1+\Delta h_2$(0.2 分)

$=2\ 080$ mm$+220$ mm

$=2\ 300$ mm(0.2 分)

②压后尺寸 $d_3=(1-0.2)\times D_2$(0.2 分)

$=0.8\times2\ 300$ mm

$=1\ 840$ mm(0.2 分)

③压下量 $\Delta H_3=D_2-d_3$(0.2 分)

$=2\ 300$ mm$-1\ 840$ mm

$=460$ mm(0.2 分)

④鼓肚率 $\alpha_3=0.78-0.14\times10^{-3}\times2\ 300\approx0.46$(0.2 分)

⑤鼓肚量 $\Delta h_3=\Delta H_3\alpha_3$(0.2 分)

$=460$ mm$\times0.46$

$=211.6$ mm(0.2 分)

选取 210 mm。(0.2 分)

(4)第 4 道次,方向 b_2:

①压前尺寸 $D_3=d_2+\Delta h_3$(0.2 分)

$=2\,240$ mm$+210$ mm

$=2\,450$ mm(0.2 分)

②压后尺寸 $d_4=(1-0.2)\times D_3$(0.2 分)

$=0.8\times 2\,450$ mm

$=1\,960$ mm(0.2 分)

③压下量 $\Delta H_4=D_3-d_4$(0.2 分)

$=2\,450$ mm$-1\,960$ mm

$=490$ mm(0.2 分)

④鼓肚率 $\alpha_4=0.78-0.14\times 10^{-3}\times 2\,450\approx 0.44$(0.2 分)

⑤鼓肚量 $\Delta h_4=\Delta H_4\alpha_4$(0.2 分)

$=490$ mm$\times 0.44$

$=215.6$ mm(0.2 分)

选取 220 mm。(0.2 分)

答:计算结果见表 1:(2.2 分)

表 1

道　次	方　向	压前尺寸 D(mm)	压后尺寸 d(mm)	压下量 ΔH(mm)	鼓肚率 α	鼓肚量 Δh(mm)
1	a_1	2 600	2 080	520	0.36	190
2	b_1	2 800	2 240	560	0.39	220
3	a_2	2 300	1 840	460	0.46	210
4	b_2	2 450	1 960	490	0.44	220

17. 解:第一面的压下量应为最初高度的 8%～10%(0.5 分),故

$\Delta H_1=1\,750$ mm$\times 9\%=157.5$ mm (2 分)

第一面的压下量取 160 mm。(2 分)

压第二面时,应考虑第一面压下后产生的侧面鼓肚,压下率可选 10%～12%(0.5 分),故

$\Delta H_2=1\,750$ mm$\times 11\%=192.5$ mm (2 分)

第二面的压下量取 200 mm。(2 分)

答:两面的压下量分别为 160 mm 和 200 mm。(1 分)

18. 解:为了保证锻件的足够变形量和下一工序操作方便,工序尺寸应满足以下要求:毛坯拔长后长度为直径或边长的 2.5～3 倍,而镦粗后的高度 H 为镦粗前高度的一半左右。

(1)体积 $V=\frac{m}{\rho}=\frac{1.2}{8.1}=0.138(\text{dm}^3)$ (1 分)

(2)坯料直径 $d=\sqrt[3]{\frac{V}{(2.5\sim3)}}=\sqrt[3]{\frac{0.138}{2.75}}=0.37(\text{dm})$(1 分)

取坯料直径 $d=40$ mm。(0.5 分)

(3)坯料长度 $L=\frac{V}{\frac{\pi}{4}d^2}=\frac{0.138}{\frac{\pi}{4}\times 0.4^2}=1.1(\text{dm})$ (1 分)

取坯料长度 $L=110$ mm。(0.5 分)

(4)镦粗后高度 $H\approx\frac{L}{2}=\frac{110}{2}=55(\text{mm})$(1 分)

(5)拔长后边长 $B=\sqrt[3]{\frac{V}{(2.5\sim 3)}}=\sqrt[3]{\frac{0.138}{2.75}}=0.37(\text{dm})$ (1 分)

取拔长后边长 $B=40$ mm。(0.5 分)

(6)拔长后长度 $L_1=\frac{V}{B^2}=\frac{0.138}{0.4^2}=0.86(\text{dm})$(1 分)

取拔长后长度 $L_1=85$ mm。(0.5 分)

(7)再镦粗高度 $H_1\approx\frac{L_1}{2}=\frac{85}{2}=42.5(\text{mm})$(1 分)

取再镦粗高度 $H_1=40$ mm。(0.5 分)

答:工序尺寸边长 B 为 40 mm,长度 L 为 85 mm,高度 H 为 40 mm。(0.5 分)

19. 解:$G=(3.5\sim 6.3)KA_{总}$(3 分)

$=6.3\times 1\times\frac{[30.6+(1.5+3)\times 2]^2}{4}\times 3.14$(3 分)

$\approx 7\ 755.3(\text{kg})$

$=7.755\ 3\ \text{t}$

答:需模锻锤吨位为 7.755 3 t。(1 分)

20. 解:$G=(3.5\sim 6.3)KA_{总}$(3 分)

$=3.5\times 0.9\times[25+(2+3)\times 2]\times[15+(2+3)\times 2]$(3 分)

$=2\ 756.25(\text{kg})$(2 分)

$\approx 2.76\ \text{t}$(1 分)

答:需最小模锻锤吨位约为 2.76 t。(1 分)

21. 解:$G=(3.5\sim 6.3)KA_{总}$(3 分)

$=6.3\times 1.1\times\frac{138\ 544+65\ 738}{100}$(3 分)

$\approx 14\ 156.7(\text{kg})$(2 分)

$=14.156\ 7\ \text{t}$(1 分)

答:需模锻锤吨位为 14.156 7 t。(1 分)

22. 解:$h_s=0.015\sqrt{A_f}$(3 分)

$=0.015\sqrt{138\ 544}$(3 分)

$\approx 5.58(\text{mm})$(3 分)

答:飞边槽桥部高度为 5.58 mm。(1 分)

23. 解:$h_s=0.015\sqrt{A_f}$(3 分)

$=0.015\sqrt{13\ 678}$(3 分)

$\approx 1.75(\text{mm})$(3 分)

因准备选用的飞边槽桥部高度 2.2 mm>1.75 mm,故不合适。(0.5 分)

答:选用桥部高度 2.2mm 不合适,取 1.8 mm 为宜。(0.5 分)

24. 解:$h_s = 0.02\sqrt{A_f}$(3 分)

$= 0.02\sqrt{13\ 214}$(3 分)

≈ 2.3(mm)(3 分)

答:飞边槽桥部高度为 2.3 mm。(1 分)

25. 解:$h_s = 0.015\sqrt{A_f}$(3 分)

$= 0.015\sqrt{253\ 467}$(3 分)

≈ 7.6(mm)(3 分)

答:飞边槽桥部高度应选取 7.6 mm。(1 分)

26. 解:$\delta_c = 0.45\sqrt{d-0.25h-5}+0.6\sqrt{h}$(3 分)

$= 0.45\sqrt{58-0.25\times 20-5}+0.6\sqrt{20}$(3 分)

≈ 5.8(mm)(3 分)

答:平底冲孔连皮厚度为 5.8 mm。(1 分)

27. 解: 平底冲孔连皮厚度为:

$\delta_c = 0.45\sqrt{d-0.25h-5}+0.6\sqrt{h}$(3 分)

$= 0.45\sqrt{80-0.25\times 30-5}+0.6\sqrt{30}$(1 分)

$= 7$(mm)(0.5 分)

斜底孔皮厚度 δ:

$\delta = 0.65\delta_c$(3 分)

$= 0.65\times 7$(1 分)

$= 4.6$(mm)(0.5 分)

答:斜底冲孔连皮中间最薄处厚度为 4.6 mm。(1 分)

28. 解:$d_0 = (0.95\sim 0.83)\sqrt[3]{V}$(3 分)

$= 0.95\times\sqrt[3]{461\ 814\ \text{mm}^3}$(3 分)

≈ 73.4 mm(3 分)

答:所需最大圆坯料直径为 73.4 mm。(1 分)

29. 解:$d_0 = 0.83\sqrt[3]{V}$(3 分)

$= 0.83\times\sqrt[3]{563\ 414}$(1 分)

≈ 68.6(mm)(0.5 分)

$L_0 = 1.27\dfrac{V}{d_0^2}$(3 分)

$= 1.27\times\dfrac{563\ 414}{68.6^2}$(1 分)

≈ 152(mm)(0.5)

答:所需圆坯料直径为 $\phi 68.6$ mm(0.5 分),长度为 152 mm(0.5 分)。

30. 解:$B_0 = (0.87\sim 0.77)\sqrt[3]{V}$(3 分)

$=0.87\times\sqrt[3]{894\ 356\ \text{mm}^3}$(3 分)

$=83.8$ mm(3 分)

答:所需方钢边长为 83.8 mm。(1 分)

31. 解:$B_0=(0.87\sim0.77)\sqrt[3]{V}$(3 分)

$=0.77\times\sqrt[3]{927\ 366}$(1 分)

≈75(mm)(1 分)

$L_0=\dfrac{V}{B_0^2}=\dfrac{927\ 366}{75^2}$(3 分)

≈164.9(mm)(1 分)

答:所需方钢边长为 75 mm,长度为 164.9 mm。(1 分)

32. 解:$d_0=1.13\sqrt{V}$(3 分)

$=1.13\sqrt{11\ 309+222}$(3 分)

≈121.3(mm)(3 分)

答:所需圆坯料直径为 ϕ121.3 mm。(1 分)

33. 解:$D=\dfrac{D_f-d_f}{2}+d_f$(3 分)

$=\dfrac{356-304}{2}+304$(3 分)

$=330$(mm)(3 分)

答:镦饼直径选 ϕ330 mm 为宜。(1 分)

34. 解:$S'=\dfrac{h}{3}=\dfrac{500\ \text{mm}}{3}\approx166.7$ mm(9 分)

答:伸出锤头长度应不大于 166.7 mm(1 分)

35. 解:$H_0=(1.35\sim1.45)H$(3 分)

$=1.45\times250$(3 分)

$=362.5$(mm)(3 分)

答:模块最大高度为 362.5 mm。(1 分)

36. 解:$L_f-L_0<(0.7\sim0.8)d_0$(3 分)

$256-L_0<0.8\times50$(3 分)

$L_0>216$(mm)(3 分)

答:坯料长度大于 216 mm 时可不拔长而直接进行滚挤。(1 分)

37. 解:$F=(1.7\sim2)\sigma_b A$(3 分)

$=2\times10\times16\ 901.5$(2 分)

$=338\ 030$(kgf)(2 分)

$=3\ 380.3$ kN(338.03 tf)(2 分)

答:剪切力为 3 380.3 kN(338.03 tf)。(1 分)

38. 答:如图 1 所示。(10 分)

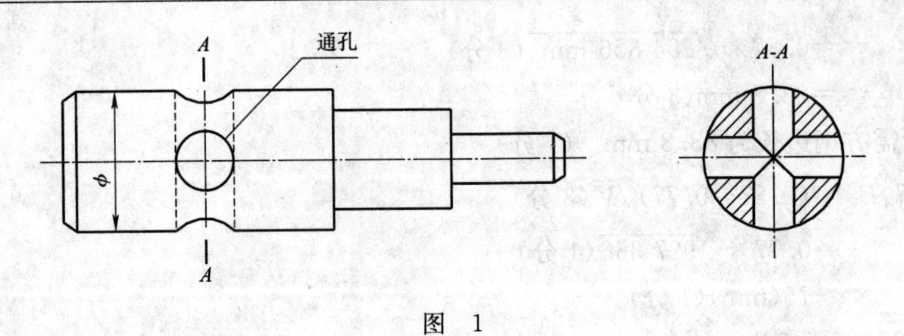

图 1

39. 答:如图 2 所示。(10 分)

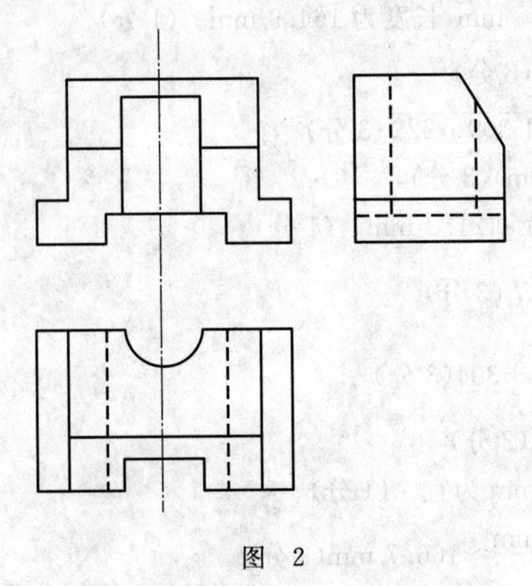

图 2

40. 答:如图 3 所示。(10 分)

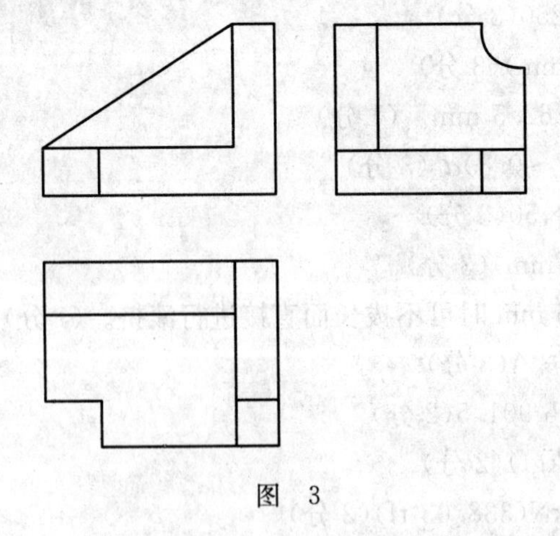

图 3

锻造工(初级工)技能操作考核框架

一、框架说明

1. 依据《国家职业标准》注,以及中国北车确定的“岗位个性服从于职业共性”的原则,提出锻造工(初级工)技能操作考核框架(以下简称:技能考核框架)。

2. 本职业等级技能操作考核评分采用百分制。即:满分为100分,60分为及格,低于60分为不及格。

3. 实施“技能考核框架”时,考核制件(活动)命题可以选用本企业的加工件(活动项目),也可以结合实际另外组织命题。

4. 实施“技能考核框架”时,考核的时间和场地条件等应根据《国家职业标准》,并结合企业实际确定。

5. 实施“技能考核框架”时,其“职业功能”的分类按以下要求确定:

(1) “材料加热”、“工件加工”属于本职业等级技能操作的核心职业活动,其“项目代码”为“E”。

(2) “工艺及工具准备”、“锻后处理及检验”属于本职业等级技能操作的辅助性活动,其“项目代码”分别为“D”和“F”。

6. 实施“技能考核框架”时,其“鉴定项目”和“选考数量”按以下要求确定:

(1)按照《国家职业标准》有关技能操作鉴定比重的要求,本职业等级技能操作考核制件的“鉴定项目”应按“D”+“E”+“F”组合,其考核配分比例相应为:“D”占25分,“E”占70分(其中材料加热占30分,加工占40分),“F”占5分。

(2)依据本职业等级《国家职业标准》的要求,“E”类鉴定项目中的“自由锻造”、“模锻造”两个职业功能任选其一进行考核。

(3)依据中国北车确定的“核心职业活动选取2/3,并向上取整”的规定,以及上述“第6条(2)”要求,在“E”类鉴定项目——“材料加热”的全部2项,至少选取2项;“工件加工”中的“自由锻造”的全部2项,任选1项;“模锻造”全部1项,至少选取1项。

(4)依据中国北车确定的“其余‘鉴定项目’的数量可以任选”的规定,“D”和“F”类鉴定项目——“识读锻件图”、“识读工艺规程”、“锻造工具及模具的选择”、“判断锻造设备及辅助设备使用状态”、“锻后处理”、“产品检验”至少分别选取1项。

(5)依据中国北车确定的“确定‘选考数量’时,所涉及‘鉴定要素’的数量占比,应不低于对应‘鉴定项目’范围内‘鉴定要素’总数的60%,并向上取整”的规定,考核制件的鉴定要素“选考数量”应按以下要求确定:

①在“D”类“鉴定项目”中,在已选定的1个或全部鉴定项目中,至少选取已选鉴定项目所对应的全部鉴定要素的60%项,并向上保留整数。

②在"E"类"鉴定项目"中，在已选的3个鉴定项目所包含的全部鉴定要素中，至少选取总数的60%项，并向上保留整数。

③在"F"类"鉴定项目"中，对应"锻后处理"的2个鉴定要素，至少选取2项；对应"产品检验"，在已选定的全部鉴定项目中，至少选取已选鉴定项目所对应的全部鉴定要素的60%项，并向上保留整数。

举例分析：

按照上述"第6条"要求，若命题时按最少数量选取，即：在"D"类鉴定项目中选取了"识读工艺规程"1项，在"E"类鉴定项目中选取了"坯料装、出炉"、"炉温控制"，" 台阶轴类锻件的拔长"3项，在"F"类鉴定项目中选取了"锻后处理"1项，则：此考核制件所涉及的"鉴定项目"总数为5项，具体包括："识读工艺规程"、"坯料装、出炉"、"炉温控制"、"台阶轴类锻件的拔长"、"锻后处理"。

此考核制件所的鉴定要素"选考数量"相应为15项，具体包括："识读工艺规程"鉴定项目包含的全部8个鉴定要素中的5项，"坯料装、出炉"、"炉温控制"、"台阶轴类锻件的拔长"等3个鉴定项目包括的全部13个鉴定要素中的8项，"锻后处理"鉴定项目包含的全部2个鉴定要素中的2项。

7. 本职业等级技能操作需要两人及以上共同作业的，可由鉴定组织机构根据"必要、辅助"的原则，结合实际情况确定协助人员的数量。在整个操作过程中，协助人员只能起必要、简单的辅助作用。否则，每违反一次，至少扣减应考者的技能考核总成绩10分，直至取消其考试资格。

8. 实施"技能考核框架"时，应同时对应考者在质量、安全、工艺纪律、文明生产等方面行为进行考核。对于在技能操作考核过程中出现的违章作业现象，每违反一项(次)至少扣减技能考核总成绩10分，直至取消其考试资格。

注：按照中国北车规定，各《职业技能操作考核框架》的编制依据现行的《国家职业标准》或现行的《行业职业标准》或现行的《中国北车职业标准》的顺序执行。

二、锻造工(初级工)技能操作鉴定要素细目表

职业功能	鉴定项目				鉴定要素		
	项目代码	名　称	鉴定比重(%)	选考方式	要素代码	名　称	重要程度
工艺及工具准备	D	识读锻件图	25	任选	001	能读懂带孔盘类、圈类、轴类等简单自由锻件图或模锻件图	X
					002	清楚各视图的投影关系	X
					003	能读懂锻件公差、表面结构的要求	X
					004	清楚锻件各尺寸的要求	X
					005	能读懂锻件技术要求	X
					006	能根据视图想象出锻件的形状	X
					007	了解模锻锻件图的种类及作用	X
					008	了解模锻件图的组成、分模面的位置	X

续上表

职业功能	鉴定项目				鉴定要素		
	项目代码	名　　称	鉴定比重(%)	选考方式	要素代码	名　　称	重要程度
工艺及工具准备	D	识读工艺规程		任选	001	能按工艺规程选择合适的材料牌号、规格	X
					002	能按工艺规程选择合适的锻造设备	X
					003	清楚锻件的锻造顺序及基本工步	X
					004	明确锻件的锻造温度范围	X
					005	明确锻件的锻造火次	X
					006	了解锻件锻后冷却方式	X
					007	了解锻后热处理的方法	X
					008	了解锻件工时定额	X
		锻造工具及模具的选择			001	了解常用自由锻工具的结构和用途	X
					002	根据锻件的形状选择匹配的自由锻工具	X
					003	熟悉常用自由锻工具正确使用方法和保养	X
					004	能正确处理胎模模具表面的细小裂纹	X
					005	正确判断胎模的预热温度	X
					006	采用正确的胎模冷却方法	X
					007	能对胎模进行正确的润滑	X
					008	熟悉胎模的正确操作方法	X
					009	掌握锻模、切边模、冲孔模、校正模等的外形结构及各部分的作用	X
					010	掌握锻模、切边模、冲孔模、校正模等各模膛的作用及操作事项	X
					011	掌握锻模、切边模、冲孔模、校正模等的使用和维护	X
					012	掌握锻模、校正模等的安装程序、实际安装并调整	X
					013	掌握切边模、冲孔模等的安装程序、实际安装并调整凸凹模间隙均匀	X
					014	锻模等模具使用中的检查和调整	X
					015	掌握锻模模锻操作时的注意事项	X
					016	操作中正确对模具进行冷却、润滑	X
		判断锻造设备及辅助设备使用状态			001	熟悉自由/模锻造设备的使用规则	X
					002	清楚普通加热炉及辅助设备的常规保养内容，并会按要求进行保养	
					003	熟悉自由/模锻造设备的维护保养知识	X
					004	根据实际操作情况判断自由/模锻造设备的使用状态	X
					005	熟悉锻造操作机、装出料机、翻料机等辅助设备的使用规则	X
					006	熟悉锻造操作机、装出料机、翻料机等辅助设备的维护保养知识	X

续上表

职业功能	鉴定项目				鉴定要素		
	项目代码	名　　称	鉴定比重（%）	选考方式	要素代码	名　　称	重要程度
工艺及工具准备	D	判断锻造设备及辅助设备使用状态		任选	007	熟悉切边压力机、切边液压机、机械手等辅助模锻设备的使用规则	X
					008	熟悉切边压力机、切边液压机、机械手等辅助模锻设备的维护保养知识	X
					009	能正确吊运和指挥桥式起重机	X
材料加热	E	坯料装、出炉	30	必选两项	001	装炉前核对坯料的牌号和规格	X
					002	装炉前清理炉膛，按装炉温度装炉	X
					003	能进行坯料的成批装炉、逐件出炉	X
					004	能进行坯料的逐件装炉、逐件出炉	X
		炉温控制			001	目测工件温度是否达到加工要求，目测误差在测温仪测量值±30℃范围内	X
					002	能使用测温仪测量坯料加热温度	X
					003	能根据测量温度确定普通碳钢坯料出炉时间	X
工件加工		自由锻造：台阶轴类锻件的拔长	40	自由锻造和模锻造任选一项进行考核，之后至少选择一项考核	001	操作方法、顺序正确	X
					002	选择合适的自由锻工具	X
					003	台阶轴拔长操作顺序正确	X
					004	台阶轴各部尺寸必须满足工艺要求	X
					005	台阶轴头部和杆部的同轴度必须满足工艺要求	X
					006	无锤痕、无折叠、无裂纹	X
		自由锻造：带孔圆盘锻件的镦粗、冲孔			001	操作方法、顺序正确	X
					002	选择合适的自由锻工具	X
					003	带孔圆盘的镦粗和冲孔操作顺序正确	X
					004	带孔圆盘各部尺寸必须满足工艺要求	X
					005	带孔圆盘偏心和歪斜不得超出公差范围	X
					006	带孔圆盘不得有明显的锤痕、无折叠、无裂纹	X
		模锻造			001	安装调整简单的模锻锻模	X
					002	能正确进行锻模预热，模具温度保持在150～250℃之间	X
					003	能进行单模膛模锻操作，及时清理模膛及分模面上的氧化皮	X
					004	能按要求对模具进行冷却和润滑	X
					005	能进行模锻件的热校正	X
					006	模锻件的各部尺寸必须在工艺要求的范围内	X
					007	模锻件的形位公差必须在工艺要求的范围内	X
					008	模锻件表面质量需满足工艺要求（充满模腔、无折叠、无裂纹）	X
					009	模锻件错差量、残余飞边必须在工艺要求的范围内	X

续上表

职业功能	鉴定项目				鉴定要素		
	项目代码	名　称	鉴定比重（%）	选考方式	要素代码	名　称	重要程度
锻后处理及检验	F	锻后处理	5	任选	001	对锻件按工艺要求进行空冷、可控冷却等处理	X
					002	对锻件进行表面清理	Y
		产品检验			001	使用通用量具(内外卡钳、游标卡尺、钢板尺、钢卷尺、直角尺)检验自由锻件和模锻件几何尺寸	Y
					002	使用专用量具(样板)检验台阶轴等一般锻件	Y
					003	量具按要求整理,并复位摆放	Z

注:重要程度中X表示核心要素,Y表示一般要素,Z表示辅助要素。下同。

锻造工(初级工)
技能操作考核样题与分析

职 业 名 称：________________

考 核 等 级：________________

存 档 编 号：________________

考核站名称：________________

鉴定责任人：________________

命题责任人：________________

主管负责人：________________

中国北车股份有限公司劳动工资部制

职业技能鉴定技能操作考核制件图示或内容

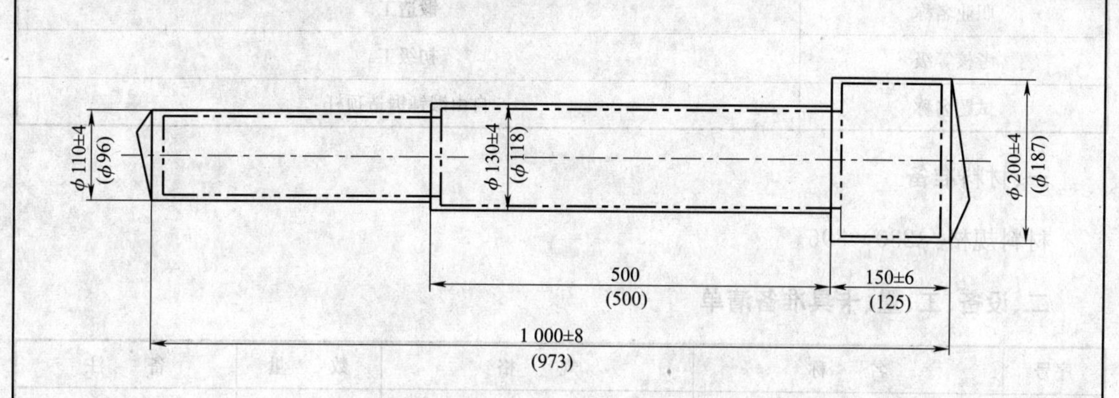

技术要求：

1. 用坯料锻造，按 ϕ200 mm 截面计算锻造比不应小于 1.3。
2. 表面缺陷清除深度不得超过机械加工余量的 75%。
3. 锻后正火。

考试规则：

有重大安全事故、考试作弊者取消其考试资格。

职业名称	锻造工
考核等级	初级工
试题名称	自由锻锤锻造顶杆
材质等信息：材质 45 号钢	

职业技能鉴定技能操作考核准备单

职业名称	锻造工
考核等级	初级工
试题名称	自由锻锤锻造顶杆

一、材料准备

材料规格：$\phi 230 \times 396$。

二、设备、工、量、卡具准备清单

序号	名　称	规　格	数　量	备　注
1	钢板尺	500 mm	1	
2	钢卷尺	2 m	1	
3	外卡钳		1	
4	型摔		3	

三、考场准备

1. 相应的公用设备、设备与器具的润滑与冷却

自由锻锤、加热炉、测温仪、秒表。

2. 相应的场地及安全防范措施

劳保用品穿戴齐全。

3. 其他准备

四、考核内容及要求

1. 考核内容(按考核制件图示及要求制作)

考核内容	考核要求	备　注
识读工艺规程	选择合适的材料牌号及规格	
	选择合适的设备	
	锻造温度范围：(始锻温度)1 200～800℃(终锻温度)	
	火次要求：1 火内完成	
	工时定额：25 min	
	锻后冷却方式：空冷	
材料加热	装炉前核对坯料的牌号和规格	
	装炉前清理炉膛，按炉温要求装炉	
	能进行坯料的逐件装炉、逐件出炉	
	目测始锻温度，与测温仪测得的温度误差不超过±30℃	
	能根据测量温度确定普通碳钢坯料出炉时间	

续上表

考核内容		考核要求	备　注
	工具选择	选择合适的工具	
自由锻造	锻件尺寸精度	ϕ200±4	
		ϕ130±4	
		ϕ110±4	
		150±6	
		500	
		1 000±8	
	形位公差要求	头部与杆部的同轴度为 ϕ3	
	表面质量	应无明显锤痕,无折叠、无裂纹	
现场安全操作与劳动保护		正确执行安全技术操作规程	
		工作场地整洁,工件、工具摆放正确	

2. 考核时限:60 分钟(不包括烧料时间)

3. 考核评分(表)

职业名称	锻造工	考核等级	初级工		
试题名称	自由锻锤锻造顶杆	考核时限	60 分钟		
鉴定项目	考核内容	配分	评分标准	扣分说明	得分
工艺及工具准备	选择合适的材料牌号及规格	5	材料牌号选择错误扣 3 分,规格选择错误扣 2 分		
	选择合适的设备	3	未按规程选择合适的设备扣 3 分		
	锻造温度范围:(始锻温度)1 200～800℃(终锻温度)	5	超出锻造温度范围进行锻造的,每超过 30℃扣 3 分,扣完为止		
	火次要求:1 火内完成	5	超出 1 火扣 5 分		
	工时定额:25 min	5	超出锻造时限扣 5 分		
	锻后冷却方式:空冷	2	冷却方式不符合要求扣 2 分		
材料加热	装炉前核对坯料的牌号和规格	2	未核对坯料的牌号和规格扣 2 分		
	装炉前清理炉膛,按炉温要求装炉	5	未清理炉膛扣 2 分,未按炉温要求装炉扣 3 分		
	能进行坯料的逐件装炉、逐件出炉	3	不符合装炉规范扣 3 分		
	目测始锻温度,与测温仪测得的温度误差不超过±30℃	10	目测温度超出测温仪测量数值±30℃,超出温度≤10℃,扣 5 分,超出 10℃,扣 10 分		
	能根据测量温度确定普通碳钢坯料出炉时间	10	出炉时坯料温度超过始锻温度或者出现过烧现象扣 10 分		

续上表

鉴定项目	考核内容	配分	评分标准	扣分说明	得分
台阶轴类锻件的拔长	选择合适的工具	3	出现临时找工具的情况扣1分，工具选择不当扣2分		
	台阶轴各部尺寸必须满足工艺要求	25	超出公差范围扣5分		
		2	按自由公差±6控制，超出公差范围扣2分		
	头部与杆部的同轴度为 $\phi3$	5	超出公差范围扣5分		
	应无明显锤痕，无折叠、无裂纹	5	每出现一处缺陷扣2分，扣完为止		
锻后处理	对锻件按工艺要求进行空冷、可控冷却等处理	3	出现一次违章行为扣1分		
	对锻件进行表面清理	2	出现一次违章行为扣1分		
质量、安全、工艺纪律、文明生产等综合考核项目	考核时限	不限	每超时5分钟，扣10分		
	工艺纪律	不限	依据企业有关工艺纪律规定执行，每违反一次扣10分		
	劳动保护	不限	依据企业有关劳动保护管理规定执行，每违反一次扣10分		
	文明生产	不限	依据企业有关文明生产管理规定执行，每违反一次扣10分		
	安全生产	不限	依据企业有关安全生产管理规定执行，每违反一次扣10分		

职业技能鉴定技能考核制件(内容)分析

职业名称	锻造工
考核等级	初级工
试题名称	自由锻锤锻造顶杆
职业标准依据	国家职业标准

试题中鉴定项目及鉴定要素的分析与确定

分析事项 \ 鉴定项目分类	基本技能“D”	专业技能“E”	相关技能“F”	合计	数量与占比说明
鉴定项目总数	4	5	2	11	专业技能满足2/3，鉴定要素满足60%的要求
选取的鉴定项目数量	1	3	1	5	
选取的鉴定项目数量占比(%)	25	60	50	45	
对应选取鉴定项目所包含的鉴定要素总数	8	13	2	23	
选取的鉴定要素数量	6	9	2	17	
选取的鉴定要素数量占比(%)	75	69	100	74	

所选取鉴定项目及鉴定要素分解与说明

鉴定项目类别	鉴定项目名称	国家职业标准规定比重(%)	《框架》中鉴定要素名称	本命题中具体鉴定要素分解	配分	评分标准	考核难点说明
D	识读工艺规程	25	能按工艺规程选择合适的材料牌号、规格	选择合适的材料牌号及规格	5	材料牌号选择错误扣3分，规格选择错误扣2分	
			能按工艺规程选择合适的锻造设备	选择合适的设备	3	未按规程选择合适的设备扣3分	
			明确锻件的锻造温度范围	锻造温度范围：(始锻温度)1 200～800℃(终锻温度)	5	超出锻造温度范围进行锻造的，每超过30℃扣3分，扣完为止	
			明确锻件的锻造火次	火次要求：1火内完成	5	超出1火扣5分	
			了解锻件工时定额	工时定额：25 min	5	超出锻造时限扣5分	
			了解锻件锻后冷却方式	锻后冷却方式：空冷	2	冷却方式不符合要求扣2分	
E	材料加热	30	装炉前核对坯料的牌号和规格	装炉前核对坯料的牌号和规格	2	未核对坯料的牌号和规格扣2分	
			装炉前清理炉膛，按装炉温度装炉	装炉前清理炉膛，按炉温要求装炉	5	未清理炉膛扣2分，未按炉温要求装炉扣3分	
			能进行坯料的逐件装炉、逐件出炉	能进行坯料的逐件装炉、逐件出炉	3	不符合装炉规范扣3分	
			目测工件温度是否达到加工要求，目测误差在测温仪测量值±30℃范围内	目测始锻温度，与测温仪测得的温度误差不超过±30℃	10	目测温度超出测温仪测量数值±30℃，超出温度≤10℃，扣5分，超出10℃，扣10分	

续上表

鉴定项目类别	鉴定项目名称	国家职业标准规定比重(%)	《框架》中鉴定要素名称	本命题中具体鉴定要素分解	配分	评分标准	考核难点说明
E	材料加热	40	能根据测量温度确定普通碳钢坯料出炉时间	能根据测量温度确定普通碳钢坯料出炉时间	10	出炉时坯料温度超过始锻温度或者出现过烧现象扣10分	
	台阶轴类锻件的拔长		选择合适的自由锻工具	选择合适的工具	3	出现临时找工具的情况扣1分，工具选择不当扣2分	
			台阶轴各部尺寸必须满足工艺要求	$\phi200\pm4$	5	超出公差范围扣5分	
				$\phi130\pm4$	5	超出公差范围扣5分	
				$\phi110\pm4$	5	超出公差范围扣5分	
				150 ± 6	5	超出公差范围扣5分	
				500	2	按自由公差±6控制，超出公差范围扣2分	
				$1\ 000\pm8$	5	超出公差范围扣5分	
			台阶轴头部和杆部的同轴度必须满足工艺要求	头部与杆部的同轴度为$\phi3$	5	超出公差范围扣5分	
			表面无明显锤痕，不允许出现折叠，不允许出现裂纹	应无明显锤痕，无折叠、无裂纹	5	每出现一处缺陷扣2分，扣完为止	
F	锻后处理及检验	5	锻后处理	对锻件按工艺要求进行空冷、可控冷却等处理	3	出现一次违章行为扣1分	
				对锻件进行表面清理	2	出现一次违章行为扣1分	
质量、安全、工艺纪律、文明生产等综合考核项目				考核时限	不限	每超时5分钟，扣10分	
				工艺纪律	不限	依据企业有关工艺纪律规定执行，每违反一次扣10分	
				劳动保护	不限	依据企业有关劳动保护管理规定执行，每违反一次扣10分	

续上表

鉴定项目类别	鉴定项目名称	国家职业标准规定比重(%)	《框架》中鉴定要素名称	本命题中具体鉴定要素分解	配分	评分标准	考核难点说明
质量、安全、工艺纪律、文明生产等综合考核项目				文明生产	不限	依据企业有关文明生产管理规定执行,每违反一次扣10分	
				安全生产	不限	依据企业有关安全生产管理规定执行,每违反一次扣10分	

锻造工(中级工)技能操作考核框架

一、框架说明

1. 依据《国家职业标准》注,以及中国北车确定的"岗位个性服从于职业共性"的原则,提出锻造工(中级工)技能操作考核框架(以下简称:技能考核框架)。

2. 本职业等级技能操作考核评分采用百分制。即:满分为 100 分,60 分为及格,低于 60 分为不及格。

3. 实施"技能考核框架"时,考核制件(活动)命题可以选用本企业的加工件(活动项目),也可以结合实际另外组织命题。

4. 实施"技能考核框架"时,考核的时间和场地条件等应根据《国家职业标准》,并结合企业实际确定。

5. 实施"技能考核框架"时,其"职业功能"的分类按以下要求确定:

(1)"材料加热"、"工件加工"属于本职业等级技能操作的核心职业活动,其"项目代码"为"E"。

(2)"工艺及工具准备"、"锻后处理及检验"属于本职业等级技能操作的辅助性活动,其"项目代码"分别为"D"和"F"。

6. 实施"技能考核框架"时,其"鉴定项目"和"选考数量"按以下要求确定:

(1)按照《国家职业标准》有关技能操作鉴定比重的要求,本职业等级技能操作考核制件的"鉴定项目"应按"D"+"E"+"F"组合,其考核配分比例相应为:"D"占 20 分,"E"占 70 分(其中材料加热占 30 分,加工占 40 分),"F"占 10 分。

(2)依据本职业等级《国家职业标准》的要求,"E"类鉴定项目中的"自由锻造"、"模锻造"两个职业功能任选其一进行考核。

(3)依据中国北车确定的"核心职业活动选取 2/3,并向上取整"的规定,以及上述"第 6 条(2)"要求,在"E"类鉴定项目——"材料加热"的全部 2 项,至少选取 2 项;"工件加工"中的"自由锻造"的全部 3 项,任选 1 项;"模锻造"全部 2 项,至少选取 1 项。

(4)依据中国北车确定的"其余'鉴定项目'的数量可以任选"的规定,"D"和"F"类鉴定项目——"读图与绘图"、"识读工艺规程及简单工艺的编制"、"锻造设备的调整及维护"、"工、模具的安装与调整"、"锻后处理"、"产品检验"至少分别选取 1 项。

(5)依据中国北车确定的"确定'选考数量'时,所涉及'鉴定要素'的数量占比,应不低于对应'鉴定项目'范围内'鉴定要素'总数的 60%,并向上取整"的规定,考核制件的鉴定要素"选考数量"应按以下要求确定:

①在"D"类"鉴定项目"中,在已选定的 1 个或全部鉴定项目中,至少选取已选鉴定项目所对应的全部鉴定要素的 60%项,并向上保留整数。

②在"E"类"鉴定项目"中,在已选的 3 个鉴定项目所包含的全部鉴定要素中,至少选取总

数的60%项,并向上保留整数。

③在“F”类“鉴定项目”中,在已选定的1个或全部鉴定项目中,至少选取已选鉴定项目所对应的全部鉴定要素的60%项,并向上保留整数。

举例分析:

按照上述“第6条”要求,若命题时按最少数量选取,即:在“D”类鉴定项目中选取了“工、模具的安装与调整”等1项,在“E”类鉴定项目中选取了“材料加热”2项与“模锻造”中“1”项,在“F”类鉴定项目中选取了“产品检验”等1项,则:此考核制件所涉及的“鉴定项目”总数为5项,具体包括:“工、模具的安装与调整”、“坯料装、出炉”、“炉温控制”、“双头扳手、三拐曲轴、连杆、吊钩等复杂锻件模锻”、“产品检验”。

此考核制件所包含的鉴定要素“选考数量”相应为14项,具体包括:“工、模具的安装与调整”鉴定项目包含的全部5个鉴定要素中的3项,“材料加热”、“模锻造”等3个鉴定项目包括的全部14个鉴定要素中的9项,“产品检验”鉴定项目包含的全部3个鉴定要素中的2项。

7. 本职业等级技能操作需要两人及以上共同作业的,可由鉴定组织机构根据“必要、辅助”的原则,结合实际情况确定协助人员的数量。在整个操作过程中,协助人员只能起必要、简单的辅助作用。否则,每违反一次,至少扣减应考者的技能考核总成绩10分,直至取消其考试资格。

8. 实施“技能考核框架”时,应同时对应考者在质量、安全、工艺纪律、文明生产等方面行为进行考核。对于在技能操作考核过程中出现的违章作业现象,每违反一项(次)至少扣减技能考核总成绩10分,直至取消其考试资格。

注:按照中国北车规定,各《职业技能操作考核框架》的编制依据现行的《国家职业标准》或现行的《行业职业标准》或现行的《中国北车职业标准》的顺序执行。

二、锻造工(中级工)技能操作鉴定要素细目表

职业功能	鉴定项目				鉴定要素		
	项目代码	名称	鉴定比重(%)	选考方式	要素代码	名称	重要程度
工艺及工具准备	D	读图与绘图	20	任选	001	能读懂曲轴类较复杂的自由锻件图	X
					002	能绘制连杆类自由锻件检验样板草图	X
					003	能识读模锻件图和模具图	X
					004	能绘制连杆类模锻件检验样板草图	X
		识读工艺规程及简单工艺的编制			001	能读懂曲轴类、连杆类较复杂的自由锻件的工艺规程	X
					002	能根据工艺规程选择工、量具和样板	X
					003	能对孔盘类、轴类锻件进行工时和用料的计算	X
					004	能读懂双头扳手、三拐曲轴、连杆、吊钩等复杂模锻件的工艺规程	X
					005	能对模锻件进行工时和用料计算	X
		锻造设备的调整及维护			001	能调整自由锻锤等自由锻造设备	X
					002	能排除自由锻锤等自由锻造设备的一般故障	X

续上表

职业功能	鉴定项目				鉴定要素		
	项目代码	名称	鉴定比重(%)	选考方式	要素代码	名称	重要程度
工艺及工具准备	D	锻造设备的调整及维护		任选	003	能按照自由锻件材质、尺寸和形状选择锻造设备	X
					004	能调整热模锻压力机等模锻造设备	X
					005	能排除热模锻压力机等模锻造设备的一般故障	X
					006	能按照模锻件材质、尺寸和形状选择锻造设备	X
					007	能排除连续炉或电加热设备的一般故障	X
		工、模具的安装与调整			001	正确吊运模具、指挥桥式起重机作业	Z
					002	能安装调整常用工具、模具	X
					003	能用合理的工具对模具进行紧固	X
					004	能按锻模预热的要求对模具进行预热	X
					005	能对工具、模具进行正确润滑和冷却	X
材料加热	E	坯料装、出炉	30	必选	001	能根据工艺要求确定坯料在炉内堆放方式	X
					002	根据工艺要求确定装炉量	X
					003	进行坯料连续装炉、连续出炉	X
		炉温控制			001	目测钢坯的加热温度,误差不超过±30℃	X
					002	根据测量温度确定合金钢坯料出炉时间	X
					003	使用连续炉或电加热设备进行坯料加热	X
					004	能调整常用加热炉温度	X
工件加工		自由锻造：带法兰盘的传动轴、双拐曲轴、环形或筒形锻件的锻造	40	自由锻造和模锻造任选一项,选定后在自由锻造或模锻造的鉴定项目中至少选择一项	001	根据材质确定加热温度、操作方法、顺序及要求	X
					002	根据工件的重量选择合适的自由锻造设备	X
					003	选择合适的自由锻工具	X
					004	尺寸精度必须满足图纸的要求	X
					005	形位公差必须满足图纸的要求	X
					006	表面无明显锤痕,不允许出现折叠、不允许出现裂纹	X
					007	在规定火次内完成锻造作业	X
		自由锻造：钳子、凿子、锤头等常用工具的锻造			001	根据材质确定加热温度、操作方法、顺序及要求	X
					002	根据工件的重量选择合适的自由锻造设备	X
					003	选择合适的自由锻工具	X
					004	尺寸精度必须满足图纸的要求	X
					005	形位公差必须满足图纸的要求	X
					006	表面无明显锤痕,不允许出现折叠、不允许出现裂纹	X
					007	在规定火次内完成锻造	X
		自由锻造：热作模具钢和冷作模具钢的锻造			001	根据材质确定加热温度、操作方法、顺序及要求	X
					002	根据工件的重量选择合适的自由锻造设备	X
					003	选择合适的自由锻工具	X

续上表

职业功能	项目代码	鉴定项目 名称		鉴定比重(%)	选考方式	要素代码	鉴定要素 名称	重要程度
工件加工	E	自由锻造	热作模具钢和冷作模具钢的锻造		自由锻造和模锻造任选一项，选定后在自由锻造或模锻造的鉴定项目中至少选择一项	004	尺寸精度必须满足图纸的要求	X
						005	形位公差必须满足图纸的要求	X
						006	表面无明显锤痕，不允许出现折叠、不允许出现裂纹	X
						007	在规定火次内完成锻造	X
		模锻造	双头扳手、三拐曲轴、连杆、吊钩等复杂锻件模锻			001	锻件高度公差符合图样要求	X
						002	锻件错差不超差	X
						003	锻件表面缺陷深度不超差	X
						004	锻件氧化皮深度不超差	X
						005	切边时不得啃伤、压伤、拉伤锻件	X
						006	校正时不得压伤锻件	X
						007	在规定的时间内(包括生产操作、安装和调整模具的时间)完成操作	X
			工具、模具损耗程度的判断及修复意见的提出			001	能根据模锻件的表面质量判断模具的异常情况	X
						002	能正确判断模具缺陷的产品原因	X
						003	能根据模具存在的缺陷提出模具修复意见	X
锻后处理及检验	F	锻后处理		10	任选	001	对锻件进行锻后退火、正火等热处理	X
						002	能使用夹具等方法，防止锻件在锻后处理中出现翘曲	X
						003	根据锻件的冷却规范，调整合金钢锻件的冷却速度等参数	X
		产品检验				001	能用工具、量具和样板检验发动机连杆等较复杂的模锻件	X
						002	能分析模锻件充不满等常见缺陷，能分析自由锻件缺肉、折叠等常见表面缺陷，并提出纠正措施	X
						003	能用工具、量具和样板检验三拐曲轴等较复杂的自由锻件	X
		现场安全操作与劳动保护				001	现场文明生产，工作场地整洁，工具放置整齐、合理	Z
						002	严格执行安全操作规程	Y
						003	劳动防护用品的穿戴齐全、整齐	Z

锻造工(中级工)
技能操作考核样题与分析

职业名称：____________________

考核等级：____________________

存档编号：____________________

考核站名称：____________________

鉴定责任人：____________________

命题责任人：____________________

主管负责人：____________________

中国北车股份有限公司劳动工资部制

职业技能鉴定技能操作考核制件图示或内容

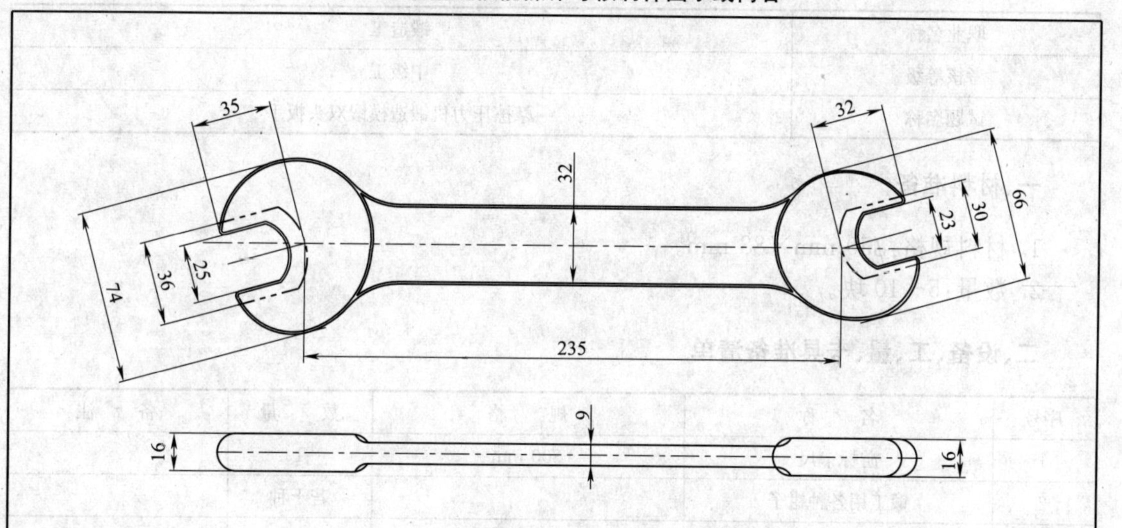

技术要求：

1. 未注起模斜度 3°，圆角 $R2$ mm。
2. 毛刺：不加工面≤0.5 mm，加工面≤1 mm。
3. 表面缺陷深度：不加工面≤0.3 mm，加工面≤实际余量的 1/2。
4. 翘曲≤0.5 mm。
5. 表面粗糙度 $\sqrt{}$。
6. 高度公差：$^{+0.3}_{0}$ mm，水平公差：$^{+0.3}_{-0.2}$ mm。
7. 氧化皮深度：≤0.5 mm。
8. 热处理正火硬度：228～286 HBS。

考试规则：

有重大安全事故、考试作弊者取消其考试资格。

职业名称	锻造工
考核等级	中级工
试题名称	摩擦压力机锻造模锻双头扳手
材质等信息：材质 45 号钢　模锻 3 件	

职业技能鉴定技能操作考核准备单

职业名称	锻造工
考核等级	中级工
试题名称	摩擦压力机锻造模锻双头扳手

一、材料准备

1. 材料规格：ϕ50 mm×88 mm。
2. 数量：5～10 块。

二、设备、工、量、卡具准备清单

序号	名　称	规　格	数　量	备　注
1	游标卡尺	300 mm	1	
2	锻工用各种钳子		若干种	
3	钢卷尺	2 m	1	
4	外卡钳		1	
5	锻模、切边模		各 1 套	

三、考场准备

1. 相应的公用设备、设备与器具的润滑与冷却
①摩擦压力机、配套切边压力机、加热炉、测温仪、秒表。
②石墨乳等模具润滑剂。
③氧化皮吹扫装置。
2. 相应的场地及安全防范措施
劳保用品穿戴齐全。
3. 其他准备

四、考核内容及要求

1. 考核内容(按考核制件图示及要求制作)

考核内容	考核要求	备　注
工、模具的安装与调整	能安装调整工具、模具	
	能用合理的工具对模具进行紧固	
	能按锻模预热的要求对模具进行预热	
	能对工具、模具进行正确润滑和冷却	
材料加热	能根据工艺要求确定坯料在炉内堆放方式	
	目测钢坯的加热温度，误差不超过±30℃	
	根据测量温度确定合金钢坯料出炉时间	
	使用连续炉或电加热设备进行坯料加热	

续上表

考核内容	考核要求	备　注
模锻造	锻件高度公差符合图样要求	
	锻件错差不超差	
	锻件表面缺陷深度不超差	
	锻件氧化皮深度不超差	
	切边时不得啃伤、压伤、拉伤锻件	
	校正时不得压伤锻件	
	在规定的时间内(包括生产操作、安装和调整模具的时间)完成操作	
产品检验	能用工具、量具和样板检验模锻件	
	能分析模锻件充不满等常见缺陷,并提出纠正措施	

2. 考核时限:90分钟(包括生产操作和安装、调整模具的时间)

3. 考核评分(表)

职业名称	锻造工	考核等级	中级工		
试题名称	摩擦压力机锻造模锻双头扳手	考核时限	90分钟		
鉴定项目	考核内容	配分	评分标准	扣分说明	得分
工、模具的安装与调整	能安装调整工具、模具	10	锻模、切边模安装程序不正确,扣5分;分不清上下模楔铁、分不清楔铁上下面扣5分,锻模调整后,锻件存在错移超限,扣10分		
	能用合理的工具对模具进行紧固	3	未选用合适的工具紧固模具扣3分		
	能按锻模预热的要求对模具进行预热	5	预热后模具温度不在150～350℃范围内扣5分		
	能对工具、模具进行正确润滑和冷却	2	未按操作规范对模具进行润滑和冷却扣2分		
坯料装、出炉	能根据工艺要求确定坯料在炉内堆放方式	5	不熟悉加热规范,不知道坯料在炉内的堆放方式扣5分		
炉温控制	目测钢坯的加热温度,误差不超过±30℃	10	目测温度超出测温仪测量数值±30℃,始锻温度和终锻温度各测1次,每次测量结果超出标准10℃,1次扣5分		
	根据测量温度确定合金钢坯料出炉时间	10	时间确定不合理,出炉时坯料温度超过始锻温度或者出现过烧现象扣10分		
	使用连续炉或电加热设备进行坯料加热	5	不熟悉连续炉及电加热设备的操作规范,不能熟练利用连续炉及电加热设备对坯料进行加热扣5分		

续上表

鉴定项目	考核内容	配分	评分标准	扣分说明	得分
双头扳手、三拐曲轴、连杆、吊钩等复杂锻件模锻	锻件高度公差符合图样要求	5	高度公差每超限 0.1 mm 扣 3 分,扣完为止		
	锻件水平公差符合图样要求	5	水平公差每超限 0.1 mm 扣 3 分,扣完为止		
	锻件表面缺陷深度不超差	5	表面缺陷深度每超限 0.1 mm 扣 3 分,扣完为止		
	锻件氧化皮深度不超差	5	氧化皮深度每超限 0.1 mm 扣 3 分,扣完为止		
	切边时不得啃伤、压伤、拉伤锻件	5	每出现一处扣 3 分,扣完为止		
	校正时不得压伤锻件	5	校正在终锻模内进行,需放正锻件,出现压伤,1 处扣 5 分		
	在规定的时间内(包括生产操作、安装和调整模具的时间)完成操作	10	未在 80 min 内完成 3 件锻件的模锻,超出 5 min 扣5 分,超出 10 min 扣 10 分		
锻后处理及检验	能用工具、量具和样板检验模锻件	5	不能熟练使用工具、量具和样板对双头扳手各部尺寸和公差进行检验的扣 5 分		
	能分析模锻件充不满等常见缺陷,并提出纠正措施	5	不能对检查出的锻件缺陷的产生原因进行正确的分析,扣 5 分		
质量、安全、工艺纪律、文明生产等综合考核项目	考核时限	不限	每超时 5 分钟,扣 10 分		
	工艺纪律	不限	依据企业有关工艺纪律规定执行,每违反一次扣 10 分		
	劳动保护	不限	依据企业有关劳动保护管理规定执行,每违反一次扣 10 分		
	文明生产	不限	依据企业有关文明生产管理规定执行,每违反一次扣 10 分		
	安全生产	不限	依据企业有关安全生产管理规定执行,每违反一次扣 10 分		

职业技能鉴定技能考核制件(内容)分析

职业名称	锻造工
考核等级	中级工
试题名称	摩擦压力机锻造模锻双头扳手
职业标准依据	国家职业标准

试题中鉴定项目及鉴定要素的分析与确定

分析事项 \ 鉴定项目分类	基本技能“D”	专业技能“E”	相关技能“F”	合计	数量与占比说明
鉴定项目总数	4	4	2	10	
选取的鉴定项目数量	1	3	1	50	专业技能满足2/3,鉴定要素满足60%的要求
选取的鉴定项目数量占比(%)	25	75	50	42	
对应选取鉴定项目所包含的鉴定要素总数	5	14	3	22	
选取的鉴定要素数量	4	11	2	17	
选取的鉴定要素数量占比(%)	80	78.6	67	77	

所选取鉴定项目及鉴定要素分解与说明

鉴定项目类别	鉴定项目名称	国家职业标准规定比重(%)	鉴定要素名称	要素分解	配分	评分标准	考核难点说明
D	工、模具的安装与调整	20	能安装调整常用工具、模具	能安装调整工具、模具	10	锻模、切边模安装程序不正确,扣5分;分不清上下模楔铁、分不清楔铁上下面扣5分;锻模调整后,锻件存在错移超限,扣10分	
			能用合理的工具对模具进行紧固	能用合理的工具对模具进行紧固	3	未选用合适的工具紧固模具扣3分	
			能按锻模预热的要求对模具进行预热	能按锻模预热的要求对模具进行预热	5	预热后模具温度不在150～350℃范围内扣5分	
			能对工具、模具进行正确润滑和冷却	能对工具、模具进行正确润滑和冷却	2	未按操作规范对模具进行润滑和冷却扣2分	
E	坯料装、出炉	30	能根据工艺要求确定坯料在炉内堆放方式	能根据工艺要求确定坯料在炉内堆放方式	5	不熟悉加热规范,不知道坯料在炉内的堆放方式扣5分	
	炉温控制		目测钢坯的加热温度,误差不超过±30℃	目测钢坯的加热温度,误差不超过±30℃	10	目测温度超出测温仪测量数值±30℃,始锻温度和终锻温度各测1次,每次测量结果超出标准10℃,1次扣5分	
			根据测量温度确定合金钢坯料出炉时间	根据测量温度确定合金钢坯料出炉时间	10	时间确定不合理,出炉时坯料温度超过始锻温度或者出现过烧现象扣10分	

续上表

鉴定项目类别	鉴定项目名称	国家职业标准规定比重(%)	鉴定要素名称	要素分解	配分	评分标准	考核难点说明
E	炉温控制	30	使用连续炉或电加热设备进行坯料加热	使用连续炉或电加热设备进行坯料加热	5	不熟悉连续炉及电加热设备的操作规范,不能熟练利用连续炉及电加热设备对坯料进行加热扣5分	
	模锻造 双头扳手、三拐曲轴、连杆、吊钩等复杂锻件模锻	40	锻件高度公差符合图样要求	锻件高度公差符合图样要求	5	高度公差每超限0.1 mm扣3分,扣完为止	
			锻件错差不超差	锻件水平公差符合图样要求	5	水平公差每超限0.1 mm扣3分,扣完为止	
			锻件表面缺陷深度不超差	锻件表面缺陷深度不超差	5	表面缺陷深度每超限0.1 mm扣3分,扣完为止	
			锻件氧化皮深度不超差	锻件氧化皮深度不超差	5	氧化皮深度每超限0.1 mm扣3分,扣完为止	
			切边时不得啃伤、压伤、拉伤锻件	切边时不得啃伤、压伤、拉伤锻件	5	每出现一处扣3分,扣完为止	
			校正时不得压伤锻件	校正时不得压伤锻件	5	校正在终锻模内进行,需放正锻件,出现压伤,1处扣5分	
			在规定的时间内(包括生产操作、安装和调整模具的时间)完成操作	在规定的时间内(包括生产操作、安装和调整模具的时间)完成操作	10	未在80 min内完成3件锻件的模锻,超出5 min扣5分,超出10 min扣10分	
"F"	锻后处理及检验	10	产品检验	能用工具、量具和样板检验模锻件	5	不能熟练使用工具、量具和样板对双头扳手各部尺寸和公差进行检验的扣5分,	
				能分析模锻件充不满等常见缺陷,并提出纠正措施	5	不能对检查出的锻件缺陷的产生原因进行正确的分析,扣5分	
质量、安全、工艺纪律、文明生产等综合考核项目				考核时限	不限	每超时5 min,扣10分	
				工艺纪律	不限	依据企业有关工艺纪律规定执行,每违反一次扣10分	

续上表

鉴定项目类别	鉴定项目名称	国家职业标准规定比重(%)	鉴定要素名称	要素分解	配分	评分标准	考核难点说明
质量、安全、工艺纪律、文明生产等综合考核项目				劳动保护	不限	依据企业有关劳动保护管理规定执行,每违反一次扣10分	
				文明生产	不限	依据企业有关文明生产管理定执行,每违反一次扣10分	
				安全生产	不限	依据企业有关安全生产管理规定执行,每违反一次扣10分	

锻造工(高级工)技能操作考核框架

一、框架说明

1. 依据《国家职业标准》注,以及中国北车确定的“岗位个性服从于职业共性”的原则,提出锻造工(高级工)技能操作考核框架(以下简称:技能考核框架)。

2. 本职业等级技能操作考核评分采用百分制。即:满分为100分,60分为及格,低于60分为不及格。

3. 实施“技能考核框架”时,考核制件(活动)命题可以选用本企业的加工件(活动项目),也可以结合实际另外组织命题。

4. 实施“技能考核框架”时,考核的时间和场地条件等应根据《国家职业标准》,并结合企业实际确定。

5. 实施“技能考核框架”时,其“职业功能”的分类按以下要求确定:

(1)“材料加热”、“工件加工”属于本职业等级技能操作的核心职业活动,其“项目代码”为“E”。

(2)“工艺及工具准备”、“锻后处理及检验”属于本职业等级技能操作的辅助性活动,其“项目代码”分别为“D”和“F”。

6. 实施“技能考核框架”时,其“鉴定项目”和“选考数量”按以下要求确定:

(1)按照《国家职业标准》有关技能操作鉴定比重的要求,本职业等级技能操作考核制件的“鉴定项目”应按“D”+“E”+“F”组合,其考核配分比例相应为:“D”占15分,“E”占70分(其中材料加热占25分,加工占45分),“F”占15分。

(2)依据本职业等级《国家职业标准》的要求,“E”类鉴定项目中的“自由锻造”、“模锻造”两个职业功能任选其一进行考核。

(3)依据中国北车确定的“核心职业活动选取2/3,并向上取整”的规定,以及上述“第6条(2)”要求,在“E”类鉴定项目—— “材料加热”的全部2项,至少选取2项;“工件加工”中的“自由锻造”的全部1项,任选1项;“模锻造”全部2项,至少选取1项。

(4)依据中国北车确定的“其余‘鉴定项目’的数量可以任选”的规定,“D”和“F”类鉴定项目——“读图与绘图”、“工艺规程的编制”、“锻造设备的调整及维护”、“工具、模具的锻制及修整”、“锻后处理”、“产品检验”至少分别选取1项。

(5)依据中国北车确定的“确定‘选考数量’时,所涉及‘鉴定要素’的数量占比,应不低于对应‘鉴定项目’范围内‘鉴定要素’总数的60%,并向上取整”的规定,考核制件的鉴定要素“选考数量”应按以下要求确定:

①在“D”类“鉴定项目”中,在已选定的1个或全部鉴定项目中,至少选取已选鉴定项目所对应的全部鉴定要素的60%项,并向上保留整数。

②在“E”类“鉴定项目”中，在已选的3个鉴定项目所包含的全部鉴定要素中，至少选取总数的60%项，并向上保留整数。

③在“F”类“鉴定项目”中，在已选定的1个或全部鉴定项目中，至少选取已选鉴定项目所对应的全部鉴定要素的60%项，并向上保留整数。

举例分析：

按照上述“第6条”要求，若命题时按最少数量选取，即：在“D”类鉴定项目中选取了“工艺规程的编制”等1项，在“E”类鉴定项目中选取了“材料加热”2项与“自由锻造”中“1”项，在“F”类鉴定项目中选取了“锻后处理”等1项，则：此考核制件所涉及的“鉴定项目”总数为5项，具体包括：“工艺规程的编制”、“坯料装、出炉”、“炉温控制”、“合金钢、高合金钢和有色金属的自由锻造和冷却”、“锻后处理”。

此考核制件所包含的鉴定要素“选考数量”相应为13项，具体包括：“工艺规程的编制”鉴定项目包含的全部2个鉴定要素中的2项，“材料加热”、“自由锻造”等3个鉴定项目包括的全部14个鉴定要素中的9项，“锻后处理”鉴定项目包含的全部3个鉴定要素中的2项。

7. 本职业等级技能操作需要两人及以上共同作业的，可由鉴定组织机构根据“必要、辅助”的原则，结合实际情况确定协助人员的数量。在整个操作过程中，协助人员只能起必要、简单的辅助作用。否则，每违反一次，至少扣减应考者的技能考核总成绩10分，直至取消其考试资格。

8. 实施“技能考核框架”时，应同时对应考者在质量、安全、工艺纪律、文明生产等方面行为进行考核。对于在技能操作考核过程中出现的违章作业现象，每违反一项(次)至少扣减技能考核总成绩10分，直至取消其考试资格。

注：按照中国北车规定，各《职业技能操作考核框架》的编制依据现行的《国家职业标准》或现行的《行业职业标准》或现行的《中国北车职业标准》的顺序执行。

二、锻造工(高级工)技能操作鉴定要素细目表

职业功能	鉴定项目				鉴定要素		
	项目代码	名称	鉴定比重(%)	选考方式	要素代码	名称	重要程度
工艺及工具准备	D	读图与绘图	15	任选	001	能识读多拐曲轴等复杂自由锻件图、模锻件图及精密模锻件图	X
					002	能识读锻造模具(胎模具、模锻模具)装配图	X
					003	能绘制大型复杂自由锻件、模锻件的检验样板图	X
		工艺规程的编制			001	编制一般自由锻件或模锻件的工艺规程	X
					002	能计算形状复杂自由锻件、模锻件的体积及重量	X
		锻造设备的调整及维护			001	能对锻造设备及辅助设备进行调整和维修	X
					002	能排除锻造设备的一般故障	X
		工具、模具的锻制及修整			001	能锻制和修改自用工具，并能进行淬火、回火处理	X
					002	能修整磨损的工具、模具	X

续上表

鉴定项目						鉴定要素		
职业功能	项目代码	名称		鉴定比重(%)	选考方式	要素代码	名称	重要程度
材料加热	E	坯料装、出炉		25	必选	001	能按照加热规范将有色金属在电阻炉内加热	X
						002	能按照加热规范进行高合金钢和不锈钢的加热	X
						003	能按照加热规范执行钢坯的少无氧化加热工艺	X
		炉温控制				001	能根据加工要求调整中频加热炉加热参数，确定加热节拍	X
						002	能在加热铜合金时，对加热采取防护措施	X
						003	掌握高合金钢加热操作要点和确定加热次数	X
		自由锻造	大型连杆、多拐曲轴、吊钩、空心长筒、护环、转子、轧辊等复杂自由锻件的锻造	45	自由锻造和模锻造任选一项进行考核，之后在鉴定项目中至少选择1项进行考核	001	尺寸精度符合工艺要求	X
						002	形位公差符合工艺要求	X
						003	表面光洁，不得出现裂纹，不得出现折叠	X
						004	在规定的火次内完成锻件的锻造	X
						005	能严格控制始终锻温度	X
						006	能根据锻件材质合理选择冷却方式	
			合金钢、高合金钢和有色金属的自由锻造和冷却			001	能在加热前将坯料表面缺陷清除干净	X
						002	能按合金钢、高合金钢、有色金属锻造温度范围窄，变形抗力大、塑性差的特点选择正确的锻造方法	X
						003	能严格控制始终锻温度	X
						004	能按合金钢、高合金钢、有色金属的锻造工艺规程对锻件进行冷却	X
						005	锻件尺寸精度符合工艺要求	X
						006	锻件形位公差符合工艺要求	X
						007	合金钢、高合金钢、有色金属的自由锻造不得出现裂纹和折叠	X
						008	在规定的火次内完成合金钢、高合金钢、有色金属锻件的锻造	X
		模锻造	多拐曲轴、机动车前桥等复杂模锻件的锻造			001	能严格控制始终锻温度	X
						002	锻件高度公差符合图样要求	X
						003	锻件错差不超差	X
						004	锻件表面缺陷深度不超差	X
						005	锻件氧化皮深度不超差	X
						006	切边时不得啃伤、压伤、拉伤锻件	X
						007	校正时不得压伤锻件	X
						008	在规定的时间内(包括生产操作、安装和调整模具的时间)完成操作	X

续上表

职业功能	鉴定项目					鉴定要素		
	项目代码	名称		鉴定比重(%)	选考方式	要素代码	名称	重要程度
材料加热	E	模锻造	合金钢、高合金钢和有色金属的模锻造和冷却		自由锻造和模锻造任选一项进行考核，之后在鉴定项目中至少选择1项进行考核	001	能按工艺要求对坯料表面进行正确的润滑	X
						002	能严格控制始终锻温度	X
						003	能根据锻件材质合理选择冷却方式	X
						004	锻件高度公差符合图样要求	X
						005	锻件错差不超差	X
						006	锻件表面缺陷深度不超差	X
						007	锻件氧化皮深度不超差	X
						008	切边时不得啃伤、压伤、拉伤锻件	X
						009	校正时不得压伤锻件	X
						010	在规定的时间内(包括生产操作、安装和调整模具的时间)完成操作	X
锻后处理及检验	F	锻后处理		15	任选1项	001	能对锻件进行等温退火、去氢退火等操作	X
						002	能预防锻件在锻后处理中出现裂纹	X
						003	需确保锻后处理性能检验合格	X
		产品检验				001	能划线检查多拐曲轴、全纤维镦锻曲轴等大型自由锻造锻件	X
						002	能分析自由锻件内部裂纹产生的原因并提出纠正措施和修复方法	X
						003	能分析模锻件充不满、折叠等表面缺陷产生原因，并提出纠正预防措施	X
		现场安全操作与劳动保护				001	现场文明生产，工作场地整洁，工具放置整齐、合理	Z
						002	严格执行安全操作规程	Y
						003	劳动防护用品的穿戴齐全、整齐	Z

CNR 中国北车

锻造工(高级工)
技能操作考核样题与分析

职业名称：________________

考核等级：________________

存档编号：________________

考核站名称：________________

鉴定责任人：________________

命题责任人：________________

主管负责人：________________

中国北车股份有限公司劳动工资部制

职业技能鉴定技能操作考核制件图示或内容

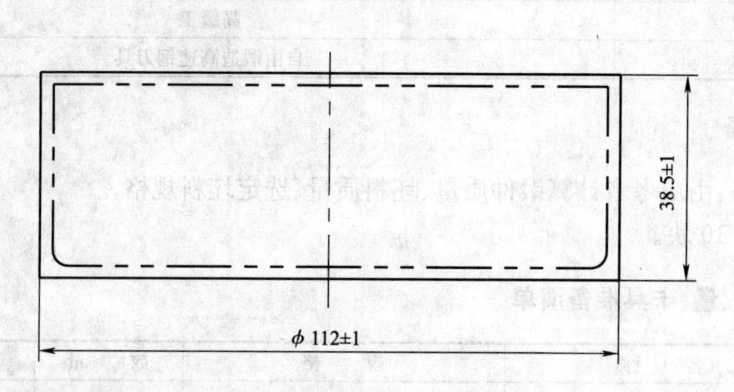

技术要求：

1. 锻件退火后硬度为 HB207～HB255。
2. 碳化物不均匀度≤3 mm。
3. 锻件要求镦粗 6 次，拔长 5 次，锻造要求 2 火完成，分别是 4 镦 3 拔和 2 镦 2 拔。

考试规则：

有重大安全事故、考试作弊者取消其考试资格。

职业名称	锻造工
考核等级	高级工
试题名称	自由锻造高速钢刀具
材质等信息：材质 W18Cr4V	

职业技能鉴定技能操作考核准备单

职业名称	锻造工
考核等级	高级工
试题名称	自由锻造高速钢刀具

一、材料准备

1. 材料规格：由应考者计算锻件质量、坯料质量、选定坯料规格。
2. 数量：5～10 块。

二、设备、工、量、卡具准备清单

序号	名　称	规　格	数　量	备　注
1	游标卡尺	150 mm	1	
2	锻工用各种钳子		若干种	
3	钢卷尺	2 m	1	
4	外卡钳		1	
5	钢直尺	200 mm	1	

三、考场准备

1. 相应的公用设备、设备与器具的润滑与冷却
①处于完好设备状态的自由锻锤、加热炉、测温仪、秒表。
②锻件缓冷用的铁桶(箱)或砂坑各 1。
2. 相应的场地及安全防范措施
劳保用品穿戴齐全
3. 其他准备

四、考核内容及要求

1. 考核内容(按考核制件图示及要求制作)

考核内容	考核要求	备注
工艺规程的编制	正确计算锻件质量、坯料质量、选定坯料规格	
	按锻件镦粗 6 次，拔长 5 次的技术要求，2 火完成，分别是 4 镦 3 拔和 2 镦 2 拔。合理确定各次工序尺寸	
材料加热	能正确制定 W18Cr4V 的加热规范，并按照加热规范进行加热	
	能按照加热规范执行钢坯的少无氧化加热工艺	
	能根据加工要求调整中频加热炉加热参数，确定加热节拍	
	掌握 W18Cr4V 加热操作要点和确定加热次数	
自由锻造	能在加热前将坯料表面缺陷清除干净	
	能按 W18Cr4V 锻造温度范围窄、变形抗力大、塑性差的特点选择正确的锻造方法	
	能严格控制始终锻温度	
	能根据锻件材质合理选择冷却方式	

续上表

考核内容	考核要求	备注
自由锻造	锻件尺寸精度符合工艺要求	
	锻件形位公差符合工艺要求	
	W18Cr4V 刀具的自由锻造不得出现裂纹和折叠	
	在规定的火次内完成 W18Cr4V 刀具的锻造	
	能按 W18Cr4V 的锻造工艺规程对锻件进行冷却	
锻后处理	能对 W18Cr4V 锻件进行等温退火等操作	
	需确保锻后处理性能检验合格	

2. 考核时限:180 分钟(不包含热处理的时间)

3. 考核评分(表)

职业名称	锻造工	考核等级	高级工		
试题名称	自由锻造高速钢刀具	考核时限	180 分钟		
鉴定项目	考核内容	配分	评分标准	扣分说明	得分
工艺规程的编制	正确计算锻件质量、坯料质量、选定坯料规格	5	锻件质量、坯料质量及选定坯料规格计算错误扣 5 分		
	按锻件镦粗 6 次,拔长 5 次的技术要求,2 火完成,分别是 4 镦 3 拔和 2 镦 2 拔。合理确定各次工序尺寸	10	各次工序尺寸确定不合理,每次扣 3 分,扣完为止		
坯料装、出炉	能正确制定 W18Cr4V 的加热规范,并按照加热规范进行加热	10	始锻温度不高于 1 100～1 150℃,终锻温度不低于 900～950℃,温度定错每火扣 5 分		
	能按照加热规范执行钢坯的少无氧化加热工艺	3	氧化皮过厚,不满足少无氧化加热的要求,扣 3 分		
炉温控制	能根据加工要求调整加热炉加热参数,确定加热节拍	2	不会调整加热炉的加热参数扣 2 分		
	掌握 W18Cr4V 加热操作要点和确定加热次数	10	每次装炉数量、坯料在炉内的摆放方式不符合规范扣 5 分,加热次数制定超过 2 次扣 5 分		
合金钢、高合金钢和有色金属的自由锻造和冷却	能在加热前将坯料表面缺陷清除干净	5	加热前未检查坯料表面有无缺陷扣 2 分,未清理缺陷扣 3 分		
	能按 W18Cr4V 锻造温度范围窄、变形抗力大、塑性差的特点选择正确的锻造方法	10	没有做到 6 镦 5 拔扣 5 分,未掌握锻造时"轻一重一轻"的技巧扣 5 分		
	能严格控制始终锻温度	5	始锻温度和终锻温度各用测温仪测 1 次,每次测量结果超出标准 10℃,1 次扣 3 分,扣完为止		
	能按 W18Cr4V 的锻造工艺规程对锻件进行冷却	5	锻后未利用缓冷装置对刀具锻件进行正确冷却扣 5 分		
	锻件尺寸精度符合工艺要求	5	每超限 0.1 mm 扣 3 分,扣完为止		
	锻件形位公差符合工艺要求	5	每超限 0.1 mm 扣 3 分,扣完为止		
	W18Cr4V 刀具的自由锻造不得出现裂纹和折叠	5	如出现开裂,扣 5 分		
	在规定的火次内完成 W18Cr4V 刀具的锻造	5	未在 2 火内完成锻造,每超出 1 火扣 3 分,扣完为止		

续上表

鉴定项目	考核内容	配分	评分标准	扣分说明	得分
锻后处理	能对W18Cr4V锻件进行等温退火等操作	5	等温退火操作不符合将锻件加热到860～880℃保温后，快速冷却到720～740℃二次保温后空冷或炉冷的要求，扣5分		
	需确保锻后处理性能检验合格	10	锻后热处理硬度、碳化物不均匀度不符合技术要求，每项扣5分		
质量、安全、工艺纪律、文明生产等综合考核项目	考核时限	不限	每超时5分钟，扣10分		
	工艺纪律	不限	依据企业有关工艺纪律规定执行，每违反一次扣10分		
	劳动保护	不限	依据企业有关劳动保护管理规定执行，每违反一次扣10分		
	文明生产	不限	依据企业有关文明生产管理规定执行，每违反一次扣10分		
	安全生产	不限	依据企业有关安全生产管理规定执行，每违反一次扣10分		

职业技能鉴定技能考核制件(内容)分析

职业名称	锻造工
考核等级	高级工
试题名称	自由锻造高速钢刀具
职业标准依据	国家职业标准

试题中鉴定项目及鉴定要素的分析与确定

分析事项 \ 鉴定项目分类	基本技能“D”	专业技能“E”	相关技能“F”	合计	数量与占比说明
鉴定项目总数	4	4	2	10	
选取的鉴定项目数量	1	3	1	5	专业技能满足2/3，鉴定要素满足60%的要求
选取的鉴定项目数量占比(%)	25	75	50	50	
对应选取鉴定项目所包含的鉴定要素总数	2	14	3	19	
选取的鉴定要素数量	2	12	2	16	
选取的鉴定要素数量占比(%)	100	86	67	84	

所选取鉴定项目及鉴定要素分解与说明

鉴定项目类别	鉴定项目名称	国家职业标准规定比重(%)	鉴定要素名称	要素分解	配分	评分标准	考核难点说明
D	工艺规程的编制	15	编制一般自由锻件或模锻件的工艺规程	正确计算锻件质量、坯料质量、选定坯料规格	5	锻件质量、坯料质量及选定坯料规格计算错误扣5分	
			能计算形状复杂自由锻件、模锻件的体积及重量	按锻件镦粗6次，拔长5次的技术要求，2火完成，分别是4镦3拔和2镦2拔。合理确定各次工序尺寸	10	各次工序尺寸确定不合理，每次扣3分，扣完为止	
E	材料加热：坯料装、出炉	25	能按照加热规范进行高合金钢和不锈钢的加热	能正确制定W18Cr4V的加热规范，并按照加热规范进行加热	10	始锻温度不高于1 100～1 150℃，终锻温度不低于900～950℃，温度定错每火扣5分	
			能按照加热规范执行钢坯的少无氧化加热工艺	能按照加热规范执行钢坯的少无氧化加热工艺	3	氧化皮过厚，不满足少无氧化加热的要求，扣3分	
	材料加热：炉温控制		能根据加工要求调整中频加热炉加热参数，确定加热节拍	能根据加工要求调整加热炉加热参数，确定加热节拍	2	不会调整加热炉的加热参数扣2分	
			掌握高合金钢加热操作要点和确定加热次数	掌握W18Cr4V加热操作要点和确定加热次数	10	每次装炉数量、坯料在炉内的摆放方式不符合规范扣5分，加热次数制定超过2次扣5分	

续上表

鉴定项目类别	鉴定项目名称		国家职业标准规定比重(%)	鉴定要素名称	要素分解	配分	评分标准	考核难点说明
E	自由锻造	合金钢、高合金钢和有色金属的自由锻造和冷却	45	能在加热前将坯料表面缺陷清除干净	能在加热前将坯料表面缺陷清除干净	5	加热前未检查坯料表面有无缺陷扣2分,未清理缺陷扣3分	
				能按合金钢、高合金钢、有色金属锻造温度范围窄,变形抗力大、塑性差的特点选择正确的锻造方法	能按W18Cr4V锻造温度范围窄,变形抗力大、塑性差的特点选择正确的锻造方法	10	没有做到6镦5拔扣5分,未掌握锻造时"轻—重—轻"的技巧扣5分	
				能严格控制始终锻温度	能严格控制始终锻温度	5	始锻温度和终锻温度各用测温仪测1次,每次测量结果超出标准10℃,1次扣3分,扣完为止	
				能按合金钢、高合金钢、有色金属的锻造工艺规程对锻件进行冷却	能按W18Cr4V的锻造工艺规程对锻件进行冷却	5	锻后未利用缓冷装置对刀具锻件进行正确冷却扣5分	
				锻件尺寸精度符合工艺要求	锻件尺寸精度符合工艺要求	5	每超限0.1 mm扣3分,扣完为止	
				锻件形位公差符合工艺要求	锻件形位公差符合工艺要求	5	每超限0.1 mm扣3分,扣完为止	
				合金钢、高合金钢、有色金属的自由锻造不得出现裂纹和折叠	W18Cr4V刀具的自由锻造不得出现裂纹和折叠	5	如出现开裂,扣5分	
				在规定的火次内完成合金钢、高合金钢、有色金属锻件的锻造	在规定的火次内完成W18Cr4V刀具的锻造	5	未在2火内完成锻造,每超出1火扣3分,扣完为止	
F	锻后处理		15	能对锻件进行等温退火	能对W18Cr4V锻件进行等温退火等操作	5	等温退火操作不符合将锻件加热到860~880℃保温后,快速冷却到720~740℃二次保温后空冷或炉冷的要求,扣5分	
				需确保锻后处理性能检验合格	需确保锻后处理性能检验合格	10	锻后热处理硬度、碳化物不均匀度不符合技术要求,每项扣5分	

续上表

鉴定项目类别	鉴定项目名称	国家职业标准规定比重(%)	鉴定要素名称	要素分解	配分	评分标准	考核难点说明
质量、安全、工艺纪律、文明生产等综合考核项目				考核时限	不限	每超时5分钟,扣10分	
				工艺纪律	不限	依据企业有关工艺纪律规定执行,每违反一次扣10分	
				劳动保护	不限	依据企业有关劳动保护管理规定执行,每违反一次扣10分	
				文明生产	不限	依据企业有关文明生产管理规定执行,每违反一次扣10分	
				安全生产	不限	依据企业有关安全生产管理规定执行,每违反一次扣10分	